Jacques-Yves Cousteau
und Philippe Cousteau

HAIE

Herrliche Räuber der See

Mit 155, meist farbigen Abbildungen

Knaur®

Vollständige Textausgabe

Originalausgabe: The Shark, Splendid Savage of the Sea

Ins Deutsche übersetzt von Heidewig Fankhänel
Umschlaggestaltung Atelier Blaumeiser
Satz: Richterdruck, Würzburg
Druck: Appl, Wemding
Bindung: Sellier, Freising
Printed in Germany 13 12 11 10

Inhalt

Vorwort

Einige Zeit ist nun schon vergangen, seit mein Schiff, die *Calypso*, Monaco zu seiner längsten und faszinierendsten Seefahrt verließ. Wir haben, mit der Kamera in der Hand, mitten unter den Haien des Roten Meeres und des Indischen Ozeans getaucht; wir haben den Malediven-Archipel und seine verlorenen Inseln ebenso erforscht wie die Seychellen, Socotra und die Aldabra-Inseln, die Glorioso-Inseln und das Europa-Atoll[1]. Wir haben auf Felsenriffen die prähistorischen Zeichen des Wasserstandes entdeckt, den der Wechsel der Eiszeiten dem Meer aufzwang; wir wiegten uns mit Geschöpfen der See in den Wellen wie Gäste auf einem Maskenball; wir klammerten uns an die Flossen von Zahnwalen und führten Tagebuch über ihre Wanderungen. Wir entdeckten See-Fossilien in den Bergen von Madagaskar, zähmten Pepito und Cristobal, zwei Seelöwen vom Kap der Guten Hoffnung, untersuchten die Wracks vor St. Helena, jagten nach den Schätzen der Silber-Bank, einer Untiefe in den Bahamas, tauchten mit unserer »Untertasse« auf den Grund des Titicaca-Sees und lebten bei den See-Elefanten von Guadalupe. Nun aber bereiten wir uns auf unsere Pazifiküberquerung vor, auf das Tauchen und Filmen bei den Galápagos-Inseln und den Gesellschafts-Inseln, bei Nouméa, am Großen Barriere-Riff und bei den Sunda-Inseln zwischen dem Indischen Ozean und dem Pazifik.

Die Erlebnisse dieser langen und hinreißenden Seefahrt übertrage ich in ein großes, farbenprächtiges Filmfresko, das für die Fernsehschirme der Welt bestimmt ist. In diese Arbeit habe ich alles hinein-

[1] Die Malediven im Indischen Ozean sind, von Nord nach Süd verlaufend, der Südwestküste Indiens vorgelagert. Die Seychellen liegen im Somalibecken, nordnordöstlich von Madagaskar, jener großen Insel vor der Ostküste Afrikas. Socotra ist dem Golf von Aden und der äußersten Ostspitze Afrikas vorgelagert. Aldabra liegt nördlich der Komoren, westlich von Madagaskars Nordspitze. Die Glorioso-Inseln befinden sich nordöstlich der Komoren. Das Europa-Atoll liegt in der Straße von Moçambique zwischen Afrikas Moçambique-Küste und Madagaskar.

gelegt, was ich in 33 Jahren beim Tauchen an Erfahrungen gesammelt habe und was ich an Liebe zur Natur und zum Meer empfinde.
Die fast unüberwindlichen Schwierigkeiten eines solchen Unternehmens sind auf dem Fernsehschirm allerdings nicht zu sehen: die jahrelangen Vorbereitungen für die Technik, die Forschung und die Dokumentation; die finanziellen Hindernisse, die der 150köpfigen Mannschaft erhebliche persönliche Opfer abverlangten; Tausende von Tauchexpeditionen in der üblichen Taucherausrüstung und Hunderte davon in der »Untertasse«; all die Stunden, die wir in der Druckausgleichskabine oder, vor Kälte schlotternd, im Wasser verbrachten; all die Nächte, die bei der Reparatur wichtiger Ausrüstungsgegenstände oder einer undicht gewordenen Kamera vergingen; die Sandstürme, tropischen Zyklone, die Unglücksfälle, die sich auf hoher See an Bord ereignen; das Entsetzen, das wir empfinden, wenn wir einen Taucher oder eine »Untertasse« verlieren; und letztlich das unmittelbarste all dieser Wagnisse, worüber Philippe hier berichtet: die Gefahr, die in jeder Begegnung mit Haien lauert.

1 Erste Begegnung

Das Zusammentreffen mit einem großen Blauhai – Die Vorgeschichte des Films über das Verhalten der Haie – Beschreibung der *Calypso* und unseres Teams

Bericht von Philippe Cousteau

Alles an ihm ist beweglich, biegt sich von einer Seite zur anderen. Im Rhythmus seiner Jagd durch das Wasser wendet sich sein Kopf sachte von links nach rechts, rechts nach links. Nur sein Auge steht still; starr auf mich gerichtet, vollzieht es die Kreisbewegungen des Kopfs mit, um sein Opfer oder seinen potentiellen Feind auch nicht für den Bruchteil einer Sekunde aus dem Blick zu verlieren.

Jede Körperbewegung faltet seine Haut in tausend seidige Furchen und betont die Konturen seiner ungeheuren Muskeln. Für mich hat das kristallklare Wasser des Meeres aufgehört zu existieren; *er* erfüllt jetzt die unglaubliche Reinheit eines Vakuums, in dem uns nichts mehr voneinander trennt.

Seine Bewegungen haben nichts Drohendes, nichts Aggressives an sich, nur den Ausdruck einer nonchalanten Wachsamkeit. Und doch ist der Hai ein furchteinflößender Anblick. Fasziniert und zutiefst beunruhigt, erregt und angespannt versuche ich, ihn immer wieder vor mich zu bringen, indem ich mich mit langsamen, lautlosen Bewegungen im Kreis drehe.

In seinem plötzlichen Erscheinen und seiner unbeschreiblichen Anmut liegt etwas beinahe Übernatürliches. Irgendwo weit über uns liegt die Wasseroberfläche, deren Fehlen in dieser Szene die Magie des Augenblicks erhöht. Wieder wendet der Hai. Der Kreis, den er um mich zieht, verengt oder erweitert sich im Einklang mit seinen eigenen, primitiven Impulsen oder mit dem unmerklichen Wechsel der Strömung. Sein lautloses Kreisen ist ein von unbekannten Mechanismen gesteuerter Tanz, und die durchsichtige Bläue seiner Gestalt erfüllt mich mit dem Gefühl, daß sich das Netz einer tödlichen und doch unsagbar schönen Kraft um mich legt. Einen Augenblick lang durchflutet mich der Gedanke, daß der Hai den Tod verdient, wie ein Schock und löst mich schlagartig aus seinem Bann. Das Morden ist die eigentliche Funktion dieses vollkommenen

Der Schönste von allen. Dieser große Blauhai führt gerade eine seiner schlängelnden Schwimmbewegungen vor. Drei Pilotenfische begleiten ihn, davon einer dicht bei den Kiemen auf seiner rechten Kopfseite. Der Blauhai taucht immer ganz plötzlich mitten im Ozean auf und gehört zweifellos zu den gefährlichen Haien. Er ist ein Einzelgänger und schließt sich niemals seinen Artgenossen an.

Körpers, dieser eisblauen Tarnung, dieses gewaltigen Schwanzes. Das Wasser ist in meine Wahrnehmung zurückgekehrt; ich kann es wieder fühlen, wie es sanft zwischen die Finger gleitet und meinen Handflächen widersteht. Ich befinde mich 35 Meter unter der Oberfläche im klaren, tiefen Wasser des Indischen Ozeans. Mit einer Atemluftreserve für 30 Minuten und einer Kamera in der Hand bin ich alles andere als leichte Beute für den Hai. Unser Kreistanz hat in Wirklichkeit nur einige Sekunden gedauert, und schon kann ich das unregelmäßige Tuckern unseres Kontrollbootes über mir hören. Der große Blauhai zelebriert seine Annäherung an mich auf dieselbe zeitlose Weise, die seiner Art seit Jahrtausenden eigen ist. Er ist ein

prachtvolles Tier von fast drei Meter Länge, und ich weiß, daß sein Kiefer sieben Reihen rasiermesserscharfer Zähne trägt. Ich habe bereits meinen langsamen Aufstieg an die Wasseroberfläche begonnen und simuliere einige Angriffsbewegungen, wenn er nahe genug an mich herankommt. Er nimmt die unmerklichste Druckwelle meiner kleinsten Bewegung wahr, registriert jede Veränderung des Säuregehaltes, den schwächsten Geruch im Wasser und läßt sich niemals durch plötzliche Bewegungen überrumpeln. Er erreicht beim Schwimmen eine Geschwindigkeit von mehr als 30 Knoten, und sein Angriff wäre wahrscheinlich nicht aufzufangen. Mit einer Umsichtigkeit, die seine Art seit ihrem ersten Auftreten auf diesem Planeten vor mehr als hundert Millionen Jahren am Leben erhalten hat, kreist er noch immer langsam um mich. Ich weiß, daß seine Kreise unerbittlich enger werden und daß es mir nicht gelingen wird, ihn abzuschütteln, auch wenn ich seinen ersten Angriff wahrscheinlich abwehren könnte. Er wird seinen gierigen Kreistanz nach einem kurzen Moment der Verwirrung wieder aufnehmen, in immer kürzeren Zeitabständen angreifen und schließlich, meine schwächliche Abwehr durchbrechend, die Zange seiner Kiefer um den ersten Fetzen meines Fleisches schließen. Andere Hochsee-Haie werden, von unsichtbaren Zeichen geführt, aus den tiefsten Tiefen emporsteigen oder die Wasseroberfläche mit dem Messer ihrer Rückenflossen durchschneiden. Dann wird ein wilder Kampf um die Beute anheben, eine Raserei aus Gier und unwiderstehlicher, tödlicher Kraft. So will es die Natur der großen Hochsee-Haie.
Mit einem letzten Blick auf jene makellose Silhouette und auf das große, fixierende Auge steige ich wieder in unser Kontrollboot, die *Zodiak*, und denke an all das zurück, was uns hierher in die Mitte des Indischen Ozeans gebracht hat. Außergewöhnliche Augenblicke haben den betäubenden Duft des Unmöglichen an sich, in dem das Vergangene keine Wirklichkeit mehr hat. Ich muß mich daher bemühen – und es ist eine angenehme Mühe –, mir die Anfänge unseres Abenteuers wieder in Erinnerung zu rufen.
Im Frühjahr 1966 lebte ich in Hollywood, wo ich die Arbeiten an einem Film über das *Precontinent-III*-Experiment abschloß. Ich hatte diesen Film für die National Geographic Society in Washington während der 30 Tage gedreht, die ich mit fünf anderen Tauchern in unserem »Heim« verbrachte – auf einem Felsenvorsprung im Mittelmeer, hundert Meter unter der Wasseroberfläche. Es handelte sich um einen Dokumentarfilm von 58 Minuten in Farbe, der speziell für das Fernsehen gedreht wurde. Die Filmgesellschaft, die

für die National Geographic Society arbeitet, ist die Wolper Productions, Inc., deren Stammbüro am Sunset Boulevard in Los Angeles liegt. Diesem Zufall verdanken mein Vater und ich die Bekanntschaft mit einem Mann, dessen Vertrauen und Begeisterungsfähigkeit uns später die Möglichkeit geben sollte, eine Reihe von unvergeßlichen Abenteuern zu erleben: David Wolper. Mein Vater hatte schon lange Zeit vorher den Plan gefaßt, eine Filmserie über das Meer für das Fernsehen zu drehen, doch das Projekt lief den eingewurzelten Ansichten von Madison Avenue zuwider und war daher nie verwirklicht worden. Da schlug uns David Wolper plötzlich vor, zwölf einstündige Filme über Themen eigener Wahl und mit einem finanziellen Hintergrund zu drehen, der uns eine mehr als angemessene Ausrüstung sicherte. Es lag auf der Hand, daß wir noch mehr finanziellen Rückhalt brauchen würden. Wir hofften jedoch, nach dem Fertigstellen von drei oder vier Filmen auf der Basis unseres Abkommens mit David Wolper unser Budget mit den Mitteln wieder ausgleichen zu können, die uns durch den Verleih der Filme in andere Teile der Welt zufließen würden.
Die Verhandlungen über unseren Vertrag fanden in New York statt, und ich erinnere mich an die vielen Abende, an denen wir bis tief in die Nacht mit Juristen und Ingenieuren berieten und an denen mein Vater und ich anschließend noch lange über die Planung all der phantastischen Vorhaben diskutierten, die uns im Kopf herumgingen. Uns konnte jetzt nichts mehr aufhalten: wir würden, mit neuem und modernem Material ausgerüstet, alle Meere dieser Erde befahren; wir würden den Coelacanthus in seinen verborgenen Tiefen aufspüren und filmen, mit dem Riesentintenfisch des Humboldtstroms tauchen und die alten Galionen von Christoph Columbus wiederentdecken. Dank David Wolpers Begeisterungsfähigkeit konnten wir alles angehen, was uns faszinierte, und waren darüber hinaus in der Lage, dies mit der Kamera zu tun, um alles, was wir an und in der See liebten und bewunderten, auf Zelluloid festzuhalten.
Der erste Film dieser Serie sollte nach unseren Plänen derjenige werden, der das Interesse des Fernsehpublikums am meisten reizt – und welches Meerestier wäre für den Menschen faszinierender als der Hai? Er ist ein legendäres Lebewesen, das jeder kennt, auch wenn man sehr weit vom Meer entfernt lebt.
Dies waren die Gründe, weshalb wir uns nun, nach diesem großartigen Taucherlebnis, an Bord der *Zodiak* auf dem Rückweg zur *Calypso* befanden. Auf der *Calypso*, einem umgebauten Minenräumboot von 40 Meter Länge, hatten wir die meisten unserer

früheren Experimente ausgeführt, die allerdings bisher weitaus mehr wissenschaftlichen Charakter hatten. Die *raison d'être* der *Calypso* waren Hydrologie, Biologie, Geologie – all die Meereswissenschaften – gewesen, sowie ernsthafte und engagierte Forschernaturen. Nun aber war unser Schiff für seine Filmmission vollständig umgebaut und neu eingerichtet worden. Die Flaschenzüge und Förderbänder, die zuvor der Wissenschaft gedient hatten, hatten unseren Ein-Mann-Unterseebooten Platz gemacht, und die Forschungslaboratorien waren zu fotografischen Dunkelkammern geworden.

Vor dem Auslaufen wurde zur Vorbereitung auf eine Seereise, die fünf Jahre dauern sollte, jeder der beiden 500-PS-Motoren gründlichst überholt. Das Besatzungslogis im Vorschiff wurde so eingerichtet, daß es sechs zusätzlichen Personen – Filmtechnikern oder weiteren Tauchern – Platz bot. Am Heck lagen zwei Ein-Mann-Unterseeboote, die eine Tiefe von 450 Metern erreichen, während genau über ihnen auf dem Hinterdeck ein hydraulischer Kran installiert wurde, um sie ohne manuelle Hilfe und ohne Furcht vor Brechern aus ihren Halterungen ins Wasser zu lassen. Das »Tauchzentrum« auf dem Hauptdeck, das gleichzeitig den Elektrikern als Werkstatt diente, barg die nagelneue Tauchausrüstung. Das große offene Zwischendeck, die Kombüse und alle anderen Innenräume waren ebenfalls modernisiert worden.

Auf dem Oberdeck hatten wir einen ganzen Raum an die Kommandobrücke angebaut und neben dem Funkraum ein Fernseh-Kontrollzentrum eingerichtet. Eine neue Radaranlage, größere Fenster und zwei brusthohe Kartentische veränderten das Aussehen der Kommandobrücke vollständig. Überall, selbst im Ausguck unter dem Bug, ließen die Kameras eines geschlossenen Fernsehsystems den Navigationsraum an allem teilnehmen, was an Bord oder unter der Wasseroberfläche in unserer Nähe geschah. Alles zusammengenommen, war das Schiff ein seiner Aufgabe vorzüglich angemessenes Instrument. Seine kleinen, schnellen Beiboote konnten jederzeit einen Kameramann an den Ort eines jeden Geschehens bringen. Im Laderaum hing ein Heißluftballon, der es mir ermöglichte, alle Unternehmungen von oben zu filmen oder sogar Dinge zu entdecken, die selbst dem Mann im Ausguck entgehen. Neben dem unerläßlichen Zubehör (wie Objektiven und einigen leichten Kameras) umfaßte unsere Filmausrüstung je zwei 35-mm- und 16-mm-Arriflex-Kameras, zwei 16-mm-Eclair-Kameras und drei Perfectone-Bandgeräte mit Quarzsynchron-Ton, die eine Trennung von Bild- und Tontechnik ermöglichen.

Jacques-Yves Cousteau (rechts) und Philippe Cousteau (links) an Bord der *Calypso* beim Besprechen des Tagesbefehls. Im Hintergrund der hydraulische Kran und eins unserer Ein-Mann-Unterseeboote.

Zu unserer Unterwasserausrüstung gehörten zwölf Kameras, die wir in unseren eigenen Werkstätten in Marseille hergestellt hatten. Vier davon waren für 35-mm-Film, die übrigen für 16 mm. Zum Beleuchten benutzten wir sowohl im Freien als auch im Wasser Quarzlampen von 1000, 750 oder 250 Watt mit autonomen Batterie-Einheiten oder mit Anschluß an eine Stromquelle von 110 Volt auf der *Calypso*.
Wir hatten unsere Taucherausrüstung durch eine Kunststoffhülle stromlinienförmig gemacht, die nicht nur die vier Behälter mit der in Spezialstahlflaschen komprimierten Atemluft überdeckte, sondern auch ein Ultraschalltelefon, das eine Sprechverbindung mit den anderen Tauchern ermöglicht. Auf den Taucherhelm waren ein Sprechfunkgerät zur Benutzung an der Wasseroberfläche und die Batterien für unsere Lampen montiert. Dieser Helm, der ebenfalls aus Kunststoff bestand, enthielt die Empfänger für die beiden Kommunikationssysteme und eine hochempfindliche Quarzröhre

mit einem seitlichen Schalter. Ein Taucheranzug aus einem Stück vervollständigte unsere Ausrüstung. Ein so ausgestatteter Taucher erhöht seine Bewegungsfreiheit um fast 30 Prozent und kann schneller und mit weit weniger Kraftaufwand schwimmen als mit der herkömmlichen Ausrüstung.

Diese Ausrüstung, die von den Ingenieuren des *Centre d'Etudes Marines Avancées (CEMA)* in Marseille entworfen und angefertigt wurde, erwies sich als der erste wirklich spürbare Fortschritt auf dem Gebiet in sich geschlossener Taucherausrüstungen seit der Erfindung der Cousteau-Gagnanschen Aqualunge.

Im Oktober 1966 waren unsere Vorbereitungen so weit gediehen, daß wir zu einer Testfahrt aufbrechen konnten. Für diesen Zweck hatten wir uns zum Gebrauch eines kleineren Schiffes, der *Espadon*, entschlossen. Das umgebaute Fischereifahrzeug war mit Prototypen aller Ausrüstungsgegenstände ausgestattet, die auf der *Calypso* benützt werden sollten. Auch wollten wir unsere 16-mm-Kameras und zwei neuentwickelte Arten von Filmmaterial – Ektachrome 7241 und 7242 – ausprobieren, das Eastman Kodak Co. eben erst auf den Markt gebracht hatte. Unsere Testexpedition war auf drei Monate geplant. Sie bestand aus zehn Mann unter dem Kommando

Die *Calypso* auf dem Indischen Ozean, dessen hohe Dünung den kommenden Monsun ankündigt.

von Albert Falco und hatte eine Studie über die Haie des Roten Meeres zum Ziel. Im Februar 1967 schifften wir uns auf der *Calypso* ein, nachdem wir auf der *Espadon* wertvolle Erfahrungen gesammelt und unsere Ausrüstung auf schwache Stellen hin untersucht hatten. Als wir den Hafen von Monaco verließen, überschüttete uns eine große Menschenmenge von den Werften aus mit Blumen und Konfetti. Der Fürst von Monaco und Fürstin Gracia ließen es sich nicht nehmen, uns einen persönlichen Besuch an Bord abzustatten, und schenkten uns einen prächtigen St. Hubertus, den wir »Zoom« tauften.

Der Aufbruch zu einer Seereise ist immer ein erhebender Augenblick, aber dieser war der großartigste von allen. Es war soeben eine Art Wunder geschehen. Im Zeitalter des Leistungsprinzips, des wissenschaftlichen Imperativs und des Profitstrebens brachen wir ohne ein genaues Ziel auf, ohne drakonische Ansprüche an unsere Zeiteinteilung, ohne irgend jemand Rechenschaft zu schulden – frei, zu reisen, wohin es uns gerade gefiel. Sehen war unsere einzige Aufgabe, unser Beruf.

Innerhalb kurzer Zeit waren wir außer Sichtweite des Felsens von Monaco und des Meeresmuseums, das ihn krönt. Meine freudige Erregung wurde von allen an Bord geteilt; sie waren ja alle langjährige Gefährten, von denen einige seit 1951 bei meinem Vater gewesen waren. Jeder von ihnen beherrschte seinen Aufgabenbereich bis zur Vollendung, und die meisten waren in der Lage, drei oder vier verschiedene Funktionen auszuüben. Der Kapitän der *Calypso*, Roger Maritano – sein Nachfolger war Kapitän Bougaran –, hatte diese Position seit mehreren Jahren inne; der Erste und Zweite Offizier, Jean-Paul Bassaget und Bernard Chauvellin, waren jung und tüchtig und daneben auch hervorragende Taucher. Das älteste Mitglied unserer Mannschaft, René Robino, war seit unserer ersten Fahrt bei uns und für den Maschinenraum verantwortlich. Maurice Leandri leitete mit unermüdlicher Energie und Präzision das Team, das unsere Taucherausrüstung instand hielt. Unsere beiden Tauchexperten, Raymond Kientzy und Albert Falco, genannt Canoë und Bebert, waren seit jenen aufregenden Tagen auf der *Calypso*, als wir mit Bergungsarbeiten am Wrack einer griechischen Galeere dicht vor der Hafeneinfahrt von Marseille beschäftigt waren. Meine Freunde Michel Deloire, Yves Omer und ich teilten uns die Kameraarbeit, während Jacques Renoir mir bei meinen Aufgaben an Bord half. Von unserem Funker und Toningenieur Eugène Lagorio, genannt Gégène, bis zu unserem Schiffskoch Jean Morgan kannten und

Der Aufbruch zu einem Taucheinsatz ist immer ein aufregendes Ereignis, da wir nie wissen, was uns bevorsteht und welche Entdeckungen wir machen werden. Philippe Cousteau steht in der Mitte; rechts sitzt Canoë Kientzy, und Bernard Delemotte zeigt der Kamera den Rücken. Wir befinden uns mit einer unserer Barkassen in einem flachen, warmen Gewässer. Im Hintergrund sieht man eine der Inseln; es ist einer der seltenen dunstigen Tage.

schätzten sich alle an Bord. Wir hatten eine unbedingt verläßliche Mannschaft, die sich durch beste berufliche Qualifikation auszeichnete. Frédéric Dumas, der von allem Anfang an mit meinem Vater zusammengearbeitet hatte, ist inzwischen eine internationale Autorität auf dem Gebiet der Meeresarchäologie und steht uns noch immer als Fachmann zur Seite, dessen große Erfahrung auf See und mit den Geschöpfen des Meeres unsere Erfolgsaussichten erheblich erhöht.

1951 hatten wir mit Dumas und Robino das Rote Meer durchforscht; ich war damals gerade zehn Jahre alt. Mit Kientzy war ich in die Unterwasserurwälder von Alboran getaucht und mit Falco in die versunkenen Krater der Azoren hinabgestiegen. Michel Deloire war bei der Überlebensaktion im Rahmen des Experiments von *Precontinent III* in neunzig Meter Tiefe mein Assistent und später mein Nachfolger. Unserem Team gehörten auch Yves Omer mit vier weiteren Kameraden an, darunter André Laban, der die Arbeit der kleinen Gruppe von Meeresforschern leitete. Jeder von

Michel Deloire, seit vielen Jahren eng mit Philippe Cousteau befreundet. Deloire hielt sich 1965 für das Unternehmen Conshelf III als Ersatzmann bereit, um notfalls für Philippe einspringen zu können. Er ist ein hervorragender Kameramann und Fotograf. Deloire war bei dieser Expedition von allem Anfang an mit von der Partie und hat einige der schönsten Bilder und Szenen aufgenommen, die je unter Wasser gemacht wurden. Davon abgesehen ist er auch ein ausgezeichneter Taucher und arbeitet mit Vorliebe unter Wasser. In Jacques Renoir haben wir zwar einen Kameramann speziell für Aufnahmen an Bord, aber Michel als Leiter des Kamerateams filmt auch sehr viel über dem Wasser.

uns hatte irgendwann einmal den anderen Hilfe geleistet und ihre Hilfe in Anspruch genommen; wir hatten alle dieselben Probleme zu bewältigen. Unser Team bildete eine durch meinen Vater zusammengeführte und von seinem Abenteuergeist und seiner Ehrfurcht vor dem Leben geformte Einheit.

In der Nacht nach unserem Aufbruch suchte ich meinen Vater auf der Kommandobrücke auf und stand dort lange mit ihm, während wir über unsere Welt nachdachten und unsere Sinne die Schiffsbewegungen wieder für uns entdeckten, die wir während der mit Vorbereitungen angefüllten Monate in Paris und New York vergessen hatten. Ich dachte zurück an die Anfänge dieses Abenteuers, von dem Film für die National Geographic Society bis zu unserem festlichen Aufbruch am heutigen Tag; ich dachte an David Wolpers Enthusiasmus und Zutrauen; an die unermüdliche Arbeit der Ingenieure und Handwerker für unsere Ausrüstung; an die zahllosen Stunden der Reisevorbereitungen in den Büros von Hollywood,

New York, Paris und Marseille. Meine Gedanken waren zugleich beim Ziel des ersten Teils unserer Reise, bei dem Film, der die Serie einleiten würde und der die ganze Welt auf die Faszinationskraft der See und die Möglichkeit, sie auf Zelluloid auszudrücken, aufmerksam machen sollte.
Mein Kopf war voll von Gedanken an jenes ungeheure Tier, jenen furchtbaren Menschenfresser, an die kalte Schönheit, die unbesiegbare Kraft jenes unbegreiflichen Wesens – an den Hai.
In einer Woche würden wir im Roten Meer bereits an unsere Arbeit gehen, und das große Abenteuer würde Wirklichkeit werden.

Es gibt großartige und poetische Augenblicke unter Wasser, fern von jeder lauten Dramatik und ganz von Freude und Schönheit geprägt. Dies ist eine Kluft zwischen den Felsen und den Korallenstöcken. Der Taucher genießt es, zwischen den Gesteinsbrocken und unter den überhängenden Felsen umherzuschwimmen.

2 Wozu ein Buch über Haie?

Frühere Erfahrungen – Begegnung mit dem großen Longimanus auf hoher See – Gefahren für den heutigen Taucher

Bericht von Philippe Cousteau

An einem Sommernachmittag des Jahres 1945 befestigte mein Vater zwei Miniatur-Tauchgeräte an meinen Schultern und denen meines Bruders. Er ließ uns von den Felsen einer kleinen Bucht zwischen Sanary und Bandol an der französischen Mittelmeerküste an seiner Hand hinaus ins seichte Wasser. Mein Bruder war damals sechseinhalb und ich vier Jahre alt. Ich kann mich an dieses erste Taucherlebnis nicht erinnern, habe aber oft davon erzählen hören. Voll Staunen und Bewunderung beschrieben wir laut alles, was wir sahen – mit dem Erfolg, daß wir große Mengen von Salzwasser schluckten.
Seit jenen Tagen gibt es kein Lebewesen im Meer, das mir wirklich Angst einflößt – mit Ausnahme des Hais. Eine ganze Reihe von Meerestieren hat mich gestochen und gebissen – Muränen, Quallen und sogar der unscheinbare Seeigel. Ich bin vielen Arten von unheimlichen Meereswesen begegnet, wie etwa dem Teufelsrochen, dem See-Elefant, dem Schwertwal oder Mordwal und dem Pottwal. Jeden Biß oder Stich, den ich mir dabei zuzog, hatte ich meiner eigenen Unachtsamkeit im Umgang mit diesen Tieren zuzuschreiben und nicht ihrer Böswilligkeit oder Angriffslust. Dasselbe trifft auf den Hai zu, der meines Erachtens niemals ohne Grund tötet; trotzdem bin ich davon überzeugt, daß er als einziges Meerestier über die nötige Kraft, die Mittel und die Motivation verfügt, mich unheilbar zu verstümmeln oder gar zu töten. Der Hai ist natürlich nicht das einzige Tier, das für den Menschen lebensgefährlich sein kann; es ließe sich eine lange Liste solcher Lebewesen aufstellen. Ich könnte einige der bekanntesten davon aufführen, aber eine solche Aufzählung wäre in keiner Weise erschöpfend. Nur der Biologe könnte verläßliche Angaben darüber machen, und es gibt auch ein entsprechendes Werk mit dem Titel »Gefährliche Meerestiere«, das dieses Thema, zumindest nach dem derzeitigen Stand der Forschung, erschöpfend zu behandeln scheint. Im Persischen Golf

und in den Gewässern um Indonesien leben Seeschlangen von einem halben bis zu einem Meter Länge, deren Gift tödlich ist, die dem Menschen aber nach Möglichkeit ausweichen. Der Biß einer bestimmten australischen Polypenart oder die Verbrennungen, die von den Fühlern der Physalia-Qualle hervorgerufen werden, führen ebenfalls zum Tod. Der Pottwal oder der Mordwal sind in der Lage, einem mit dem Hieb ihres Schwanzes mühelos die Wirbelsäule zu brechen. Selbst der friedliche Delphin könnte auf dieselbe Weise, in der er mit Haien fertig wird, auch einen Schwimmer töten. Es gibt Meereskrokodile, die die Küsten Indonesiens unsicher machen und von der einheimischen Bevölkerung gefürchtet werden. Keines dieser Tiere stellt für den Taucher jedoch eine wirkliche Gefahr dar. Die meisten von ihnen leben entweder weit draußen im Meer oder in großer Wassertiefe – wie zum Beispiel der Riesentintenfisch des Humboldtstroms.

Der Hai kommt dagegen überall in tropischen Gewässern und in gemäßigten Breiten vor; einige Arten, wie etwa der Eishai, leben selbst in den Eismeeren. Man trifft ihn in großen Tiefen ebenso wie an der Wasseroberfläche, in Flußmündungen und sogar in einigen Süßwasserseen Lateinamerikas. Man kann daher überall, wohin sich der Mensch in und auf dem Meer wagt, einem Hai begegnen, und es ist oft eine Begegnung mit dem Tod.

Auf der Erdoberfläche ist es dem Menschen gelungen, die meisten Tiere und eine Vielzahl von Insektenarten, die sein Leben bedrohen, zu vernichten. Wenn eine Tierart nicht vollständig ausgerottet wird, so treibt man ihre letzten Individuen in Reservate, wie das beim afrikanischen und indischen Großwild der Fall ist. Die systematische Jagd auf solche Tiere hat die Arten vielfach so dezimiert, daß man von einer Gefahr für den Menschen durch die Tierwelt praktisch nicht mehr sprechen kann.

Ich möchte an dieser Stelle nicht weiter auf dieses Verhalten des Menschen eingehen, sondern nur meinem Bedauern über die oft so ungerechtfertigte Vernichtung von so viel Reichtum und Schönheit in der belebten Natur Ausdruck geben. Ich empfinde angesichts der Maßnahmen, die angeblich dem Schutz irgendeiner Tierart dienen, tiefste Scham, da diese Vorkehrungen nichts anderem dienen als dem Verkauf von soundso viel Pfund Löwe oder Elefant – bei phantastischen Preisen – an einige wenige Privilegierte, die in einer Nervenklinik viel besser aufgehoben wären als in ihren »Sportklubs«. Ich möchte mit aller Schärfe sagen, welch ohnmächtigen Schmerz mein Vater und ich empfinden, wenn wir hilflos mit ansehen müssen, wie man die großen Wale wie Finn- und Blauwal,

Zwei Taucher mit ihrer neuen Ausrüstung: stromlinienförmige Versorgungseinheiten auf dem Rücken und Taucherhelme mit eigenen Scheinwerfern. Die beiden untersuchen eine weiße Meduse. Medusen sind Kolonien winziger Tiere, die sich von Plankton nähren. Sie sehen aus wie die weiße Mähne eines Meeresungeheuers.

die riesigsten Lebewesen aller Zeiten, ausrottet und zur bloßen Erinnerung werden läßt.
Der Hai hat ein solches Schicksal nicht zu fürchten. Die Mehrzahl der Haiarten ist ihrer Umwelt hervorragend angepaßt, und ihre große Zahl macht ihre Ausrottung äußerst schwierig, wenn nicht unmöglich. Dies läßt den Hai zu einem der letzten Tiere werden, die für den Menschen gefährlich und von ihm noch nicht bezwungen sind. Aus eben diesem Grunde besteht allgemein ein so lebhaftes

Interesse an der Erforschung des Hais. Haie gibt es praktisch überall; fast alle davon sind gefährlich, und es gibt noch immer keinen wirksamen Schutz, den ein einzelner Mensch mit sich führen könnte. Dies und die Tatsache, daß sich der Kulturmensch endlich wieder dem Meer zuwendet und damit die Möglichkeit der Begegnung mit Haien wächst, lassen die umfassende und gründliche Kenntnis der Lebensgewohnheiten des Hais zu einer dringenden Notwendigkeit werden. Mehrere Länder haben bereits Laboratorien eingerichtet, die sich ganz dieser Forschungsaufgabe widmen.
Um die Beziehung zwischen Mensch und Hai rankt sich ein Mythos, wobei das Verhalten des Tieres für das Entstehen der merkwürdigsten Vorstellungen sicher nicht ausschlaggebend ist. Dem Menschen war die Existenz des Haies lange Zeit gänzlich unbekannt; im Englischen gab es bis zur Mitte des 16. Jahrhunderts nicht einmal eine Bezeichnung für diese Tierart; man bediente sich des spanischen Wortes »tiburon«. Zur Ergänzung dieser linguistischen Anmerkung sei noch erwähnt, daß sich der französische Ausdruck für Hai – requin – von »Requiem«, der Totenmesse, ableitet und die Furcht der Seeleute vor dem Auftauchen des Raubfisches in ihren Gewässern widerspiegelt. Manche glaubten sogar, daß das Sichten eines Haies den Tod eines Seemannes ankündige. In der Antike wird der Hai nur in den Werken von Herodot, Aristoteles und Plinius erwähnt. Der letztere unterschied sogar vier verschiedene Haiarten. Vor diesen Autoren der Antike finden sich keine genaueren Hinweise auf den Hai, und doch ist es durchaus möglich, daß der Hai schon in der Bibel erwähnt ist. Der große schwedische Naturforscher des 18. Jahrhunderts, Carolus Linnaeus, war davon überzeugt, daß Jonas nicht von einem Wal, sondern von einem riesigen Hai verschlungen wurde. Seit der Entstehung der Bibel haben sich viele Geschichten um dieses Fabeltier gerankt, und die meisten davon sind schrecklich. Diese Erzählungen, seien sie nun wahr oder nicht, tragen mit zu der »Hai-Psychose« bei, die sich bei allen Seeleuten, aber auch bei Menschen findet, die einfach die See bewundern.
An die grauenhafte Mordlust hungriger Haie reicht nur der blinde Haß des Menschen für diese Tierart heran. Ich sah und filmte Szenen eines unbeschreiblich grausamen Gemetzels, in dem ansonsten ruhige und bedächtige Männer mit der Axt in die Leiber von Haien schlugen, die sie gefangen hatten. Ich sah sie ihre Hände und Arme in den Blutstrom der Eingeweide tauchen, um Haken und Köder loszureißen. Stundenlang zwischen den aufgeschlitzten Kadavern taumelnd, die Haken immer wieder ins Innere der Haie stoßend, in

Dem Hammerhai begegnet man im Roten Meer nur selten. Obwohl das Maul des Tieres im Vergleich zu seiner Körpergröße relativ klein ist, gilt dieser Hai doch als sehr gefährlich. Er hat ein unschönes, furchteinflößendes Aussehen, und seine merkwürdige Kopfform ist eines der ungelösten Rätsel der Haiwelt. Einige Wissenschaftler sind der Ansicht, das Tier könne dadurch besser sehen, was jedoch nicht mit Sicherheit nachgewiesen ist. Andere Forscher glauben, daß die getrennte Lage der Nasenlöcher jeweils an einem Ende des hammerförmigen Kopfes dem Hai besonders gut ermögliche, die Richtung eines Geruches festzustellen. Hammerhaie schließen sich oft zusammen und jagen in Rudeln.

nächster Nähe der bebenden Kiefer, denen sie sich sonst nie genähert hätten, kosteten diese Männer eine Art archaischer Blutrache aus.

Dieses psychische Phänomen, ein beinahe automatischer Verlust der Selbstkontrolle beim Anblick eines Haies, ist vermutlich für sehr viele mörderische Angriffe dieses Tieres auf Menschen verantwortlich.

Die zivilisierte Menschheit muß endlich darangehen, wirksame Methoden zum Schutz gegen Haie zu entwickeln, sei es durch die Erforschung der menschlichen Reaktionen oder durch das Studium des Haies. Solange wir dies nicht getan haben, wird die Invasion der Ozeane aufgehalten oder doch zu einem ungeheuer schwierigen Unternehmen, da die große Masse der Sporttaucher aus Furcht vor dem Hai davor zurückschrecken wird, sich ins Meer zu wagen.

Ganz abgesehen davon stellt uns der Hai auf naturkundlichem Gebiet vor ein besonders interessantes Problem. Anhand von Untersuchungen an Fossilien vermutet man, daß es bereits zu Beginn der Kreidezeit, im Mesozoikum, die ersten Haie gab, also vor hundertvierzig Millionen Jahren. Der Hai hat alle Veränderungen des Klimas, des Salzgehaltes im Wasser, der Ernährung sowie des Wasserdruckes überlebt. Er ist ein biologischer Widerspruch in sich, da seine Fortpflanzungsorgane im Gegensatz zu seinem relativ primitiven Knorpelskelett äußerst differenziert und höher entwickelt sind als die von anderen Fischen.
Der Hai gehört im Gegensatz zu den verschiedenen Knochenfischen zur Klasse der Elasmobranchii oder Knorpelfische. Die Elasmobranchii werden ihrerseits in zwei Unterklassen geteilt, in die Holocephali und die Sclachii, zu denen der Hai gehört. Die übrigen Knorpelfische, die zu dieser Klasse gezählt werden, umfassen die kleineren Haiarten, die unter dem Namen Hundshai oder Grundhai bekannt sind, und verschiedene Rochenarten einschließlich des Elektrischen Rochen und des Geigenrochen.

Bericht von Jacques-Yves Cousteau

Die Reaktionen eines Menschen, der einem Hai begegnet, sind von ganz besonderer Art. Sie wurzeln im Raum der Legende und sind von Erzählungen beeinflußt, die keinerlei Glauben verdienen, doch die Suche nach objektiven Erkenntnissen ist ein entmutigendes Unterfangen. Ich bin einer Reihe von Männern begegnet, die von Haien angefallen worden waren und schwerste Verletzungen überlebt hatten. Ihre Narben sind furchteinflößend, vor allem für mich als Taucher, der sich naturgemäß mit dem Opfer identifiziert. Bei jeder dieser Gelegenheiten schossen mir Dutzende von Fragen durch den Sinn, und ich hörte den Antworten begierig zu, als könnten sie mir endlich die Wahrheit über den Hai enthüllen. Doch dies war in keinem Fall möglich. Die meisten dieser Opfer waren gar nicht in der Lage, eine Darstellung der tatsächlichen Ereignisse zu geben, und die übrigen hatten ihren Bericht mehr oder weniger bewußt ausgeschmückt. Ich bin daher einzig auf meine eigenen Erinnerungen angewiesen und bin mir darüber im klaren, daß eben die Mechanismen, die meine eigenen Reaktionen auf solche Berichte bestimmen, bei anderen Tauchern unweigerlich Skepsis hervorrufen werden.

Wir tauchen nun seit 33 Jahren, mit oder ohne Schutzvorrichtungen, allein oder in Gruppen, in warmem wie in kaltem Wasser und oft in der Gesellschaft von Haien aller Art und jeder Größe; wir kennen Haie, die für harmlos gehalten werden, und solche, die als gefährlich bekannt sind. Wir fürchteten uns vor ihnen, wir machten uns über sie lustig, wir bewunderten sie, aber wir mußten uns damit abfinden, daß sie das Wasser mit uns teilten. Die latente Gefahr, die ihre Allgegenwart bedeutet, hat uns überallhin begleitet und vertrieb uns – in Ausnahmefällen – einige Male aus dem Meer.
Ist es nach den Erfahrungen von drei Jahrzehnten nicht langsam Zeit, all diese Erinnerungen zusammenzufassen, sie zu prüfen und sowohl den Gefühlseindrücken als den Tatsachen den ihnen jeweils zukommenden Stellenwert einzuräumen?
Im Mittelmeer kommen Haie nur selten vor und verursachen wenig Unglücksfälle. Eben diese Seltenheit ihres Auftretens verleiht jeder Begegnung mit einem Hai eine merkwürdige Art von Feierlichkeit. Meine »ersten« Haie sah ich bei Dscherba im Mittelmeer und war über Gebühr beeindruckt von ihnen, da ich diese Begegnung nicht erwartet hatte. Andererseits ergab sich im Roten Meer, wo man beim Tauchen zwischen den Riffs des offenen Meeres ganz unausweichlich ständig von Haien umgeben ist, eine Art gelassener Koexistenz zwischen uns und den Raubfischen, und meine Gefährten und ich wurden leichtsinnig und vergaßen beinahe die Anwesenheit der Haie. Es war damals in unserem Team sogar so etwas wie eine aufkeimende Verachtung für diese harmlosen Vagabunden zu spüren, eine Tendenz, so zu tun, als bemerke man ihre Anwesenheit nicht, und Witze über sie zu machen. Ich kämpfte gegen diese Form des Snobismus, die so gefährlich werden konnte, war ihr aber selbst bis zu einem gewissen Grad verfallen. Für das unbeholfene, verletzbare Wesen, zu dem ein Taucher in dem Augenblick wird, in dem er ins Wasser steigt, ist es eine berauschende Vorstellung, stärker als ein Tier zu sein, das ungleich viel besser gerüstet ist. In dieser Atmosphäre übertriebenen Selbstvertrauens und dreister Arroganz tauchte ich in den ersten Jahren ohne Schutzmaßnahmen selbst in gefährlichsten Gewässern und ließ auch andere so tauchen. Wir rempelten am Joao Valente-Riff bei den Kapverdischen Inseln über drei Meter lange Meerestiere an oder zogen an ihren Schwänzen – Lebewesen, die unvergleichlich viel stärker und lebenstüchtiger waren als diese unbeholfenen Eindringlinge mit ihren Stahlflaschen auf dem Rücken, mit Masken, die ihren Gesichtskreis einengten, und mit Flossenprothesen an den Füßen. An dem Tag in Joao Valente, an dem Dumas und ich in der Ferne die Umrisse eines Weiß- oder

Menschenhais erblickten, der von allen Fachleuten unter die »Menschenfresser« gerechnet wird, waren wir starr vor Entsetzen und schlossen uns enger zusammen. Wir hatten ihn früher gesehen als er uns. Sobald er unsere Anwesenheit bemerkte, reagierte er seinerseits mit Panik, defäzierte und war mit einem einzigen Schlag seiner mächtigen Schwanzflosse verschwunden. Später wiederholte sich dieser Vorfall bei zwei verschiedenen Gelegenheiten, und bei jedemmal wich der ungeheure Gefühlsschwall, den die Erscheinung des Weißhais hervorgerufen hatte, einem ungerechtfertigten Triumphgehabe, wenn unser bloßer Anblick das Tier in die Flucht geschlagen hatte. Jede dieser ungewöhnlichen Begegnungen versetzte uns in große Erregung und verursachte gleichzeitig ein übermäßiges Selbstvertrauen, das die Vernachlässigung unserer Sicherheitsvorkehrungen zur Folge hatte.
In größeren Tiefen bringt das Tauchen mit autonomen Atmungsgeräten eine Art von narkotischem Zustand mit sich, den wir »Tiefenrausch« nennen. Er äußert sich bereits bei Wassertiefen von 45 Metern und wird unterhalb von 65 Metern sehr unangenehm, ja sogar gefährlich. Der »Rausch« besteht in einem euphorischen Zustand, einer großen Erregbarkeit der Sinne (vor allem der akustischen Wahrnehmung), einer Verringerung des Realitätsbewußtseins und folglich einer Schwächung des Selbsterhaltungstriebes. Bei der Rückkehr an die Wasseroberfläche sind diese Symptome schlagartig verschwunden. Da eine entsprechende Tiefe den Taucher in derartige Erregungszustände versetzen kann, hat sie unter Umständen auch großen Einfluß auf sein Verhalten gegenüber Haien. Als wir an Bord der *Elie Monnier* im Atlantik einen großen Delphinschwarm sichteten, ließen wir stoppen, um bis zu einer Tiefe von 50 Metern zu tauchen. Die Delphine verschwanden innerhalb weniger Minuten, aber wir konnten etwa 30 Meter unter uns Schwärme von Gelbflossenthunfischen und große Hochsee-Haie sehen. Ich kann mich noch genau an die unheimlichen Gefühlseindrücke bei diesen unverantwortlichen Ausflügen erinnern. Bei einer Wassertiefe von 50 Metern war die Oberfläche so gut wie verschwunden und das Wasser, das mich umgab, merkwürdig düster, von einer Bläue, die schon ins Schwarze überging. Der »Tiefenrausch« durchzog und überströmte mein ganzes Wesen, ich aber glaubte, ihn steuern zu können, wie den ersten Zug aus der Opiumpfeife. Ich war trunken von einem Gefühl der Freiheit, der Schwerelosigkeit, des Rückzugs von der Welt, lauschte im großen Schweigen des Ozeans auf den Schlag meines Herzens und war in diesem Trancezustand zu jeder Torheit fähig.

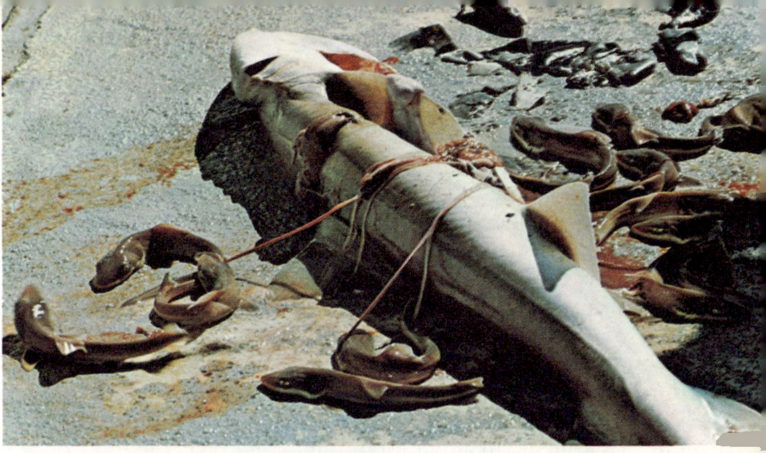

Ein Wissenschaftler hat soeben den Bauch eines Sandhai-Weibchens geöffnet, der voller Jungtiere ist. Haie können bei einem einzigen Wurf mehr als zwanzig Junge zur Welt bringen. Sie sind trotz des primitiven Baus ihrer inneren Organe äußerst fortpflanzungsfähig und scheinen überraschenderweise für ihre Sprößlinge sogar etwas zu empfinden – zumindest gibt es einen Mechanismus, der das Leben des Nachwuchses schützt. Das Muttertier nimmt nach der Geburt seiner Jungen tagelang keine Nahrung zu sich, um nicht aus Versehen ihre Sprößlinge aufzufressen!
Jan, die Frau von Philippe Cousteau, assistierte Dr. Walker, als er diesen Kaiserschnitt ausführte. Sie nahm sich für die neugeborenen Haie sehr viel Zeit und rettete den kleinen Frühgeburten sogar das Leben, indem sie sie in einen Wasserbehälter setzte. Sie blieben alle am Leben und waren für uns interessante Studienobjekte.

Tief unter der Oberfläche, wo vielleicht die Sonne schien, aber noch immer mehr als dreitausend Meter über dem Meeresgrund hatte ich jeden Begriff von waagerecht und senkrecht verloren und trieb richtungslos im tintenschwarzen Wasser, das wegen des brechungsfreien Weges des Lichts merkwürdig durchsichtig schien. Ich konnte zwischen oben und unten nicht mehr unterscheiden und hatte nur einen einzigen Anhaltspunkt, an dem ich mich orientieren konnte: die Luftblasen, die den Stahlflaschen auf meinem Rükken entwichen. Meine Empfindungen im Verlauf solcher unbesonnener Tauchausflüge waren möglicherweise noch seltsamer, noch verwirrender als die Eindrücke der ersten »Spaziergänger im Weltall«. Die Astronauten können beim Verlassen ihres Raumschiffs die vertrauten Sterne und Planeten deutlich sehen, während ich mich in der Unermeßlichkeit verloren fühlte und nichts hatte, woran ich mich halten konnte. Das einzig Beruhigende in meiner Wasserwelt war etwas Abstraktes: die Vorstellung unseres Bootes, von dem ich wußte – oder glaubte –, daß es über mir war und sorgsam den Spuren folgte, die meine Luftblasen an der Oberfläche darstellten. Genau in dieser Atmosphäre des Ungewöhnlichen hatten die Haie ihren dramatischen Auftritt. Ich wußte damals noch wenig über diese Hochsee-Haie und war von ihrer majestätischen Erscheinung fasziniert. Unter diesen Haien, die allgemein bedeutend größer waren als die an den Riffs, befanden sich mir bis dahin gänzlich unbekannte Arten. Die meisten hatten spitzere Nasen und schärfer umrissene Formen als etwa der Tigerhai. Sie schienen einem Delphinschwarm zu folgen, sich aber in einem bestimmten Abstand zu halten. Als sie aus dem Nichts auftauchten, machten sie keine Anstalten, sich mir zu nähern, sondern änderten statt dessen bei einer Entfernung von knapp 30 Metern die Richtung, als wollten sie mich im Auge behalten. Beim ersten Erlebnis einer solchen Ausnahmesituation bedeutete der Anblick des ersten Hais einen ungeheuren emotionalen Schock. Lichtumflossen in der Dunkelheit des Wassers und klar gegen seinen Hintergrund abgehoben, war er eine fast unwirkliche, Entsetzen einflößende Erscheinung. Infolge des Trancezustands, in dem ich mich bei einer Wassertiefe von 50 Metern befand, verwandelte sich die Faszination und Angst, die ich empfand, übergangslos in ein Gefühl wahnwitziger Freude. Ich schwamm geradewegs auf den großen Hai zu, nur mit einer Kamera bewaffnet, doch er zog sich zurück und hielt gleichen Abstand zwischen uns. Ich schwamm weiter durch die blauschwarzen Tiefen und verfolgte einen Schatten, der schließlich, tief unter mir tauchend, verschwand. Allein, nach Atem ringend, ohne Orientierung, mit hämmernden Schläfen und gänzlich außer Fassung, wurde mir vage bewußt, daß ich mich wie ein Wahnsinniger benommen hatte. Doch ich war stolz darauf, daß ich ein so furchtbares Wesen hatte in die Flucht schlagen können. In einem Element, für das ich nicht geboren bin, das mir bei jedem Schlag meiner Gummiflossen unzählige Fallen stellt, empfand ich all die Eitelkeit eines Eroberers und Herrschers. Ich hatte – wir hatten – den großen Hochsee-Hai in die Flucht geschlagen; der Mensch war unbesiegbar, zu Wasser und zu Land. Der »menschenmordende Hai« – der gehört doch wohl in den Fabelbereich des Seemannsgarns.

Diese meine Selbstgefälligkeit hielt sich jedoch nur wenige Wochen. Sie zerplatzte bei unserer ersten Begegnung mit dem »Carcharhinus longimanus«, dem Weißspitzen-Menschenhai, dem unbestrittenen Herrn der tropischen Meere. Ich habe die Einzelheiten dieses Abenteuers, das für Frédéric Dumas und mich beinahe das letzte gewesen wäre, in einem früheren Buch ausführlich beschrieben. Wir hatten von der *Elie Monnier* aus im tropischen Teil des Atlantik vor den Kapverdischen Inseln einen Grindwal harpuniert, der wissenschaftlich Globicephala melaena heißt. Unser Opfer, es hatte fast eine Tonne Gewicht, kämpfte noch am anderen Ende der 100 Meter langen Leine, während seine Artgenossen das Schiff umkreisten und ihren noch lebenden Kameraden nicht zurücklassen wollten. Bald zeigten sich die ersten großen Haie. Unser Schiff, an den Wal gekoppelt, stoppte, und Dumas und ich stiegen mit drei Stahlflaschen auf dem Rücken ins Wasser. Ich trug auch eine Kamera, um das Verhalten der Wale zu filmen, die uns noch immer umschwammen. Das Drama begann augenblicklich.

Wir waren kaum im Wasser und fünf oder sechs Meter unter der Oberfläche, als wir König Longimanus sahen, den Häuptling Langer Arm, wie wir ihn bald nannten. Er war völlig anders als all die Haie, die wir zuvor gesehen hatten. Sein gedrungener, graubrauner Körper hob sich scharf gegen das klare Blau des Wassers ab; sein Kopf war sehr groß und rund, und seine Brustflossen hatten enorme Ausmaße; seine Rückenflosse endete in Rundungen. Große, weiße, kreisförmige Flecken markierten die Spitzen seiner Flossen und seines Schwanzes. Ein winziger Pilotenfisch schwamm dem Hai voraus, hielt sich dicht vor seinem Maul und ließ sich vermutlich von einer Druckwelle treiben. Mit großem, allzu großem Selbstvertrauen ließen wir die Leine, die uns noch mit unserem Schiff verband, fallen und schwammen geradewegs auf den Hai zu. Es dauerte lange, viel zu lange, bis wir begriffen, daß der Häuptling Langer Arm uns mit sich fortlockte und sich nicht im geringsten vor uns

Dieser Schwarzspitzen-Riffhai schwimmt im Vordergrund auf dem sandigen Grund des Roten Meeres, während Michel Deloire im Hintergrund die Kamera hält und offensichtlich einen anderen Hai anvisiert. Der Schwarzspitzen-Riffhai ist äußerst unruhig und erregbar, was wir bei verschiedenen Gelegenheiten als sehr gefährlich kennenlernten.

fürchtete. Sobald wir uns darüber klar waren, ergriff uns lähmende Angst, und wir wollten nur noch zu unserem Schiff zurück. Dazu war es aber zu spät; die *Elie Monnier*, noch immer an den sterbenden Wal gekoppelt, hatte uns nicht folgen können und in der unruhigen See auch unsere Luftblasen aus dem Auge verloren. Sie trieb in großer Entfernung von uns dahin. Es war weit und breit kein Land in Sicht, und ich wußte, daß das Meer an dieser Stelle rund dreitausend Meter tief war. Zwei riesige Blauhaie mit formvollendeten Raubfischkörpern schlossen sich dem Weißspitzen-Menschenhai an, und die drei Haie begannen einen sich allmählich einengenden Kreis um uns zu ziehen. Zwanzig endlos scheinende Minuten lang versuchten die drei Haie mit großer Schläue und Entschlossenheit, jedesmal nach uns zu schnappen, wenn wir ihnen den Rükken kehrten oder wenn einer von uns an die Wasseroberfläche stieg, um – vergeblich – unserem weit entfernten Schiff ein Zeichen zu geben. Es war fast ein Wunder, daß das vom Kapitän der *Elie Monnier* zur Suche nach uns ausgesetzte Beiboot uns fand und vor dem sicheren Tod rettete. Kurz bevor wir aus dem Wasser gezogen wurden, war ich drauf und dran, dem Weißspitzen-Menschenhai die Kamera an den Kopf zu schlagen in der verzweifelten Hoffnung, seinen Angriff abwehren zu können und ein wenig Zeit zu gewinnen.

Dieses gefährliche Abenteuer, das ich heute hart verurteile, war die Folge des maßlosen Selbstvertrauens, das wir uns während der letzten Wochen zugelegt hatten, aber auch typisch für den Häuptling Langer Arm. Seit damals sind wir Hunderten von diesen gedrungenen Haien mit den runden Flossen und Flecken begegnet; sie sind die einzigen Haie, die sich niemals von einem Taucher einschüchtern lassen.

Ich erinnere mich in diesem Zusammenhang an einen Vorfall bei der Südatlantikinsel Boa Vista. Wir hatten ein Tigerhaiweibchen gefangen, das im Begriffe stand, Junge zu werfen. Doktor Longet führte an dem sterbenden Fisch einen Kaiserschnitt durch, so daß wir etwa 20 voll entwickelte kleine Tigerhaie ins Wasser setzen konnten. Ich war zu diesem Zeitpunkt selbst im Wasser und trug einen Holzstock, um Seeigel von meinem »Arbeitsplatz« zu vertreiben. Einer der neugeborenen Haie schnappte ohne Zögern nach dem Stock und schüttelte ihn sehr heftig. Die Art, wie er sein ganzes Körpergewicht in den Angriff warf, entsprach vollkommen den Bewegungen ausgewachsener Haie, wenn sie verwundeten Delphinen oder Walen Fleischfetzen aus dem Leib reißen.

Beim Gedanken daran, wie dieses Haijunge sich in meinen Stock verbissen und wie ich einmal mit der Kamera den Angriff eines Weißspitzen-Menschenhais (Carcharhinus longimanus) abgewehrt hatte, beschloß ich, unsere Taucher mit einer sogenannten Haigabel auszurüsten, einem einfachen Holzstock von einem Meter Länge, an dessen Ende stumpfe und rutschfeste Zinken befestigt sind. Neben dem »Anti-Hai-Käfig« ist dieser Gabelstock der einzige halbwegs wirksame Schutz gegen Haie.

Unsere Sammlung im Meereskundlichen Museum von Monaco enthält eine Versteinerung von Zähnen einer ausgestorbenen Hai-

Der Name des Blauhais erklärt sich aus der intensiven Färbung seines Rückens. Man sieht, wie elegant die Silhouette dieses Tieres mit seinen langen Brustflossen und seinen schlanken Rücken- und Bauchflossen ist. Sein Kopf spitzt sich vorne stark zu. Der Blauhai ist einer der schnellsten Haie des Meeres. Rechts von seiner Rückenflosse hängen Schiffshalter, und auf der anderen Seite schwimmt ein Pilotenfisch. Die ungewöhnlich großen Brustflossen verleihen dem Blauhai im Wasser eine besondere Wendigkeit. Seine Kiemendeckel stehen weit ab, da er in diesem Augenblick sehr schnell schwimmt und das Wasser mit hoher Geschwindigkeit durch die Kiemen strömt.

art, des Carcharodon megalodon. Diese rasiermesserscharfen, dreieckigen Zähne ähneln denen des Weiß- oder Menschenhais (Carcharodon carcharias), sind jedoch riesengroß und überragen die Zähne des heute lebenden Abkömmlings dieser Haiart um das Zehnfache. Sie lassen Rückschlüsse auf mörderische Riesenhaie von über 20 Meter Länge zu. Leider besitzen wir nichts als die Zähne dieses gigantischen Vorfahren unserer Haie, da das ganz aus Knorpel bestehende Skelett keine Spuren zurückläßt. In dem aufgesperrten Rachen des Ungeheuers hätte ein Kleinlastwagen Platz gefunden!

Der Haikäfig im Einsatz. An seiner Oberseite sind zwei Scheinwerfer befestigt. Einer der Taucher zeigt auf einen Hai und geht daran, das Tier zu markieren. In der linken Hand hält er den dafür bestimmten Speer.

3 Zum Töten geboren

Der verwundete Pottwal und eine Orgie der Hochsee-Haie im Indischen Ozean – Die Druckwellenwahrnehmung des Haies – Der Geruchssinn des Haies – Hai und Speerfischer – Die hervorragende optische Wahrnehmung beim Hai

Bericht von Jacques-Yves Cousteau

Seit zwanzig Jahren stecken wir Menschen in Käfige, um sie vor Haien zu schützen. Das Umgekehrte wäre zwar zweifellos logischer, läßt sich aber leider nicht machen. Dieser Menschenzoo aus Stahl- oder Aluminiumkäfigen wird am Kiel der *Calypso* oder auch kleinerer Boote aufgehängt, um bedrängten Tauchern Zuflucht zu bieten. Wenn die gespannten Beziehungen zwischen Mensch und Hai dramatisch zu werden beginnen, kann sich der Taucher in einen solchen Käfig zurückziehen und in wirklich hartnäckigen Fällen auf ein Signal hin hochziehen lassen. Mit Hilfe dieser Käfige waren wir in der Lage, die wildesten Freßorgien der Haie zu beobachten und zu filmen.

Der Hai, ein »geborener Mörder«, hat einen riesigen Rachen voll unglaublich scharfer Zähne, bewegt sich mit ungeheurer Kraft und Wendigkeit und verfügt über eine hochempfindliche Wahrnehmungsfähigkeit. Dieser Muskelberg wird jedoch von einem verhältnismäßig schwachen Knorpelskelett getragen; sein Maul mit den »fliehenden« Kiefern liegt unterhalb des Kopfes, und die gewaltigen Zähne stellen in dem schwachen Kieferknorpel eigentlich eine Art Fremdkörper dar. Man fragt sich, wie diese widersprüchlichen Eigenschaften überhaupt zueinander passen.

Es ist erst fünfzehn Jahre her, daß ich von der *Calypso* aus bei einem Drama auf hoher See Einsatz und Funktion des Tötungsmechanismus Hai erstmals aus nächster Nähe beobachten konnte. Mitten im Indischen Ozean, hundert Meilen nördlich des Äquators, stieß die *Calypso* auf eine große Anzahl von Pottwalen, die sich in kleine Gruppen von je drei bis sieben Tieren aufgelöst hatten und sich, vermutlich wegen der vielen Jungtiere, sehr langsam bewegten. Wir folgten ihnen den ganzen Vormittag in geringer Entfernung und kamen ihnen bei einer Geschwindigkeit von nur acht Knoten so nahe, daß wir einem Zusammenstoß zwischen unserem Bug und

einem riesigen weiblichen Wal von etwa zwanzig Tonnen Gewicht nicht mehr ausweichen konnten. Unser unterhalb der Wasserlinie gelegener wertvoller Beobachtungsraum wurde stark eingedrückt, und Louis Malle, der die Wale gerade von dort aus filmte, erlitt einen schlimmen Schock. Wir hatten uns kaum von dem Schrecken erholt, als ein Jungtier in unsere Schiffsschraube geriet. Die scharfen Schraubenblätter fraßen sich wie eine Brotschneidemaschine in den Leib des unglücklichen Waljungen, das sofort große Mengen Blut zu verlieren begann. Trotz seiner schweren Verletzungen schwamm der kleine Wal zu seinen Eltern hinüber, und die Gruppe der ausgewachsenen Wale scharte sich geraume Zeit um das kleine Unfallopfer und versuchte, ihm zu helfen und es zu schützen. Dann erhob sich ein riesiger Bulle, vermutlich das Leittier der Herde, senkrecht aus dem Wasser, hielt sich mit gewaltigen Schwanzschlägen aufrecht und stand mehrere Sekunden lang mit über einem Drittel seines Körpers über dem Wasserspiegel. Er wandte sich uns in dieser Haltung halb zu, und wir glaubten mit Bestimmtheit, daß aus seinen winzigen Augen ein rasender Zorn sprühte. Die *Calypso* hatte zwei seiner Schützlinge schwer verletzt, und er schien uns und die Möglichkeit eines Vergeltungsschlages sorgfältig abzuwägen. Er hielt das Ganze jedoch anscheinend für zu gefährlich, denn er ließ sich ins Meer zurückfallen und verschwand mit seiner Herde in der Tiefe. Der tödlich verletzte Jungwal blieb allein zurück; wir setzten seinen Qualen mit einem Kopfschuß ein Ende und befestigten ihn an der Leine, die von unserem Kran über das Achterdeck lief.
Es dauerte nicht lange, bis wir den ersten Hai sichteten; bald waren es zwei, zehn, zwanzig Weißspitzen-Menschenhaie (Carcharhinus longimanus), die langflossigen Herren der Tiefsee. Ihre Größe schwankte zwischen zwei und vier Metern. Bald schloß sich ihnen ein prächtiger Blauhai von etwa fünf Meter Länge an, der mit seiner langen, spitz zulaufenden Nase, seinen schlanken Umrissen und seinen riesigen, ausdruckslosen Augen einen eindrucksvollen Anblick bot. Fast alle diese Haie trugen unter dem Maul ein gutes halbes Dutzend Echeneïdae oder Schiffshalter mit sich. Diese Fische wirkten an den Haien wie Orden auf der Brust eines Generals, und ihre Träger ließen sich ferner von einer Wolke von Pilotenfischen eskortieren. Während die Schutzkäfige, die Taucherausrüstung und das Filmmaterial einsatzbereit gemacht wurden, beobachtete ich das Verhalten des Hairudels, das jetzt den blutenden Wal eingeschlossen hatte. Ich fragte mich, woher diese Räuber so plötzlich gekommen waren, die da aus der Unermeßlichkeit des Meeres auftauchten – hundertfünfzig Meilen von der nächsten Insel entfernt

Jacques-Yves Cousteau, einen lustigen Hut auf dem Kopf, läßt einen Haikäfig zum Einsatz bringen. Von links nach rechts: Serge Foulon, Paul Zuéna, Claude Templier, Jacques-Yves Cousteau, Philippe Cousteau und Marcel Soudre. Im Käfig sieht man den Fisch, der als Köder dienen soll.

im fast drei Meilen tiefen Wasser. Sie waren ganz ohne Zweifel den Pottwalen gefolgt, hielten sich in respektvoller Entfernung von ihnen, da sie der ungeheuren Kraft der Wale nicht gewachsen sind, lauerten jedoch auf den Augenblick, an dem sie die kleinste Schwäche dieser Riesen ausnützen konnten, und nährten sich von ihren Abfällen.

Das Annäherungsverhalten der Haie war klar und eindeutig. Ihre Klugheit und Vorsicht zum Äußersten treibend, umkreisten sie scheinbar träge und mit gleichbleibender Geschwindigkeit den noch warmen Kadaver des Jungwals. Sie schienen sich dennoch ihrer Sache ganz sicher zu sein und hatten offensichtlich nicht die ge-

ringste Angst vor uns. Wenn wir einen von ihnen mit Bootshaken vertrieben, kam er wenig später zurück. Sie wußten, daß die Zeit für sie arbeitete und daß ihre Beute ihnen nicht entgehen konnte.
Dieser Rundtanz dauerte eine geschlagene Stunde, und noch immer hatte sich kein einziger Hai in unmittelbare Nähe des kleinen Wals gewagt. Bald aber begannen sie, ihr Opfer mit der Nase anzustoßen, es förmlich abzugrasen – einer nach dem anderen –, machten jedoch keine Anstalten, nach dem Wal zu schnappen. Mit unseren Schutzkäfigen verfuhren sie auf dieselbe Weise.
Urplötzlich schoß der Blauhai vor und biß zu. Riesige Mengen Haut, Fleisch und Fett waren mit einem Schlag wie mit einem Rasiermesser abgeschnitten. Dies war das Zeichen – die Orgie begann.
Die Ruhe der vorangegangenen Phase verwandelte sich ohne erkennbaren Übergang in Raserei, in Kampf um die Beute. Mit jedem Biß eines vorbeischießenden Hais grub sich ein eimertiefes Loch in den Leib des toten Wals. Ich traute meinen Augen nicht; entsetzt dachte ich unwillkürlich an ähnliche Szenen, die sich nach Schiffsunglücken oder Flugzeugabstürzen im Meer abgespielt haben müssen.
Obwohl wir von diesen heißhungrigen Bestien fortwährend angestoßen und durchgeschüttelt wurden, erlaubte uns die Sicherheit unserer Käfige, die Saturnalien der Haie aus wenigen Metern Entfernung in Großaufnahme zu filmen. Dieses Erlebnis enthüllte mir auch den Mechanismus, der beim Biß eines Haies in seine Beute abläuft.
Das Maul des Haies liegt weit hinten unter seiner langen Nase, doch dies hindert das Tier nicht daran, sich tief in das Fleisch des Opfers hineinzubeißen. Wenn der Hai das Maul öffnet, schiebt sich der Unterkiefer nach vorne, während die Nase hochgeschoben und nach hinten gezogen wird, bis sie mit der Körperachse fast einen rechten Winkel bildet. In diesem Augenblick liegt das Maul *vor* dem Kopf, nicht mehr unterhalb, und ähnelt einer großen Wolfsfalle mit unzähligen scharfen, blinkenden Zähnen. Der Hai bohrt seine Kiefer tief in den Leib des Opfers und legt sein gesamtes Körpergewicht in eine Reihe von wild zuckenden Drehbewegungen, die seine zahnbesetzten Kiefer in Sägen verwandeln. Die Wirkung dieses Vorgangs ist so gewaltig, daß sich der Hai in Sekundenschnelle einen riesigen Happen Fleisch verschaffen kann. Beim Davonschwimmen läßt er im Körper des Opfers ein tiefes und glatt umgrenztes Loch zurück – ein Ekel und Entsetzen einflößender Anblick.

Bericht von Philippe Cousteau

Eins der Geheimnisse der Natur, das die Vorstellung am meisten fasziniert, ist die Übermittlung und der Empfang von Information unter den Lebewesen. An Land wissen es alle Waldbewohner in kürzester Zeit, wenn ein Raubtier ihr »Revier« unsicher macht. Bevor ein krankes oder verletztes Tier Zeit hat zu sterben, tauchen bereits Geier und andere Aasfresser auf. In unserer Welt der Luft und des Lichts, der Gerüche und Geräusche gehen nicht nur den Tieren, sondern auch uns Menschen vielfältige Warnsignale zu. Die optische und die Geruchswahrnehmung hat im Wasser mehr oder weniger dieselbe einfache Bedeutung und Funktion wie an der Erdoberfläche. Die akustischen Reize spielen hier eine ähnliche Rolle, wenn auch in der Wasserwelt ein Faktor anders ist als an Land. Unter der Meeresoberfläche gibt es ebenfalls Geräusche, aber die einzigartige Fähigkeit der Wasserbewohner, sich lautlos zu bewegen, schafft hier eine »Welt des Schweigens«. Ich möchte sagen, daß alle Meerestiere ihren Verwandten an Land insofern ähneln, als sie durchaus Töne von sich geben können, daß es ihnen in ihrem »feuchten Element« jedoch möglich ist, sich ohne vernehmliche Geräusche fortzubewegen. Und doch haben die Seetiere – genau wie die Erdbewohner – die Fähigkeit, das Herannahen, das Vorübergehen bzw. -schwimmen oder den vollkommen lautlosen Angriff eines anderen vorherzusehen. Ich möchte diese Fähigkeit, die meines Wissens allen Fischen eigen ist, »Wassergefühl« oder »-wissen« nennen. Mehr oder weniger feste Körper erzeugen bei der Bewegung durch eine Flüssigkeit eine Druckwelle, die dem Luftzug vergleichbar ist, den man auf der Straße neben einem schnell vorbeifahrenden Auto wahrnimmt. Je dichter das »Element« ist, desto leichter breiten sich diese Wellen aus, desto größer wird ihre Reichweite und Geschwindigkeit. Im Meer ist jeder sich bewegende Körper von einem Druckwellennetz umgeben, das je nach den Eigenschaften und Bewegungen des betreffenden Körpers strukturiert ist – nach dessen Geschwindigkeit, der Beschaffenheit seines Fleisches, seiner Größe, Form oder was sonst noch seiner Identifizierung dienlich sein kann. Die Fähigkeit, Druckwellen wahrzunehmen und ihre Herkunft zu deuten, ist bei den verschiedenen Tierarten unterschiedlich ausgebildet. Selbst ein so hochentwickeltes Säugetier wie der Delphin ist nicht in der Lage, Ursprung und Ursache der von seiner empfindlichen Haut aufgefangenen Druckwellen zu bestimmen. Die Knochenfische können dagegen jede zur Selbsterhaltung nötige Information aus Druckwellen beziehen; dies gilt

auch für die Knorpelfische, zu denen der Hai gehört, obwohl sie ein abweichendes Empfangssystem haben.
Für die Haie gilt ganz allgemein, daß das auf den Empfang und die Interpretation von Druckwellen spezialisierte Wahrnehmungsorgan aus einer schmalen Linie besteht, die auf beiden Seiten des Tieres vom Auge bis zum Schwanzansatz verläuft. Dieses »Lateralsystem« verzweigt sich unter der Haut in Kanäle und ist durch winzige Röhren, die durch die Poren direkt aufs Wasser führen, mit der Außenwelt verbunden. Die Kanäle sind mit einer schleimigen Substanz gefüllt, die Erschütterungen weiterleitet oder gar verstärkt, und enthalten unzählige Nervenzellen mit empfindlichen Verschlußklappen. Die Bewegung dieser Zellplättchen löst je nach ihrem Verhältnis zur Ruhelage Nervenimpulse aus, die ans Gehirn weitergeleitet werden. (Vgl. die Experimente von Saud aus dem Jahr 1937.) Die so gewonnene Information wird dort ausgewertet und bestimmt dann das reaktive Verhalten des Hais. Ich habe Haie mit blitzschnellen Bewegungen hinter Felsen- oder Korallenriffs auftauchen sehen, nachdem wir kräftig in die Hände geklatscht hatten, um richtige Druckwellen auszusenden. Die Tiere waren dadurch ganz offensichtlich »benachrichtigt« worden.
Manche Biologen nehmen an, daß die Wahrnehmungsfähigkeit des Hais für Erschütterungen wie Druckwellen auf die Entfernung von etwa 30 Meter beschränkt ist. Der Gehörsinn dieser Tiere ist demgegenüber weitaus höher entwickelt und soll ihnen den Empfang von Informationen aus weit größerer Entfernung ermöglichen. Ich werde in einem späteren Kapitel auf dieses Thema zurückkommen.
Der Geruchssinn beeindruckt mich von allen Sinneswahrnehmungen der Meerestiere am meisten. Ich kann es mir nur schwer vorstellen, daß Gerüche im Wasser, dem gewiß neutralsten aller »Elemente«, weitergeleitet werden. Und doch können die Haie einer Geruchsfährte im Meer mit äußerster Präzision bis an ihren Ursprung folgen. Eben diese Fähigkeit hat es ihnen wahrscheinlich ermöglicht, unseren armen kleinen Pottwal aufzuspüren, aus dessen Wunden große Blutmengen ins Meer gelangten.
Das Geruchsorgan des Haies ist so angelegt, daß jede Bewegung durch das Wasser eine kontinuierliche Strömung über den hochempfindlichen Zellen ergibt. Die Nasenlöcher stellen am Kopf des Haies eine meist längs oder sogar diagonal zum Körper verlaufende Falte dar, die die Kontaktfläche zwischen den Schleimhäuten und der Strömung vergrößert. Bei der Haiart, deren Vertreter lange Zeit bewegungslos am Meeresboden verbringen, reicht die beim Atmen

Ein großer Blauhai mit einem Pilotenfisch und Schiffshaltern unter dem Maul. Er schwimmt dicht an der Tauchertreppe am Heck der *Calypso*. Der Fotograf versteckte sich für diese Aufnahme am Steuerruder des Schiffes.

erzeugte Strömung schon aus, um eine Wasserzirkulation in der Nase zu bewirken. Der Geruchssinn der Haie beruht im Grunde auf denselben Prinzipien wie der des Menschen, obwohl er natürlich ungleich viel empfindlicher ist. An der Luft entstehen Gerüche dadurch, daß schwebende Materieteilchen sich in der Flüssigkeit der Schleimhäute lösen, die die Innenfläche der Nase bedecken. Diese chemische Lösung reizt dann die Geruchszellen. In der Welt des Meeres ist das Wasser selbst das Lösungsmittel und transportiert die chemischen Stoffe zu den Zellen des Geruchsorgans. Der grundlegende Unterschied und die bemerkenswerte Besonderheit am Geruchssinn des Haies im Vergleich mit dem des Menschen liegt in der Zielstrebigkeit und Präzision seiner Reaktion auf Duftstoffe.
Bei den meisten Haien liegen die Nasenlöcher weit auseinander und können feinste Konzentrationsunterschiede an einem Geruch wahrnehmen, die den Hai in die Richtung führen, aus der der stärkste Duft kommt. Dazu kommt, daß seine seitlichen Kopfbewegungen beim Schwimmen die Untersuchung eines beträchtlichen Kreisbogens erlauben und das genaue Orten einer Geruchsquelle ermöglichen. Je weiter die Nasenlöcher voneinander entfernt sind, desto deutlicher sind ganz offensichtlich auch die Signale, die das Geruchsorgan erreichen. Viele Biologen betrachten diese Überlegung als Erklärung dafür, warum sich der Kopf der Hammerhaie (Sphyrnidae) zu einer derart seltsamen Form entwickelt hat. Bei diesen Tieren liegen die Nasenlöcher nämlich jeweils am äußersten Ende von seitlichen Auswüchsen am Kopf, was bei manchen ausgewachsenen Tieren eine Nasenbreite von über 60 cm bedeuten kann.
Wir haben von der *Calypso* aus ein Experiment durchgeführt, um die Präzision und Empfindlichkeit der Geruchswahrnehmung bei den Haien zu demonstrieren. Zunächst gossen wir eine fluorgrüne Farblösung auf den sandigen Boden eines Korallenriffs im Roten Meer und verfolgten ihren Weg auf einer Strecke von 300 Metern. Die Verteilung der Farblösung erfolgte wegen der kleinen Strudel und Wirbel um die Korallenstöcke nicht geradlinig, und wir kennzeichneten ihren Verlauf durch in den Sand gesteckte Markierungen. Dann befestigten wir genau an der Stelle, an der wir die Farblösung ausgeschüttet hatten, einen Kunststoffbeutel mit dem fast farblosen Fleischsaft frisch gepreßter Fische.
Wir brauchten nicht lange zu warten. Zwei Haie erschienen fast gleichzeitig und nur wenige Meter voneinander entfernt. Sie schwammen sehr schnell, fast ungeduldig, und drehten den Kopf mit raschen Bewegungen von links nach rechts. Ihnen folgten fast unmittelbar darauf vier weitere Haie, von denen keiner länger als ein Meter war.

Sie glitten alle dicht über den sandigen Grund, dessen Unebenheiten ihre Schatten seltsam verzerrten, verfolgten hartnäckig und verbissen ihr Ziel und ignorierten unsere Gegenwart vollständig. Im Meer wie überall in der Tierwelt steht der Nahrungstrieb an Intensität nur dem Geschlechtstrieb nach. Die einzelnen Korallenstöcke schienen sie ein wenig zu verwirren und ihre Erregung zu steigern, da die kleinen Wasserwirbel die Geruchsspur vermutlich undeutlicher werden ließen. Trotzdem wichen sie weniger als drei Meter von der markierten Bahn ab und waren in knapp acht Minuten am Ziel. Als ich sah, wie ähnlich das Suchverhalten dieser Haie dem einer Jagdhundmeute war, fiel mir der Name ein, den die alten Griechen den Haien gegeben hatten: Hunde des Meeres.

Wir wiederholten dieses Experiment unter ähnlichen Bedingungen und schufen dafür eine naturgetreue und äußerst gefährliche Situation. Wenn ein Unterwasserjäger einen Fisch harpuniert hat, löst er ihn gewöhnlich von der Harpune, befestigt ihn an seinem Gürtel und setzt seine Jagd fort, wobei er das Blut und den Geruch, die dem toten oder verwundeten Fisch entströmen, als deutliche Fährte hinter sich herzieht. Wenn es in seiner Umgebung Haie gibt, so werden sie fast augenblicklich zur Stelle sein. Sie werden einmal durch die Druckwellen angelockt, die die verzweifelten Bewegungen des sterbenden Fisches ausgelöst haben, zum andern werden sie die Witterung des toten Fisches aufnehmen und sie bis zu dem leichtsinnigen Schwimmer verfolgen. Dann erfolgt gewöhnlich ein weiterer Angriff des Hais gegen den Menschen.

Wenn man sich die Berichte über unvorsichtige Unterwasserjäger in der ganzen Welt näher ansieht, die von Haien angefallen wurden, so wird ganz deutlich, daß alle ihre von Haien verursachten Wunden in Hüfthöhe lagen – genau dort, wo man seine erbeuteten Fische trägt. Die Unausweichlichkeit einer derartigen Lage liegt darin, daß ein gewöhnlicher Taucher wegen seiner neutralen Signale für den Hai problematisch ist und ihn zur Zurückhaltung veranlaßt, während ein vom Duft seines Fangs umgebener Unterwasserjäger zur natürlichen Beute des blutwitternden Haies wird. Im vollen Bewußtsein des Risikos, das sie eingehen, befestigen einige Anhänger des Unterwassermordens, das sie Sport nennen, ihre Beute an einem Stück Schnur und ziehen sie daran fünf bis zehn Meter hinter sich her. Gewöhnlich überstehen sie die Angriffe von Haien unbeschadet. V. M. Cappleson bemerkt in seinem ausgezeichneten Buch: »Die meisten Verletzungen, die sich Sporttaucher zuziehen, werden von Haien verursacht, die es auf ihre Beute abgesehen haben. Ein Speerfischer, der seinen Fang bei sich trägt, darf sich nicht

Der Tümmler erreicht erstaunliche Geschwindigkeiten. Das abgebildete Tier schnellt sich gerade an die Wasseroberfläche und versucht, unser Schiff einzuholen. Die Tümmler können sehr lange mit diesem Tempo schwimmen, während der Hai diese Geschwindigkeit nur über kurze Strecken hinweg durchhält.

wundern, wenn er sich bald in der Gesellschaft von Haien befindet.«
Bei unserem Team kommen solche Unvorsichtigkeiten natürlich nicht vor, und wenn wir schon zufällig einen Fisch harpunieren, um ihn zu untersuchen oder Abwechslung in unseren Speisezettel zu bringen, so taucht der Jäger auf, sobald er den Fisch erbeutet hat, und überläßt die gesamte Harpune seinem Kameraden im Begleitboot. Wenn er bemerkt, daß Haie in der Nähe sind, verläßt er sofort das Wasser.

Eines der hartnäckigsten Gerüchte und Märchen über den Hai will wissen, daß dieser schlecht sieht. Eine solche Auffassung ist, wie alle derartigen Irrtümer, äußerst gefährlich, da arglose Taucher in der Hoffnung, unbemerkt zu bleiben, den Hai möglicherweise zu nahe an sich herankommen lassen. Wir haben an Bord der *Calypso* ganz andere Erfahrungen gemacht. Als ich beispielsweise einmal auf einem flachen Riff vor der afrikanischen Küste bei den Kapverdischen Inseln ins Wasser stieg, sichtete ich weit draußen einen Hai. Ich konnte ihn kaum erkennen und war überhaupt nur auf ihn aufmerksam geworden, weil sich seine graue Silhouette scharf gegen den blendendweißen Sand abhob. Ich trieb in diesem Augenblick bewegungslos an einer sehr seichten Stelle, so daß das Geräusch der Luftblasen aus meiner Aqualunge sich mit der leichten Brandung vermischte. Ich wandte den Blick einmal kurz ab, um die symmetrische Zeichnung eines Riesenrochens zu betrachten, der sich genau unter mir halb in den Sand eingegraben hatte, um sich unsichtbar zu machen. Ich weiß nicht, ob ich rein instinktiv reagierte oder eine Bewegung wahrgenommen hatte – jedenfalls drehte ich mich plötzlich um und sah in die Richtung, in der der Hai gewesen war. Jeder Muskel an meinem Körper erstarrte. Der Hai war kaum zehn Meter von mir entfernt und schoß wie eine Gewehrkugel auf mich zu. Ich hatte keinerlei Waffe bei mir und war allein. Der Anblick eines Hais, der geradewegs auf einen zukommt, ist etwas mehr als Merkwürdiges und ganz zweifellos die Perspektive, aus der dieser Raubfisch am erschreckendsten wirkt. Seine Augen sind kaum zu sehen, da sie seitlich am Kopf liegen, und das halb geöffnete Maul im regelmäßigen Dreieck seiner Flossen gibt ihm das Aussehen eines dämonischen, furchteinflößenden Symbols aus der Geisterwelt eines aztekischen Medizinmannes. Als er bis auf einen halben Meter an die Gummiflossen herangekommen war, die ich ihm in meiner Hilflosigkeit entgegengeschleudert hatte, wendete er plötzlich und verschwand in der Tiefe. Ich muß gestehen, daß ich nicht erkannte, zu welcher Haiart er gehörte; er muß jedoch zwei bis drei Meter lang gewesen sein.

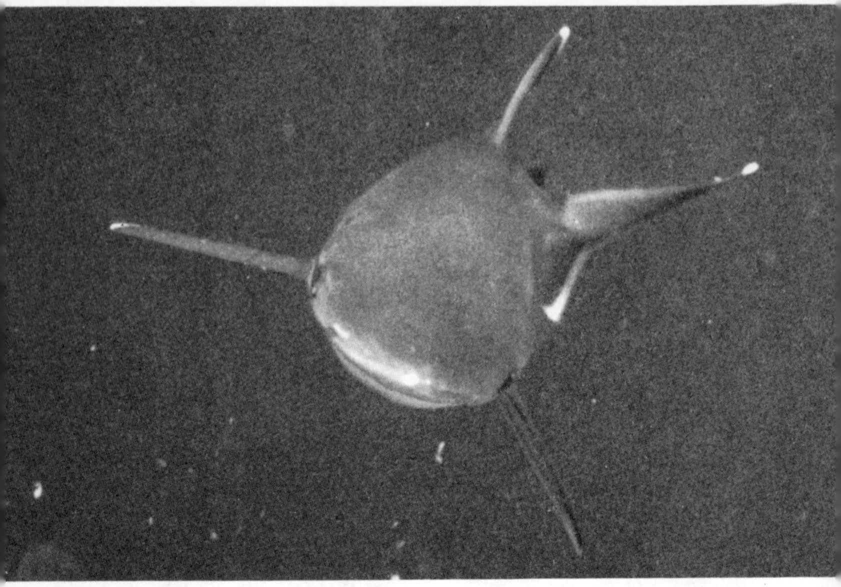

Direkt von vorne aufgenommen, verliert der Hai beträchtlich an Schönheit und Eleganz und sieht nur noch bösartig, gefährlich und blutrünstig aus.

Bei diesem Angriff können Gehör und Geruchssinn des Haies keine Rolle gespielt haben – das Tier hatte mich optisch wahrgenommen. Nach einer Untersuchung über die Sehfähigkeit bei etwa zwanzig Haien kam Professor Perry W. Gilbert zu dem folgenden Ergebnis: Beim Hai ist die Netzhaut äußerst reich an Stäbchen und vergleichsweise arm an Zapfen, wodurch eine hohe Lichtempfindlichkeit einer relativ geringen plastischen Wahrnehmung und Farbunterscheidung gegenübersteht. Zur Erhöhung der Lichtempfindlichkeit liegen hinter der Netzhaut eine Art von Glanzlamellen, die das Licht durch die Netzhaut reflektieren und deren doppelte Reizung durch denselben Lichtstrahl ermöglichen. Diese Lamellen, das Tapetum, können durch eine Pigmentzellenmembran überdeckt und auf diese Weise vor allzu greller Strahlung geschützt werden. Die Pupille des Haiauges ist äußerst beweglich und kann sich so zusammenziehen, daß sie – je nach Haiart – nur noch einen winzigen Punkt oder Schlitz darstellt. Die fast kreisrunde Linse, deren Form sich nicht verändern kann, hat einen hohen Brechungsindex und gibt in der Ruhelage ein scharfes Bild von weit entfernten Gegenständen.

Für die deutliche Wahrnehmung nahegelegener Objekte schiebt sich die Linse durch Muskelkontraktionen nach vorne, ohne ihre Form zu verändern. Der Hai kann auf diese Weise ungewöhnlich weit sehen und besitzt ein hervorragendes Unterscheidungsvermögen für Formen, vor allem dann, wenn diese stark mit dem Lichthintergrund kontrastieren. Das Auge des Hais ist durch seine große Lichtempfindlichkeit auch bei schwächster Beleuchtung ein vorzügliches Wahrnehmungsorgan.
Bei dem oben erwähnten Erlebnis befand sich der Hai unter mir, und mein Körper hob sich deutlich gegen das grelle Licht an der Wasseroberfläche ab, wodurch die Sichtbedingungen besonders günstig für das Tier waren.
All diese charakteristischen Merkmale, diese einzigartigen Eigenschaften und noch eine Reihe weiterer, die ich im Zusammenhang mit späteren Hai-Abenteuern noch näher schildern werde, machen den Hai zu einem auf grauenvolle Weise perfekten Raubtier, das in seinem eigenen Reich unbesiegbar scheint. Millionen Jahre hindurch war er tatsächlich unüberwindlich, bis Warmblüter, die Wale, in seine Welt eindrangen. Nur diesen ihm überlegenen Tieren war und ist es möglich, den Hai zu besiegen. An Land wurden tonnenschwere Riesenreptilien durch vergleichsweise winzige Säugetiere ausgerottet, und auch die Meereswelt erlebte das Auftauchen von neuen Lebewesen mit höherer Intelligenz und größerer Anpassungsfähigkeit. Damit war der Hai seiner Unüberwindlichkeit beraubt, auch wenn er alles andere als vom Aussterben bedroht ist.

Der Tümmler im Vordergrund liefert sich mit unserer Barkasse, der *Zodiac*, ein Rennen. Die *Zodiac* hat einen Motor von 40 PS und fährt hier mit einer Spitzengeschwindigkeit von 20 Knoten. Die Tatsache, daß der Tümmler sich weit aus dem Wasser schnellt, ist ein Zeichen dafür, daß er nur spielt und durchaus nicht so schnell schwimmt, wie er könnte.

4 Warmes Blut und Kaltblütigkeit

Das Schicksal eines verwundeten Delphins in der See – Der Hai folgt Delphinen und anderen Meeressäugetieren – Delphine töten einen Hai im Aquarium – Wie Haie Wale angreifen

Bericht von Philippe Cousteau

Ein Sonnenaufgang, das wechselnde Wellenmuster am Strand, Schneefall und sternübersäter Himmel sind für uns ein tagtäglicher Anblick, und doch werden wir ihrer nie müde. Träume steigen für mich ebensosehr aus dem Schauen und Meditieren wie aus der entschlossenen Tat, und die herrliche Ordnung-Unordnung des vom Zufall beherrschten und durch wechselhafte, vergängliche Gesetze regierten Alls wird uns zu einer vertrauten Erscheinung. Hier befreit sich der lustvolle Flug unserer Gedanken von dem Bedürfnis, alles erkennen und verstehen zu müssen, und wandelt sich in kindliche Freude und Staunen. Kaum ein Anblick versetzt mich so intensiv in diese Art des Erlebens wie das Bild spielender Delphine, die sich im Bugwasser eines Schiffes tummeln.

Große Delphinschwärme scheinen von allen Seiten zugleich zu kommen. Die Tiere, die sich dem Schiff von hinten nähern, schwimmen mit voller Kraft und Geschwindigkeit, der aufgeworfenen Bugwellenlinie folgend. Aus der äußersten Wellenflanke schnellen sie sich fast waagrecht empor und lassen sich genau an der Stelle wieder zurückfallen, an der ihnen die Wasserverdrängung am günstigsten ist. Nähern sie sich dem Schiff von vorne, so sind ihre Bewegungen verhaltener; sie drehen sich in makellosen Pirouetten, nutzen genau den Augenblick, in dem die Druckwelle des Schiffes ihre höchste Schubkraft erreicht, und springen zum Greifen nah am Bug vorbei. Dann beginnt ihr Spiel. In der stetigen Wasserströmung, die ihre Konturen verwischt, gleiten sie zum eiligen Atemholen über die Oberfläche wie Spitzensportler, die sich das Atmen genau einteilen, stoßen die Luft unter Wasser aus und setzen von Zeit zu Zeit eine Kette von Silberblasen frei, die dem Blasloch an ihrem Kopf entweichen. Die begehrtesten Plätze für ihr Spiel in dem Wellental unmittelbar vor der Bugspitze sind knapp, so daß sie sie reihum in Beschlag nehmen. Vom Beobachtungsraum der *Calypso* aus, der im Bug unterhalb der Wellenlinie liegt, mutet dieses Schauspiel seltsam unwirklich an. Von der Wasserverdrängung des Schiffs getragen, wirken die Delphine, als bewegten sie sich nicht, sondern würden von Zauberkraft getrieben. Ihr Repertoire enthält alle akrobatischen Kunststücke, Drehungen und Saltos, Sturzflüge und Luftsprünge über dem Wasserspiegel. Manchmal bilden sie, regungslos mit dem Schwanz am Bug haftend, einen waagrechten Halbmond, dessen Linie eins ist mit der Bewegung des Schiffes, und lassen sich mit der Kraft von tausend Pferdestärken von unseren Dieselmotoren durch das Wasser treiben, ohne sich selbst im geringsten anzustrengen. Die Kleinen dürfen an diesem Spiel immer nur kurze Zeit teilnehmen und werden regelmäßig von ihrer Mutter begleitet, die dicht hinter ihnen schwimmt, sei es aus bloßer Vorsicht oder weil die Körperkraft der Jungen bei einer solchen Geschwindigkeit nicht lange ausreicht. Ich habe noch kein Delphinjunges allein spielen sehen; so etwas scheint nicht erlaubt zu sein. Alle Delphine beobachten uns genau durch die Trennwand aus Wasser und Glas, und ihre fröhlichen Augen scheinen auf Ansporn oder Beifall zu warten. Diese ihre Kontaktfreudigkeit ist ungeheuer anziehend und anstekkend. Ich sah unseren Schiffsarzt einmal bei einer »Autopsie« an einem Delphinweibchen, das wir im Mittelmeer vor der Insel Stromboli sterbend gefunden hatten. Da er das Tier nicht hatte retten können, beschloß er, es zu sezieren und nach der Todesursache zu suchen, die, wie sich herausstellte, in einem Darmdurchbruch bestand. Während dieser ganzen Operation sprach unser Doktor kein Wort, und sein ernster Gesichtsausdruck verriet deutlich, was er empfand. Die Anatomie des Delphins ist der unseren so ähnlich, daß ihn die Analogie nicht mehr losließ.

Der Delphin ist ein Säugetier und Warmblüter wie wir. Sein Gehirn entspricht dem des Menschen in Größe, Gewicht und in der Anzahl von Gehirnwindungen; dasselbe gilt für seine übrigen Organe. Ihre hochdifferenzierte Anatomie macht die Delphine weitaus störungsanfälliger, als es etwa die Fische oder die Haie sind, doch sind sie sicher ebensogut wie diese an das Leben im Meer angepaßt. Der Delphin hat wie der Hai so etwas wie hydrodynamische Vollkommenheit erreicht. Beide erreichen auf Kurzstrecken die gleiche Geschwindigkeit und finden sich in allen Weltmeeren. Sie nähren sich beide vorwiegend von Fisch, doch gibt es einen wesentlichen Unterschied: Der Delphin frißt im Gegensatz zum Hai kein Fleisch. Dieser Sachverhalt macht sie zu Todfeinden. Es kann keine zwei Herren im selben Revier geben, folglich muß einer der beiden den anderen beherrschen. Der entscheidende Faktor in diesem Machtkampf liegt in der Tatsache, daß der Hai als Fleischfresser einen natürlichen Feind des Delphins darstellt, während der letztere für den Hai, dessen Fleisch für ihn ohne Bedeutung ist, kaum gefährlich wird. Irgendwann einmal, vor Millionen Jahren, hat ein Hai den ersten Delphin angefallen, und wir können uns denken, daß er diesen Kampf für sich entschied und, wie in der biblischen Geschichte, damit zum fleischgewordenen Bösen wurde. Hier endet die Analogie mit der biblischen Schöpfungsgeschichte; der Hai lebt in unserem Bewußtsein zwar in der Rolle eines Kain der Meereswelt, konnte seine Feudalherrschaft in seinem Element jedoch längst nicht so erfolgreich behaupten wie wir die unsere an Land.

Es erscheint paradox, daß die Veränderungen, denen der Delphin durch seine erfolgreiche Anpassung an das Leben im Meer unterworfen war, dieses Tier in keiner Weise schwächen oder behindern. Die Wirbelsäule, die er mit den Landtieren gemeinsam hat, verleiht ihm im Gegenteil besondere Schwimmtüchtigkeit bei der Aufwärtsbewegung, die für ein an der Luft atmendes Tier äußerst wichtig ist. Seine glatte, über Fettpolster gespannte Haut erleichtert und regelt den Wasserfluß um seinen Körper und verringert bei der Vorwärtsbewegung den Wasserwiderstand auf ein Minimum. Darüber hinaus besitzt der Delphin als Warmblüter eine Muskelkraft und Ausdauer, die ihn jedem Fisch überlegen machen. Bei Säugetieren zirkuliert das Blut nämlich weitaus schneller und unter höherem Druck als bei den Kaltblütern, zu denen die Fische gehören. Da die Muskeln der Warmblüter mit viel größeren Mengen von sauerstoffhaltigem Blut versorgt werden, ist das Muskelgewebe folglich auch weitaus leistungsfähiger. Der Hai kann über kurze Strecken hinweg zwar dieselben Höchstgeschwindigkeiten erreichen wie der Delphin, kann dieses Tempo aber längst nicht so lange durchhalten wie dieser. Dazu sei noch bemerkt, daß die Höchstgeschwindigkeit, die bei Delphinen gemessen wurde, fast 30 Knoten in der Stunde beträgt, wobei es durchaus möglich ist, daß diese Tiere in Gefahrensituationen noch weit schneller schwimmen können. Dies ist jedoch je nach Delphinart, von denen es ein gutes Dutzend gibt, verschieden.

Ein weiterer grundlegender Unterschied – diesmal zugunsten des Hais – liegt in dem Mißverhältnis im Kieferbau von Delphin und Hai. Beim Hai sind die Kiefer durch ebenso spitze wie scharfe Zähne zu einer furchtbaren Waffe ausgebildet, die durch Fleisch und Knochen dringt und einen mörderischen Rachen von eindrucksvoller Größe darstellt. Das Maul des Delphins trägt dagegen nur kleine, spitze, nach hinten gestellte Zähne, mit denen das Tier zwar Fische fangen und festhalten, aber nicht in Stücke reißen kann. Und doch bildet das Delphinmaul mit diesen Kiefern die wichtigste Angriffs- und Verteidigungswaffe gegenüber dem Hai, worauf ich später noch zurückkommen werde.

Die Stärke des Delphins liegt letztlich in seiner erstaunlichen Intelligenz und in der Tatsache, daß sich diese Tiere untereinander sehr gut verständigen können. Der Hai ist ein Einzelgänger und gleicht darin dem Alaskawolf. Sein Kontakt mit seinen Artgenossen ist sporadisch und unbeständig und ergibt sich hauptsächlich beim Teilen der Beute. Der Delphin lebt in gut organisierten und differenzierten Gruppen und hat die Fähigkeit, Kollektivstrategien zu entwickeln und durchzuführen. Ich habe jedoch immer wieder die Erfahrung gemacht, daß Delphinschwärme im offenen Meer regelmäßig von einigen großen Haien verfolgt werden, die sich in beträchtlichem Abstand hinter ihnen halten. Es ist anzunehmen, daß die Haie auch finden, was sie suchen – doch wie? Man kann es nicht genau feststellen, aber ich stelle mir die Ereignisse etwa so vor:

Die Dämmerung ist auf dem Meer immer etwas Mystisches, Ernstes und Folgenschweres; sie bringt tiefgreifende Veränderungen des Lebensraumes für Mensch und Tier mit sich und erfüllt ein jedes Wesen mit dunkler Ahnung. Der Delphinschwarm verlangsamt seine Fahrt durch das endlose Wasserreich, und die Tiere drängen sich, die Gefahren der Nacht witternd, eng aneinander wie Nomaden, wenn das Dunkel anbricht. Die Wellenkronen auf der

Dieser Tümmler schießt so schnell durchs Wasser, daß sein Bild trotz der äußerst kurzen Belichtungszeit unscharf ist. Mit dem Rücken weit über dem Wasserspiegel, holt er hier auf und zeigt, daß er noch längst nicht alles aus sich herausholt. Hohe Geschwindigkeiten sind für die Tümmler kein Problem. Sie können ein schnelles Tempo längere Zeit durchhalten und schwimmen so den Haien einfach davon.

flachen Dünung erstrahlen in einem rosigen Licht wie ein blutrotes Omen der Nacht, die so oft den Tod bringt. Im scharfen Rhythmus ihrer trillernden, schnarrenden Sprache tauschen die Delphine Warnrufe, Signale, Schreie. Sie schließen die Reihen, und die Jungtiere suchen sich ihren Platz an der Rückenflosse ihrer Mütter, während die Männchen einen schützenden Bannkreis um sie ziehen. Eine Meile von ihnen entfernt, vom schwindenden Licht und ihrem Ur-Instinkt gewarnt, schließen sich auch die Haie enger zusammen. Die Purpurkringel der letzten Sonnenstrahlen vermischen sich mit den schmalen, scharfkantigen Furchen, die die Schwänze und dreieckigen Rückenflossen der Haie in die See pflügen. Die Nacht ist über die schlafenden Delphine hereingebrochen. Knapp unter dem Wasserspiegel liegend, tauchen die Ticre jede halbe Minute empor und atmen die kalte, feuchte Luft über der See. Die Jungen stimmen ihr Atemholen ganz auf das der Mutter ab und bewachen eifersüchtig ihren Lieblingsplatz dicht hinter der mütterlichen Rückenflosse. Jedes der Tiere im Schwarm öffnet in der sternflimmernden, schwarzsamtenen Nacht über dem Meer immer wieder die wachsamen Augen.

Die Luft über der Meeresoberfläche scheint wegen der tagsüber erfolgten Verdunstung nachts kälter zu sein als das ruhige, laue Wasser. Ein einzelner Delphin hat sich aus der unmittelbaren Nähe seines Schwarms forttreiben lassen, da sein Schlaf tiefer als sonst ist. Normalerweise erwachen die Delphine alle paar Minuten, und diese wachen Augenblicke sind lebenswichtig für die Tiere, die auf diese Weise ihren Platz im Schutz der Gruppe behalten. Viellcicht ist dieser eine Delphin cin alter Recke, den die lange Tagesreise seines Schwarms über Gebühr ermüdet hat, oder aber ein übermütiges Junges, das in der abendlichen Dünung ein letztes Spiel mit den Wellen genießt. Vielleicht ist er auch krank und schläft bereits in den Tod hinüber.

Das wache Silberauge eines großen Blauhais hat die stille schwarze Gestalt erblickt. Wenn es darum geht, ein einsames Beutetier zu jagen, gibt es keinen Aufschub, sondern einen blitzschnellen Angriff.

Aus seiner zerrissenen Brust verhaucht der Delphin in einer großen, schwarzen Luftblase sein Leben und mit ihm einen letzten Warnruf an seine Gefährten. Hellwach, doch blind im Dunkel der Nacht, lauschen die übrigen Tiere des Schwarms den Geräuschen, mit denen das Hairudel seinem toten Opfer in die phosphoreszierende Tiefe folgt. Das Meer hallt von den kurzen, scharfen Schreien wider, die die anderen Delphine aussenden und in deren Echo sie die

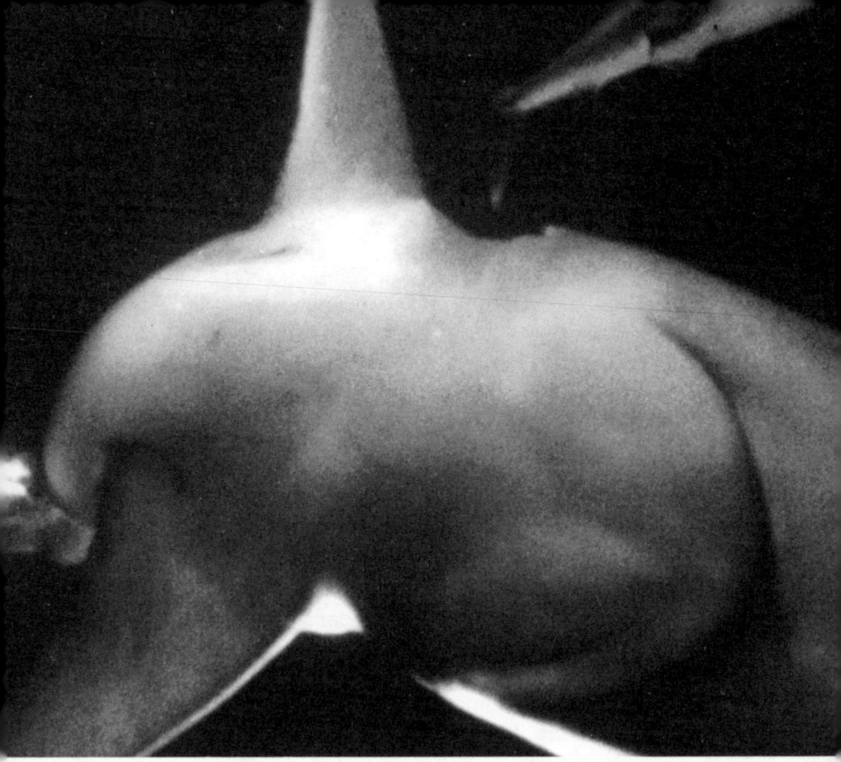

Der Hai schießt auf die Kamera zu und verschwindet dann in der Nacht.

Position von Freund, Feind und Opfer erkennen. Dank dieser ihrer Echolotanlage wissen sie, daß nun alles vorüber ist, daß die Haie tief unter ihnen und wahrscheinlich für heute gesättigt sind. Es ist wieder still um sie, und die Ruhe der Nacht wird nur noch durch den Irrlichtertanz phosphoreszierender Mikroorganismen gestört, die ein vergängliches Netz aus Lichterfäden in das nächtliche Dunkel des Meeres weben.

Ich glaube nicht, daß sich um die Delphine jede Nacht derart tragische Vorgänge abspielen. Die Haie folgen einem solchen Schwarm, um sich von kranken oder verwundeten Nachzüglern zu nähren oder totgeborene Junge, ja sogar Nabelschnur und Nachgeburt zu verschlingen. Unfälle wie der oben beschriebene dürften selten vorkommen; ich selbst habe schon Haie vor Delphinen fliehen sehen.

Es geschah vor den Korallenbänken auf der Westseite der Farasan-Inseln im Roten Meer. Im kristallklaren, von Fischen wimmelnden

Wasser fesselte eine heftige und unerwartete Bewegung plötzlich meine Aufmerksamkeit. Ein Hai von beträchtlicher Größe schoß wie ein Pfeil an mir vorüber und befand sich ganz offensichtlich auf der Flucht vor zwei Delphinen, die dicht hinter ihm herjagten. Sie waren schon fast aus meinem Blickfeld verschwunden, als ich aus der entgegengesetzten Richtung zwei weitere Schatten auftauchen sah, die den Hai zwangen, in einem rechten Winkel nach links abzubiegen. Er verschwand in Richtung auf das offene Meer, gefolgt von der nun geschlossenen Verfolgergruppe von vier Delphinen. Ich war Zeuge eines der grausamen Wettkämpfe im Meer – und dieses Mal war der Hai der Gejagte. Ich weiß nicht, wie diese Hetzjagd endete; angesichts der Beobachtungen, die im pazifischen »Marineland«, dem großen kalifornischen Aquarium, gemacht wurden, dürfte der Hai hier den kürzeren gezogen haben.
Die Ereignisse, die ich nun schildern werde, haben sich in ähnlicher Form in einer Reihe von amerikanischen Aquarien abgespielt und ließen mich zu der Überzeugung gelangen, daß der Hai für den Delphin zwar eine ständige Gefahr bedeutet, von diesem aber durchaus zu besiegen und in seine Schranken zu weisen ist. Verschiedene Delphine beiderlei Geschlechts hatten in einem riesigen Wasserbehälter wochenlang in offensichtlich friedlicher Koexistenz mit einem Hai gelebt. Dieser schwamm die meiste Zeit am Boden des Aquariums hin und her und fraß regelmäßig von dem Futter, das die Wärter ihm zuteilten. Die Delphine spielten miteinander, breiteten sich über den gesamten Wasserraum aus und ignorierten den Hai vollständig. Als ein trächtiges Delphinweibchen jedoch kurz vor der Geburt ihres Jungen stand, änderte sich der Status quo schlagartig. Vielleicht waren die Delphine der Gegenwart eines Fremden in ihrer Mitte plötzlich überdrüssig oder – und das scheint mir wahrscheinlicher – sie erkannten die Gefahr, die ihr für den Geruch von Blut so überaus empfindlicher »Erbfeind« bei der Geburt eines Jungen darstellte. Jedenfalls beschlossen sie, den Hai zu beseitigen.
Sie nahmen am äußersten Ende des Aquariums einen Anlauf, bewegten sich mit aller Kraft und Geschwindigkeit, deren sie fähig waren, auf den verängstigten Hai zu und stießen ihn mit dem Schnabel in den Unterleib. Es dauerte nur wenige Minuten, bis der Hai tot war. Er zeigte keine erkennbaren Verletzungen, aber seine Eingeweide waren so gewaltig gequetscht und zerrissen, als wäre er mit einem Rammbock bearbeitet worden.
Bei einer anderen Gelegenheit waren Delphine mit einem in ihren Behälter gebrachten Hai so gewalttätig umgegangen, daß man den toten Hai am nächsten Morgen fast zehn Meter vom Wasserbecken

entfernt auffand. Er war sozusagen »über Bord« geworfen worden. Niemand weiß, ob er zu diesem Zeitpunkt schon tot war oder später erstickte.

Die Delphine können sich infolge ihrer großen Intelligenz, ihrer Geschwindigkeit beim Schwimmen, ihres Echolot-Organs und ihres starken, runden Schnabels recht gut gegen den Hai schützen. Nicht alle Meeressäugetiere besitzen diese Fähigkeit. Man hört von Walfängern, die von ihren Fischzügen zurückkehren, immer wieder grausige Erzählungen von riesigen Hai-Rudeln, die Wale angreifen und in Stücke reißen. Dies scheint jedoch relativ selten vorzukommen, da die größeren Wale mit ihrer ungeheuren Körperkraft jeden Hai zerquetschen können. Die erwähnten Berichte beziehen sich wahrscheinlich auf kranke oder geschwächte Tiere oder gar auf Wale, die die Fischer selbst verwundet oder denen ihr natürlicher Feind, der Schwert- oder Mordwal, bereits Verletzungen beigebracht hatte.

Es gibt keine hinreichenden Beweise für eine solche »konzertierte Aktion« seitens der Haie. Nur der Geruch von Nahrung, Blut oder Abfall kann geballte Angriffe auslösen, die dann allerdings kaum gebremst oder abgelenkt werden können. Es ist, als versuche die Natur, die fürchterlichen Waffen, die sie dem Hai verliehen hat, durch mangelnde Aggressivität und durch das Fehlen einer kollektiven Intelligenz bei diesem Tier auszugleichen.

In jedem Jahr versammelt sich jedoch eine große Zahl von Haien am Eingang der Lagunen von Kalifornien, um auf die Wanderung der Grauwale zu warten, die im Dezember in der Antarktis beginnt und die Wale an die mexikanische Küste führt. Die Muttertiere gebären hier ihre Jungen und nähren sie, bis im März die nächste Paarungszeit beginnt. Die Sterblichkeitsrate bei der Geburt oder in den ersten Wochen danach beträgt wie bei den anderen freilebenden Tieren etwa 30 Prozent. Der Grauwal wird bis zu 20 Meter lang; seine Jungen, die in den Seitenarmen der Lagunen geboren werden, wiegen bei der Geburt etwa eine Tonne. In der Regel wirft ein Muttertier nur ein Junges (in seltenen Fällen auch zwei), das sie drei bis vier Monate lang säugt.

Für eine Expedition in dieses Gebiet stand unser wissenschaftliches Team unter der Leitung von Professor Theodor Walker vom Scripps-Institut in San Diego, der im Jahr zuvor dort viele Haie gesehen und fotografiert hatte, darunter auch einen Weißhai (Carcharodon carcharias). Wir waren aufgrund unserer eigenen Beobachtungen der Ansicht, daß Haie nicht sehr tief in die unruhigen und relativ seichten Lagunengewässer eindringen; ich hatte beim Tauchen in diesem Gebiet auch nie einen Hai zu Gesicht bekommen. Eines Tages stießen Michel Deloire, Professor Walker und ich bei der Erkundung einer Innenbucht der Scammons-Lagune jedoch auf Anzeichen dafür, daß es auch hier Haie gab. Ein toter Jungwal lag auf einem von der Ebbe freigelegten Sandstreifen. Der Anblick dieses Tieres, das gestorben war, ohne je gelebt zu haben, stimmte mich traurig; der Wal lag als leichte Beute für die Seevögel inmitten einer endlosen Dünenlandschaft und eines tiefen Schweigens – ein gewaltiges Meerestier, dessen Schicksal es war, nichts weiter als Aas zu sein. Er war vermutlich infolge irgendeiner Krankheit verendet, doch seine Flanken waren von scharfen ovalen Bißwunden gezeichnet, die nur von Haien stammen konnten.

Das Erstaunliche an diesem Beispiel mit den Grauwalen liegt in der Tatsache, daß die Haie deren Wanderungszeiten genau kennen und sich versammeln, um auf die Wale zu warten. Ich glaube jedoch nicht, daß das Fleisch von Walen oder auch von Delphinen einen regelmäßigen Bestandteil in der Ernährung des Hais darstellt. Wahrscheinlich halten sich die Haie in der Erwartung von Abfallprodukten der Walzüge (etwa bei Geburten) an den Eingängen zu den Lagunen auf. Sie sind wie halbverhungerte Hunde, die vor der Küchentür darauf warten, daß der Koch mit den Abfällen kommt.

Es gibt eine Art von Meeressäugetieren, die alle Vorzüge des Delphins besitzt und gleichzeitig mit einem selbst dem Hai überlegenen Gebiß ausgerüstet ist: den Schwert- oder Mordwal. Er ist infolge seiner ungeheuren Kraft und seiner Fähigkeit, mit seinen Artgenossen in Jagdgruppen zu operieren, selbst den riesigsten Exemplaren anderer Walarten überlegen. Der Bericht über eine ungewöhnliche Beobachtung meines Freundes Professor Walker soll hier als Beispiel für diese Überlegenheit des Mordwales dienen, wobei man bedenken muß, daß dieses Tier 5 bis 8 Meter lang wird. Während eines Erkundungsfluges über die Wanderungen der Grauwale entlang der kalifornischen Küste sah Professor Walker von dem Hubschrauber der Küstenwache aus eine Gruppe von Mordwalen, die offensichtlich an der Wasseroberfläche spielten. Eine halbe Meile weiter schwamm ein etwa drei Meter langer Hai ebenfalls träge an der Oberfläche. Plötzlich tauchte einer der Wale senkrecht ins Meer und verschwand. Etwa drei Minuten später schoß der Wal genau unter dem Hai hervor, schnellte weit aus dem Wasser und hielt dabei den Hai quer im Maul. Die beiden Tierleiber schienen den Bruchteil einer Sekunde lang über dem Meer zu stehen und verschwanden dann in einem Gischtregen. Professor Walker erklärt dieses ungewöhnliche Ereignis damit, daß der Mordwal den Hai trotz der beträchtlichen Entfernung mit seinem Echolot entdeckt hatte. Sein »Senkrechtstart« brachte ihn in große Tiefe, von wo aus er, wiederum vertikal, an die Oberfläche schoß und sein Opfer damit völlig überrumpelte. Dies war wegen der scharfen Augen des Hais nur durch das »Echolot« des Wals möglich – ein senkrecht aus der Tiefe geführter Angriff gehört wohl zu den unerwartetsten Dingen im Leben eines Hais.

Wie wir sehen, ist der Hai durchaus nicht unüberwindlich. Wie in unserem Lebensbereich, so können auch in der Welt des Meeres Intelligenz und Differenzierung über bloße Kraft siegen. Im Kampf zwischen Warmblütern und Kaltblütern ist das Säugetier dem Fisch überlegen. Der Hai ist durchaus kein unumschränkter Herrscher der Meere. Er ist aber ganz sicher das am weitesten verbreitete und auch das gefährlichste Meerestier im Hinblick auf eine andere Gattung von warmblütigen Säugetieren: den Menschen.

Die *Calypso* bei Nacht und ruhiger See im Roten Meer.

5 Das Squaloskop

Abu Marina – Unternehmen »La Balue« – Fang und Untersuchung von Haien – Studie über Narkotika: Cognac, M-222 – Die Atmung beim Hai

Bericht von Philippe Cousteau

Canoë (Raymond Kientzy, einer unserer Tauchexperten) weckte mich sehr früh am Morgen auf. Wir hatten die Riffs von Abu Marina gesichtet. Sie gehören zur Suakin-Gruppe vor der Küste des Sudan. Gemeinsam kletterten wir in die äußerste Spitze des Krans auf dem Hinterdeck, um den bestmöglichen Ankerplatz für die *Calypso* auszumachen. Der Anblick des riesigen Labyrinths von Korallenriffs, von denen die meisten kaum bis an den Wasserspiegel reichten, tiefer Kanäle und kleiner, weißer Sandinseln ließ uns verstummen und in Gedanken versinken. Was wir sahen, glich der Palette eines Riesen, auf der alle denkbaren blauen und grünen Farbtöne leuchten.

Diese Folge von Korallenspitzen und tiefen Wasserrinnen erstreckt sich über ein Gebiet von einigen Quadratkilometern; die durchschnittliche Wassertiefe beträgt etwa 70 Meter. Die Erfahrung hatte uns gelehrt, daß es an den Außenlinien derartiger Riffs am meisten Leben gibt. Dort, wo das äußerste Riff senkrecht in eine Tiefe von 800 Meter abfällt, sammeln sich Fische aus dem offenen Meer um die Tiere, die in den Riffs selbst beheimatet sind. In diesem Jagdrevier der großen Raubfische gibt es bessere Beute als auf hoher See. An der Schwelle zwischen dem offenen Meer und der kleinen, farbenprächtigen Welt der Korallenbänke tummeln sich Haie, Barracudas, Thunfische und große Schwärme von Stachelmakrelen (Caranx) und erfüllen diesen Bereich mit einer überschäumenden, aber auch gewalttätigen Lebendigkeit.

Wir beschlossen, an der östlichen Außenseite des Riffs zum Meer hin zu ankern. Das Unterwasserschallgerät zeigte an, daß hier eine etwa 20 Meter breite Sandbank von ihrem etwa 15 Meter tief gelegenen höchsten Punkt am Riff in sanfter Neigung bis auf 30 Meter am Rande des Tiefseegrabens abfiel.

Sobald die Schiffsmaschinen stoppten, ließ sich ein Taucherteam –

Canoë und Serge Foulon – ins Wasser, um das Riff zu erkunden und die günstigste Stelle für unsere Vorrichtungen auszusuchen. Sie tauchten nach wenigen Minuten wieder auf und führten uns zu einer Art Durchfahrt zwischen zwei Korallenspitzen. Auf beiden Seiten dieser Fahrtrinne erhoben sich farbenprächtige und von Wolken kleiner, blitzschneller Fische umspielte Korallenbrocken, unter denen der Meeresgrund sanft in blaue Tiefen abfiel. Doktorfisch- und Stachelmakrelenschwärme schienen wie ein Strom durch dieses Mini-Gibraltar zu fließen.

Dies war ein idealer Ankerplatz, und Paul Zuéna, unser Erster Offizier, brachte die *Calypso* bei einer Entfernung von etwa 20 Metern vom Riff mit der Breitseite an die Achse der Fahrtrinne. Die Vorrichtung, die wir hier einsetzen wollten, bestand aus einem zwei Meter hohen und eineinhalb Meter breiten Käfig, dessen Seiten aus durchsichtigem und äußerst stoßfestem Plexiglas waren. Der ganze Käfig ist mit kleinen Öffnungen versehen, damit das Wasser ins Innere fließen kann, wo sich der Taucher befindet. Der »Insasse« dieses merkwürdigen Geräts – bei diesem ersten Versuch war es Marcel Soudre – kann durch die transparenten Wände alles filmen, was draußen vor sich geht, kann den Käfig durch eine Falltür im Boden verlassen oder einfach das Verhalten der Haie studieren, während er sich völlig in Sicherheit weiß. Dieser Käfig, den mein Bruder Jean-Michel entworfen und zu Ehren des unglücklichen Kardinals Balue, den Ludwig XI. in ein überdimensionales Vogelbauer einsperren ließ, »La Balue« getauft hatte, erlaubte uns auch Prognosen darüber, ob ein Taucher direkt von Haien angegriffen werden würde. Wenn man den Käfig auf die Seite legte und die Falltür offen ließ, hatte man eine ausgezeichnete Falle, um mittelgroße Haie zu fangen und zu untersuchen.

Die Kamera auf die Wasseroberfläche gerichtet, filmte ich La Balue, als sie ins Wasser gelassen wurde, das so klar war, daß ich den 40 Meter langen Rumpf der *Calypso* deutlich sehen konnte. Kaum war La Balue ganz untergetaucht, als Marcel auch schon einstieg und das Kabel löste, das den Käfig mit dem Schiff verband. La Balue schwebte wie eine majestätische Seifenblase nach unten und war eigentlich nur durch ihre Aluminiumbeine und -verstrebungen zu erkennen. Die Strömung floß auf die Rinne zu und hob den Käfig langsam auf den Gipfel des Abhangs. Einige kleine Haie mit schwarz getupften Flossen verließen bereits den Meeresgrund und stiegen zum Käfig auf. Sie waren kaum einen Meter lang und schienen recht intelligent zu sein, denn sie umkreisten La Balue nur ein- oder zweimal und kehrten dann wieder zu ihren trägen Spielen dicht an der Sandbank zurück. Man sieht diese Haie den Meeresgrund oder die Nähe einer Korallenbank nur sehr selten verlassen; sie können jedoch auch sehr gefährlich werden, da sie oft sehr viel reizbarer als andere Haiarten reagieren. Sie sind die einzigen Haie, die ich jemals beim ersten Umkreisen einer Beute zuschnappen sah. Marcel in seiner Plexiglasblase wußte dies auch und hörte auf, mich zu beobachten, um seine Aufmerksamkeit ganz auf die Haie richten zu können.

Schließlich berührte La Balue den Boden der Sandbank, und ich begann, mich zu ihr hinabzulassen und meine Bewegung auf sie zu in einer langen Einstellung zu filmen. Ich hatte ausgeatmet und sank, mit dem Kopf voraus und die Kamera als Verlängerung meines Körpers vor mir haltend, vollständig bewegungslos nach unten, während ich kleine Mengen Luft einsaugte und die Lust der Bewegung in drei Dimensionen auskostete. Als ich auf der Höhe des Käfigs ankam, hatte Marcel La Balue schon umgedreht, so daß sie nun horizontal auf einer ihrer konvexen Seiten lag. Die Falltür war offen, und Marcel hatte den Beutel mit frischen Fischstücken geöffnet. Ich lehnte mich an eine Korallenbank und sah zu, um das Kommende zu filmen. Einer der kleinen Haie schnappte fast augenblicklich nach dem Kopf einer Pompano-Stachelmakrele und flüchtete mit seiner Beute. Zwei andere Haie folgten seinem Beispiel und lieferten sich einen kurzen Kampf um einen Fischbrocken. Die Frage entschied sich dadurch, daß der erste Hai das ganze Stück auf einmal verschlang und mit noch immer weit geöffnetem Maul davonschwamm, während sich sein Kopf in krampfartigen Zukkungen hin und her wand. Dann begann unter den zurückgebliebenen Haien eine wilde Jagd auf die übrige Beute. Der erste Zwischenfall hatte 15 oder noch mehr Haie auf den Plan gerufen, die alle derselben Art angehörten und kaum länger als 120 Zentimeter waren. Ich zog mich etwas tiefer in mein Korallenversteck zurück, und Marcel sah sich immer öfter gezwungen, die Falltür seines Käfigs zu schließen, da die Haie in immer dichterer Folge hektisch um ihn kreisten. Es fiel mir auf, daß Haie, die ein weiches Stück Fisch erbeutet hatten, sich nicht die Gier und den Futterneid ihrer Artgenossen zuzogen, sondern unbelästigt blieben, während sofort wilde Kämpfe losbrachen, wenn ein Hai auf ein grätiges Stück oder einen Fischkopf biß. Das Knacken von Gräten zwischen den Zähnen oder das knirschende Geräusch, mit dem ein Fisch gepackt und zermahlen wird, ist für die übrigen Haie höchstwahrscheinlich ein zwingendes Signal. Das Getümmel um den Käfig wurde nun beängstigend heftig. Ich sah mehrmals, wie Haie an die durchsichtige Plexiglaswand prallten und sich in größter Konfusion zurückzogen. Ihr Angriff galt sicher nicht dem Taucher, sondern dem Fischbehälter im Inneren des Käfigs. Ich sah, wie Marcel jedesmal unwillkürlich in Abwehrstellung ging, indem er schützend den Arm ausstreckte und an die Rückwand des Käfigs zurückwich – eine zwar komisch wirkende, aber ganz natürliche Reaktion. Wenn der Hai das Hindernis zwischen sich und der Beute nicht sehen konnte, so mußte sich auch der Taucher erst daran gewöhnen, daß er den Kunststoff, der ihn schützte, nicht sehen konnte.

Die rasenden Angriffe einer ganzen Horde von Haien auf genau die Stelle, an der einer ihrer Artgenossen ein Stückchen Fisch verschlungen hat, sind ein furchteinflößender Anblick und haben etwas ganz und gar Unaufhaltbares, Tödliches, Schicksalhaftes. Canoë und ich fielen diesem Phänomen einmal fast zum Opfer, als wir auf dem sonnendurchfluteten, abschüssigen Boden eines kleinen Riffs im Roten Meer tauchten. Wir hatten eine Stachelmakrele harpuniert, sie jedoch nicht tödlich getroffen, so daß sie wild zappelnd an der Fangleine hing. In kürzester Zeit tauchte ein großer Hai mit weißen Flossen auf und kreiste unmittelbar vor einer kleinen Lücke in dem Felsen, der uns teilweise Schutz bot. Es war lebenswichtig für uns, den Beutefisch so schnell wie möglich zu töten, bevor dessen verzweifelte Zuckungen den Hai zu nahe heranlockten. Canoë zog daher sein Tauchermesser und stieß es in den Kopf der Stachelmakrele, wobei er den zentralen Nervenstrang unter dem zersplitterten Knochen durchschnitt. Ich sah den großen Hai so blitzartig wenden, daß seine Bewegung kaum sichtbar war. Er kam mit unglaublicher Geschwindigkeit auf uns zu und prallte mit einem gewaltigen Schlag an die Sauerstoffflaschen auf dem Rücken meines Gefährten. Dann wendete er wieder und schwamm, offensichtlich leicht betäubt, so schnell davon, wie er gekommen war. Weder Canoë noch ich hatten Zeit gehabt, uns zu bewegen, doch mein Freund hatte den Angriff glücklicherweise unverletzt überstanden, da sein Atemgerät ihn gedeckt hatte. Die Ursache dieses Blitzangriffes lag meinem Erachten nach in der Kombination von Geräusch und Bewegung, dem Knirschen des Messers auf dem Kopfknochen des Fisches und den letzten Zuckungen unseres unglücklichen Opfers. Haie haben ganz zweifellos ein vorzügliches Gehör, und die Erfahrung zeigt, daß sie auf Schlaggeräusche unter Wasser, auf den Ton einer Glocke oder auf die Geräusche, die ein Taucher bei der Arbeit macht, sehr präzise reagieren. Das Verhalten der Haie ist dabei im allgemeinen zunächst nur von intensiver Neugier bestimmt. Ratschläge wie: »Beim Herannahen eines Haies heftig

Das Gebilde im Hintergrund ist ein sogenanntes Squaloskop, ein Käfig für Haie, den Philippe Cousteaus Bruder Jean-Michel entworfen hat, um das Verhalten der auf engem Raum eingeschlossenen Haie studieren zu können. Das Dach des Käfigs besteht aus dem gleichen Material wie La Balue. Im Vordergrund schwimmt ein Schwarzspitzen-Riffhai. Die Aufnahme zeigt einige der über 50 Haie in diesem Gebiet.

mit den Händen aufs Wasser schlagen!« oder der berühmte Tip für Tauchschüler: »Wenn Sie einen Hai verjagen wollen, müssen Sie unter Wasser laut schreien« sind fast schon kriminell zu nennen. Ich habe die beiden genannten »Abwehrmethoden« schon oft ausprobiert. Sie hatten bestenfalls außer einer schweren Kehlkopfentzündung oder wunden Händen keine weiteren Konsequenzen, doch in der Mehrzahl der Fälle löste ein Handschlag ins Wasser oder ein Schrei einen sofortigen Angriff aus. Wenn wir Haie beobachten und filmen wollen, stoßen wir unter Wasser oft laute Rufe aus – nicht, um die Haie zu vertreiben, sondern um sie vielmehr in den Bereich unserer Kameras zu locken.

Zu unserer Ausrüstung gehört auch ein »Squaloskop«, das Jean-Michel erfunden und entworfen hat, um Haie in einem abgeschlossenen Raum besser beobachten und untersuchen zu können. Es handelt sich um einen 4 Meter langen, 3 Meter breiten und 1 Meter hohen Käfig, dessen Seiten aus Gitterstäben bestehen, die in einem Abstand von etwa 15 Zentimeter senkrecht angebracht sind. Vier durchsichtige Kunststoffhauben bilden die Oberseite des Behälters und geben den Blick auf den Hai im Inneren des Squaloskops frei. Einen Boden gibt es nicht, und eine der Seitenwände ist unterteilt und beweglich und dient als Tür.

Wir hatten das Squaloskop an jenem Morgen bereitgestellt, während große Fischportionen vom Schiff aus ins Meer geworfen wurden, um Haie anzulocken. Paul Zuéna, unser Erster Offizier, ließ das Gerät an der Breitseite des Schiffs bis auf die Wasseroberfläche hinab. Die in den Plastikkuppeln eingeschlossene Luft genügte, um das Ganze am Absinken zu hindern, so daß wir das Squaloskop sehr leicht unmittelbar über jede Stelle schleppen konnten, an der wir zu tun hatten. Als wir die Öffnungen, die an jeder der vier Kunststoffkuppeln angebracht waren, »entkorkten«, entwich die Luft, und das Squaloskop sank mit der Anmut eines fallenden Herbstblattes nach unten, bis es in einer Tiefe von 20 Metern auf der Sandbank liegenblieb.

Wir waren dazu übergegangen, nach dem »Leibwachenverfahren« in Zweiergruppen zu tauchen. Einzige Aufgabe des einen Tauchers war es, den anderen von hinten zu sichern. Das erste Team bestand aus Canoë und José Ruiz. Ich war Kameramann und Serge Foulon meine Leibwache. Wir konnten auf Anhieb über 20 Haie sehen, von denen die meisten Schwarzspitzenhaie (Carcharhinus melanopterus) von höchstens eineinhalb Meter Länge waren. Es waren jedoch auch einige weitaus größere Haie mit weißumrandeten Flossen darunter: Weißspitzen-Küstenhaie (Carcharhinus albimarginatus), eine viel unangenehmere Haiart als die ersteren. Sie wirkten wie Tiger inmitten einer Schar von Hauskatzen.

Sie hatten schon damit begonnen, unser Squaloskop zu umkreisen und mit ausdruckslosen Augen zu beobachten. Einige von ihnen kamen nach oben, als wollten sie uns entgegenschwimmen, machten jedoch plötzlich auf halbem Wege kehrt und tauchten wieder auf den Grund. Dieses Manöver kann sehr gefährlich werden. Wenn einer der Haie etwas schnell schwimmt, so scheinen die anderen seine Ungeduld zu spüren und beschleunigen ihr Tempo, um sich an die Spitze zu setzen. Bei den größeren Haien kommt dies nicht vor, man sieht jedoch sehr häufig vier oder fünf kleine, die sich einem mit unglaublicher Geschwindigkeit nähern und so erregt sind, daß sie ohne Zögern zuschnappen.

Canoë machte sich an die Arbeit, um das Gerät aufzustellen, das wir

uns für den Fang von Haien ausgedacht hatten. Er zog an der dem Eingang des Squaloskops gegenüberliegenden Seite ein Seil durch die Gitterstäbe, an dessen einem Ende ein mit einem frischen Stück Fisch versehener, glatter Angelhaken befestigt war. Dieses Seil läuft quer durch den Käfig und die Tür, wobei der Köder knapp vor dem Eingang hängt. Wenn ein Hai das Fischstück aufgespürt hat und darauf zusteuert, zieht Canoë das Seil schnell zurück. Folgt der Hai dem Köder ins Innere des Squaloskops, so schließt sich hinter ihm die Tür. Im Falle von Kaninchen oder Mäusen ist dies ein ganz simpler Vorgang; 20 Meter unter der Wasseroberfläche auf einem Riff im Roten Meer ist es für die vier von einer Meute von 25 Haien umzingelten Taucher etwas ganz anderes.
Die Dinge komplizierten sich sehr bald, und der Ablauf der Ereignisse beschleunigte sich. Es gelang Canoë und José, zwei Haie gleichzeitig in das Squaloskop zu bekommen, während sich alle anderen Haie durch den Duft des Köders inzwischen in einen bedenklichen Zustand der Übererregung und Gier hineingesteigert hatten. Als José den Köder wieder auslegte, stießen zwei ziemlich kleine Haie mit großer Vehemenz gegen die Gitter des Käfigs und prallten wie Querschläger daran ab. Das Wasser um uns war von den aus allen Richtungen schießenden, grauen Schatten durchzogen, so daß es schwer wurde, die Situation zu überblicken. Ein zwei Meter langer Hai verbiß sich in den Haken und wehrte sich so erbittert gegen Canoës Versuche, ihn in das Squaloskop zu ziehen, daß der ganze Käfig zu schwanken begann. Der Mensch an dem einen und der Hai an dem anderen Ende des Seils zogen mit aller Kraft, bis es dem Hai gelang, sich gegen eine Ecke des Käfigs zu stemmen und das Hanfseil zu zerreißen. Aus den Augenwinkeln konnte ich sehen, wie sich José von dem Fischsack befreite, den er um die Hüften trug. Ein Hai öffnete seinen riesigen Rachen und verschlang die Beute samt dem Sack. Canoë wehrte einen großen Weißspitzen-Küstenhai mit Faustschlägen ab und begann, an die Oberfläche zu steigen. In diesem Augenblick fühlte ich einen Schlag gegen mein linkes Bein und sah einen eineinhalb Meter langen Hai vorbeischießen. Er hatte mich mit dem Maul gestreift, wenn auch glücklicherweise in einem Winkel, von dem aus er nicht zubeißen konnte. Wir schlossen uns zu einem engen Kreis zusammen, wobei jeder den Bereich in seinem Blickfeld bewachte und darin auftauchende Haie mit Gabelstöcken und Kameras abwehrte. So schwammen wir zum Boot zurück, während uns noch immer ein wilder Reigen grauer Schatten umkreiste, in dem sich eine ungeheure, aber völlig unkoordinierte Kraft verbarg.

Ich bin immer wieder von dem Irrationalen betroffen, das im Toben der Haie um eine Beute liegt. Es erfüllt mich mit einem Gefühl äußerster Hilflosigkeit, das ich noch bei keiner anderen Gelegenheit erlebt habe. In meinen Augen stellt kein anderes Lebewesen einen so rigiden Reiz-Reaktions-Mechanismus dar wie der Hai, dessen Attacken zugleich von einer vollständig irrationalen Eigengesetzlichkeit sind. Manchmal flüchtet er vor einem nackten, unbewaffneten Taucher, dann wieder wirft er sich gegen Stahlkäfige und verbeißt sich in wilder Raserei in die Gitterstäbe.

Bei jedem anderen Tier weiß ich, daß meine Aktionen und Reaktionen sein Verhalten direkt beeinflussen. Eine Krähe wird davonfliegen, wenn sie mich mit einem Stock durch die Felder laufen sieht, denn sie weiß, daß dieser ein Gewehr sein könnte. Hunde reagieren entsprechend, wenn sie spüren, daß man vor ihnen Angst hat, und selbst die Fische an der französischen Küste sind viel zutraulicher, wenn man als Taucher keine Harpune bei sich hat. In meiner Welt bewegt sich der Hai wie eine Marionette, deren Fäden in einer ganz anderen Hand zusammenlaufen als meiner. Der Hai hat sich seit seiner Entstehung vor mehr als hundert Millionen Jahren nicht weiterentwickelt und ist so undifferenziert wie in seiner Frühzeit. Sein Verhalten zeigt keinerlei innere Logik und ist nicht einmal »natürlich« – und doch hat er in der Anpassung an seine jeweiligen Lebensbedingungen eine Art Vollkommenheit erreicht. Vielleicht trifft dies gar nicht zu, und seine Gesetzmäßigkeiten und seine Art der Logik sind ganz einfach *anders* als meine. Schließlich gibt es tatsächlich Formen der Intelligenz – etwa die der Insekten –, die ebenso verschieden von der unseren sind und uns doch näher liegen.

Benommen, schweigsam und von einem Gefühl erfüllt, das weder Angst war noch Furcht vor künftigen Gefahren, kletterten wir an Bord der *Calypso* zurück. Wir empfanden keine Erleichterung darüber, daß wir alle einer unmittelbaren Gefahr entronnen waren, und doch waren wir uns in unserer Erschöpfung bewußt, daß wir eine ungeheuer eindrucksstarke Ausnahmesituation erlebt und überstanden hatten. Beim Gedanken an den Stoß gegen mein linkes Bein fragte ich mich unwillkürlich, weshalb ich eigentlich nicht gebissen worden war.

Die Eigenart des Hais, ihm unbekannte Gegenstände auf dem Wasser anzurempeln, ist sehr sorgfältig untersucht worden. Professor Budker gelangte zu der Ansicht, daß Haie durch »sensorische Vertiefungen« unter ihrer merkwürdig geschuppten Haut Geschmackswahrnehmungen haben. Diese »sensorischen Vertiefungen« sind ihrem Bau nach den Geschmackspapillen sehr ähnlich, und obwohl

Ein Hai, der einem Stück Fisch folgt, wird in das Squaloskop gezogen. Der Taucher im Hintergrund zieht sofort die Käfigtür zu, und der Hai ist gefangen. Sobald der Hai im Squaloskop war, ließ er erstaunlicherweise augenblicklich von der Beute ab, der er so gierig gefolgt war, und suchte nach Möglichkeiten, aus dem Käfig zu entkommen. Er begann, aufgeregt im Kreis zu schwimmen. Bei den anderen Haien zeichnet sich bereits der beginnende Zustand rasender Gier ab, der äußerst gefährlich werden kann.

sie nicht auf die gleichen chemischen Substanzen reagieren, sind sie durch Nervenfasern an die Hauptnerven angeschlossen, die die Mund- und Rachenpapillen kontrollieren. Der Hai kann daher den Geschmack seiner potentiellen Beute dadurch feststellen, daß er diese mit der Haut berührt. Sei es, daß aufschlußreiche chemische Substanzen in unmittelbarer Nähe der Beute im Wasser gelöst sind oder daß die rauhe Haut des Hais eine hinreichende Zahl von Stoffteilchen von der Beute abreibt, um die Nervenenden der »sensorischen Vertiefungen« zu reizen – der Hai ist augenblicklich über die Beschaffenheit des berührten Objekts informiert. Ich verdanke die Tatsache, daß ich noch beide Beine habe, wahrscheinlich dem wenig einladenden Geschmack meines Taucheranzugs aus Kunstgummi.

Am Nachmittag ließen wir uns wieder zu La Balue hinunter, doch diesmal mit dem großen Stahlkäfig. Jetzt brauchten wir im Fall einer Krise die gefährlichen Augenblicke nicht mehr zu fürchten, wenn man, langsam an die Oberfläche steigend und der Sicherheit des Meeresbodens beraubt, von allen Seiten angreifende Haie zu erwarten hat. Die Nähe der Wasseroberfläche scheint auf Haie zu-

sätzlich stimulierend zu wirken, so daß das eigentliche Auftauchen aus dem Wasser ganz besonders gefährlich ist.
Unser Squaloskop war leer. Die beiden gefangenen Haie hatten die leichten Aluminiumstangen in der Mitte aufgebogen und waren entkommen. Selbst der so vergrößerte Zwischenraum zwischen den Gittern war noch sehr eng, so daß die Haie sich wohl nur in Seitenlage hatten durchzwängen können und dazu eine ganz erhebliche Kraft benötigt haben mußten. Bernard Mestre, der Canoë diesmal begleitete, verband die Gitterstäbe in der Mitte durch Verstrebungen, die das Squaloskop stabiler machten. Wir verwendeten diesmal keinen Haken, sondern banden die Fischstücke einfach an die Schnur, die Canoë hielt. Wir wollten auf diese Weise verhindern, daß die gefangenen Haie das Squaloskop demolierten, wie es vormittags fast geschehen wäre. Bernard Chauvellin, meine Leibwache, hielt sich dicht hinter mir, um mir den Rücken zu decken und auch den beiden anderen beispringen zu können.
Es waren noch mehr Haie hier als am Vormittag, und die Atmosphäre war noch unbehaglicher. Ich sage das, weil für einen erfahrenen Taucher jeder Ausflug in die Tiefe eine andere »Atmosphäre« hat. Wenn es Haie gibt, ist diese Atmosphäre ganz besonders wichtig. Manchmal haben wir das Gefühl, die Haie streicheln oder völlig ignorieren zu können, und bei anderen Gelegenheiten sind wir uns schlagartig irgendeiner Gefahr bewußt. Ich habe es oft erlebt, daß meine Kameraden und ich von einer plötzlichen Unruhe erfaßt wurden, obwohl die Haie kein verändertes Verhalten zeigten und weiterhin bei gleicher Geschwindigkeit um uns kreisten. In solchen Augenblicken reagieren wir mit äußerster Vorsicht und halten uns zur Abwehr bereit. Wir schlagen solche inneren Warnungen, auch wenn sie noch so vage und unerklärlich sind, niemals in den Wind. Ein anderes Mal fühlen wir uns instinktiv in Sicherheit, obwohl sich äußerlich nichts geändert hat, und wissen, daß wir uns den Tieren ungestraft nähern können.
Etwa 30 Schwarzspitzenhaie und 10 bis 15 Weißspitzen-Küstenhaie mit ihren weißumränderten Flossen kreisten langsam um das Squaloskop, in dem sich ein kleiner Zackenbarsch niedergelassen hatte. Er ließ sich von uns nicht stören, als wir den Sandboden rings um seine improvisierte Unterkunft zu bearbeiten begannen. Wir hatten unser Unternehmen diesmal mit äußerster Sorgfalt vorbereitet und konnten es daher auch erfolgreicher durchführen. In kurzer Zeit waren vier Schwarzspitzenhaie gefangen. Unsere Experimente begannen. Wir wollten eine Reihe von Narkotika ausprobieren, um die Haie betäuben und damit besser untersuchen zu können, und hoff-

Unsere Rücken-an-Rücken-Verteidigungsstellung, die wir immer dann einnehmen, wenn wir es in einem offenen Gewässer mit mehreren Haien zugleich zu tun haben. Der von vorne gezeigte Taucher wehrt den Weißspitzen-Küstenhai dadurch ab, daß er ihm mit der Rechten seinen kurzen Stock entgegenhält. Diese Verteidigungsstellung wird notwendig, wenn kein Riff oder Felsabbruch in der Nähe ist, mit dem man die außerhalb des Blickfeldes gelegenen 180 Grad decken kann. Die Taucher können sich so sehr wirksam gegen mehrere Haie verteidigen, indem sie einander den Rücken freihalten.

ten, die Tiere durch Verbinden der Augen auf ihren Geruchssinn hin testen zu können. Außerdem wollten wir Elektroden für ein Enzephalogramm anbringen.

Wir begannen unsere Versuchsreihe mit einer weißen Flüssigkeit, die als MS-222 Biologen sehr gut bekannt ist, welche lebende Fische fangen. Die Haie bekamen dieses Präparat durch eine riesige Spritze verabreicht, deren Kolben durch einen Druckluftzylinder bewegt wird. Da der Druck in dem geschlossenen Luftzylinder größer ist als der Außendruck, spritzt das Präparat beim Öffnen eines Ventils in einer flüssigen weißen Wolke heraus.

Bernard Mestre zog einen der gefangenen Haie an der Brustflosse zum Gitter des Squaloskops, stieß ihm trotz seines verzweifelten Widerstandes die Spritze ins Maul und öffnete das Ventil. Das Wasser nahm um den Kopf des Haies eine wolkig weiße Färbung an, und das Präparat drang dem Tier in Maul und Kiemen. Als die Spritze vollständig entleert war, ließ Bernard den Hai los, der sofort wieder im Squaloskop zu kreisen begann und ganz wie zuvor die Nase in dessen Seiten stieß. Wir warteten vergeblich auf eine Wirkung des Narkotikums; der Hai schien für das Präparat völlig unempfindlich zu sein und schwamm ohne jede Ermüdungserscheinung weiter.

Wir probierten alle möglichen Präparate und Methoden aus und hatten dabei recht unterschiedlichen und selten befriedigenden Erfolg. Zuletzt dachten wir uns eine sehr französische Technik aus: wir injizierten Cognac. Dr. Clark hatte uns geraten, es mit Alkoholinjektionen zu versuchen, aber da wir keinen reinen Alkohol an Bord hatten, beschlossen wir, statt dessen Cognac zu nehmen, dessen Konzentration für unsere Zwecke ausreichte. Ich sehe noch Dr. François auf dem Hinterdeck stehen und mit seiner großen Tierarztspritze auf meinen Vater warten, der mit einer ungeöffneten Flasche Cognac mit drei Sternen an Deck kam. Bevor die Injektionsspritze gefüllt werden konnte, mußte der Cognac natürlich versucht werden, was nicht ohne Sachverständigengutachten von allen Tauchern abging. Schließlich war die Spritze jedoch gefüllt, und wir stiegen die Tauchleiter hinunter. Es war ein fröhliches Experiment, dessen Gelingen niemand bezweifelte. Der Cognacrest in der Flasche zeugte von den vielen experimentellen Proben, die wir durchgeführt hatten, bevor wir unsere hehren wissenschaftlichen Theorien in angewandte Wissenschaft umsetzten. Diesmal herrschte beim Tauchen eine erklärtermaßen optimistische Atmosphäre. Als wir auf dem Grund ankamen, fanden wir leider nur noch vier tote Haie in dem Squaloskop vor. Schlagartig war auch das unterschwellig Bedrohliche unserer Lage wieder da. Das Wasser um uns war still und leer, und von all den Haien, die zuvor hier gekreist hatten, waren nur noch die vier bewegungslosen Körper im Squaloskop übrig.

Canoë ließ die überflüssig gewordene Injektionsspritze sinken und griff durch die Gitterstäbe des Käfigs nach dem Schwanz eines Haies. Er war tot, genau wie die drei anderen. Weit hinten, an der Grenze meines Blickfeldes, sah ich einige langsam kreisende Schatten. Es waren Haie, aber sie waren plötzlich sehr vorsichtig geworden und hielten sich in sicherer Entfernung von uns. Der Cognac war vergessen, als wir vergeblich versuchten, diese vagen und weit entfern-

Wie in einer Seifenblase treibt Marcel Soudre in dem Plastikkäfig, La Balue genannt. Die Kunststoffwölbung, die auf jeder Seite mit Ausnahme des Bodens hervortritt, ist wegen der Durchsichtigkeit des Materials kaum zu sehen. Dieser Käfig ist jedoch sehr widerstandsfähig.

ten Schatten zur Rückkehr zu bewegen. Unsere frischen Fischbrocken lockten lediglich einen kleinen Zackenbarsch an. Erst als wir die toten Haie entfernt hatten, konnten wir unsere Experimente fortsetzen. Was mochte es wohl sein, das ein solches Signal des Mißtrauens im Wasser verbreitet hatte?

Andere Experimente, die in Florida und im Pazifik durchgeführt wurden, haben gezeigt, daß der Geruch von toten Haien die anderen Haie abschreckt. Ein Freund meines Vaters, Conrad Limbough (der später beim Erkunden einer Unterwasserhöhle einem Tauchunfall zum Opfer fiel), hat eines dieser Experimente beschrieben. Während seiner Arbeit mit einer Gruppe von Ichthyologen, die die Haiarten um die Clipperton-Inseln im Pazifik studierten, wurden einige tote Haie am Strand liegengelassen. Nach zwei Tagen begannen die sezierten Kadaver zu verwesen, und die dabei entstehende Flüssigkeit lief in kleinen, rostfarbenen Bächen den abschüssigen Sand-

strand hinunter ins Meer. Kurze Zeit darauf waren die vorher sehr zahlreichen Haie aus diesem Gebiet vollständig verschwunden. Durch diesen Vorfall neugierig geworden, führte unser Freund systematische Experimente mit Fleisch in allen Stadien der Verwesung durch, das er als Köder an einer Angelschnur benutzte. Die Haie kamen gar nicht erst in seine Nähe. Diese interessanten Ergebnisse führten jedoch zu keinen eingehenderen Untersuchungen. Das hat einen sehr einfachen Grund: die Versuche, so erfolgreich sie auch immer gewesen sein mögen, haben verheerende Wirkungen auf die Experimentatoren, da der Gestank des verwesenden Fleisches heftige Übelkeit hervorruft.
Die Fischer, die in Südafrika oder Florida berufsmäßig Haie fangen, wissen genau, daß es keinen Sinn hat, Haiangeln länger als ein paar Tage ausgelegt zu lassen. Sie haben bis zu 200 Haken an einer Leine und wissen, daß ein am ersten Tag gefangener Hai innerhalb weniger Stunden verendet. Nach dem dritten Tag nähert sich kein lebender Hai mehr dem Köder.
Wir fanden diese Tatsache immer wieder bestätigt: wenn ein toter Hai auf der Sandbank zurückgelassen wurde, verschwanden die anderen Haie innerhalb weniger Stunden.
Eine gründlichere Untersuchung dieses Phänomens könnte möglicherweise zur Entdeckung eines wirksamen Mittels führen, um Haie abzuschrecken und Schwimmer vor ihnen zu schützen. Da Mr. Limbough nicht nur Fleisch von Haien, sondern auch anderen Fisch benutzte, dürfte die weitverbreitete Ansicht widerlegt sein, daß Haie nur Aas fressen. Stark ausgehungerte Haie mögen einen Köder aus verwesendem Fleisch vielleicht annehmen, doch sind solche Fälle sehr selten.
Unsere vier Haie waren verendet, weil das Squaloskop zu klein war. Sie waren darin erstickt. Die meisten Haie, wie der Weiß- oder Menschenhai (Carcharodon carcharias), der Blauhai (Prionace glauca), der Schwarzspitzenhai (Carcharhinus melanopterus), die Hammerhai-Art (Sphyrna lewini) und viele andere Haiarten schwimmen pausenlos, Tag und Nacht. Einer der Gründe dafür ist, daß der Hai keine Schwimmblase besitzt – ein Organ, das willkürlich mit Luft gefüllt werden kann und es den Fischen erlaubt, sich bewegungslos in verschiedenen Wassertiefen aufzuhalten – und folglich absinkt, wenn er aufhört zu schwimmen. Der andere Grund dafür, daß der Hai sich in ständiger Bewegung befindet, liegt in der Tatsache, daß die Haie (mit Ausnahme einiger Unterarten) nicht die Fähigkeit besitzen, Wasser für die Sauerstoffaufnahme durch ihre Kiemen zu pumpen. Bei anderen Fischarten ist das Maul immer in

Bewegung, wodurch ein beständiger Wasserstrom durch die Kiemen erzeugt wird, auch wenn der Fisch selbst sich gar nicht bewegt. Der Goldfisch beispielsweise kann sich in seinem Aquarium vollständig still halten und dennoch mit Leichtigkeit Sauerstoff aufnehmen, während die Atmung bei der Mehrzahl der Haie mit deren Schwimmbewegungen steht und fällt. Unser Squaloskop war viel zu klein und verurteilte die gefangenen Haie zum Erstickungstod, da es sie an der Bewegung hinderte. Es sei jedoch betont, daß die Perfektion des Haies als Raubtier in keiner Weise darunter leidet, daß dieser niemals Ruhepausen einlegen kann.

Seit unserer ersten eigenen Erfahrung mit diesem Phänomen haben wir von Dr. Clark eine Reihe von Beispielen zu dem gleichen Thema erhalten. So kann man Haie, an denen experimentelle Untersuchungen vorgenommen worden sind, dadurch wiederbeleben, daß man sie in ihren Wasserbehältern zum Schwimmen zwingt. Sie werden von Tauchern so lange durchs Wasser gezogen, bis sie das Bewußtsein wiedererlangt haben. Als Beispiel einer genau umgekehrten Verfahrensweise seien Filmabenteuer wie die Haiszene in »Thunderball« erwähnt, für die man die verwendeten Tiere einfach dadurch betäubte, daß man sie am Schwanz durch das Becken zog oder sie eine Zeitlang an der Bewegung hinderte.

Wir haben seit jenem gefährlichen Erlebnis wirksamere Methoden für den Fang von Haien entwickelt, aber ich werde das große Metall- und Kunststoffgebilde auf der Sandbank von Abu Marina nie vergessen. Die Schwarzspitzenhaie, die uns an diesem Riff umzingelt hatten, haben uns eine wertvolle Lektion erteilt. Zu einer Zeit, als wir etwas zu selbstherrlich geworden waren und unsere Sicherheitsvorkehrungen vernachlässigt hatten, führten sie uns die Unberechenbarkeit der Natur und des Meeres nachdrücklich vor Augen. Die äußerst kritische Phase unserer Rückkehr an die Wasseroberfläche war eine Warnung, die jedem von uns bis ins Mark ging und uns die Sicherheitsvorkehrungen für das ganze Team verstärken ließ.

Die Endsumme all dieser Experimente war jedoch alles andere als negativ. Neben wertvollen Aufschlüssen über das Verhalten von Haien hatten wir wichtige Erfahrungen darüber sammeln können, welche Maßnahmen man für die Untersuchung des Hais in der Gefangenschaft ergreifen muß. Derartige Experimente auf engem Raum brachten jedoch erhebliche Vorbereitungs- und Transportschwierigkeiten mit sich, so daß wir in der nächsten Phase unserer Untersuchungen dazu übergingen, den Hai in »freier Wildbahn« zu studieren.

Wir freuen uns wie immer, wieder an Bord zu sein. Wir kommen sofort zu der üblichen, zwanglosen Besprechung zusammen, bei der jeder über seine Erlebnisse berichtet. Hier suchen wir vor der glühenden Sonne Schutz und hoffen auf eine kühlende Brise.

6 Stierkampf im Meer

Wir markieren Haie mit Wurfpfeilen – Der drei Meter lange Longimanus – Das Jagdrevier des Haies

Bericht von Philippe Cousteau

Meine Kamera ist auf Canoë Kientzy gerichtet, der soeben den großen Stahlkäfig verlassen hat und, die Harpune schußfertig in der Hand, langsam zu schwimmen beginnt. Aus den Augenwinkeln kann ich einen Blauhai von über drei Meter Länge erkennen, der sich auf »Kollisionskurs« mit Canoë befindet, diesen aber zu ignorieren scheint. Mit jeder Bewegung seiner Arme und Gummiflossen schwimmt der Taucher näher an das Tier heran, wobei er ihm in einer sanften Biegung den Weg abschneidet. Nur noch wenige Meter von dem Hai entfernt, beschleunigt er den Rhythmus seiner Flossenschläge ein wenig und wird von dem Tier keinen Moment aus den Augen gelassen. Es sind kaum noch zwei Meter Abstand, und noch immer bewegen sich Canoë und der Hai aufeinander zu. Ich drücke auf den Auslöser der Kamera, deren Geräusch als Signal zu wirken scheint. Canoës Arm schnellt vor, und die Speerspitze dringt dem Hai unter dem Ansatz der Rückenflosse ins Fleisch. Mit einem einzigen gewaltigen Schlag seiner Schwanzflosse schießt der Blauhai in eine Entfernung von etwa 30 Meter und fällt dort wieder in seine trägen Bewegungen zurück. Der entstandene Wasserdruck hätte den Taucher fast umgedreht. Gefolgt von zwei Blauhaien mit weißen Flossenspitzen, zieht sich Canoë jetzt vorsichtig zum Käfig zurück. Er wirft mir einen triumphierenden Blick zu und hält den Daumen nach oben, während seine sonst so kühlen Augen stolz aufleuchten. Sein Unternehmen hatte Erfolg gehabt.

Ich drehe mich nach dem Hai um und bemerke, daß er sich uns langsam und scheinbar gleichgültig nähert. Bald ist auch der kleine Wasserwirbel zu sehen, den die gelbe Plakette an dem von Canoë soeben angebrachten Rückenflossenring hervorruft. Dies ist das vierzehnte Tier, das wir heute markiert haben, und es soll auch das letzte sein. Ich gebe das Signal für die Rückkehr an die Wasseroberfläche und zum Schiff.

Diese Arbeit sieht wesentlich leichter aus, als sie ist. Nicht alle Haie lassen sich so einfach markieren wie dieser große Blauhai; die meisten zeigen blitzschnelle und daher sehr gefährliche Reaktionen. Um einen Hai kennzeichnen zu können, muß Canoë auf weniger als eineinhalb Meter an das Tier heranschwimmen, die Spitze der Harpune so dicht wie möglich unter die Rückenflosse treiben und den Schaft blitzschnell zurückziehen. Auf diese Weise bleibt ein Ring aus rostfreiem Stahl an der mit besonders festem Fleisch bedeckten Körperstelle zurück, wo ein Fremdkörper den Hai in keiner Weise stört. An diesem Ring hängt eine geflochtene Nylonschnur mit einer orangefarbenen Kunststoffplakette, die eine Nummer und die Adresse des Meereskundemuseums von Monaco trägt.
Es war an diesem Tag zweimal vorgekommen, daß ein Hai mit drohend geöffnetem Rachen auf unseren Amateurmatador losging und Canoë sich Hals über Kopf in unseren Käfig retten mußte. Die Tiere hatten ihren Angriff glücklicherweise nicht konsequent durchgeführt und waren nach einiger Zeit verschwunden. Ein solcher Unterwasserstierkampf hat für den Beobachter etwas Unwirkliches, ans Märchenhafte Grenzendes, bei dem nicht einmal die leuchtenden Farben fehlen, dieses Goldgelb und Rot und Königsblau, während die Posaunen- und Trompetenklänge unserer Atemgeräte und unsere Luftblasen die Musik für die *fiesta brava* abgeben. Jeder von uns wollte bei diesem neuen Sport einmal sein Glück versuchen, wobei Canoë – vielleicht wegen seiner spanischen Vorfahren – fraglos am meisten Erfolg hatte. Trotzdem habe ich noch immer ein unbehagliches Gefühl dabei, denn es ist ja kein einzelner Stier, dem der Taucher da gegenübersteht, sondern eine ganze Herde, die in ihrem eigenen Reich unendlichen Raum für Rückzug und neuen Angriff findet. Was sich da vor meinen Augen abgespielt hat, war ein dreidimensionaler Stierkampf.
Wir begannen dieses Experiment mit dem Ziel, die Lebensweise der Haie im Roten Meer zu studieren. Es war meinem Vater und mir aufgefallen, daß das eine Riff von Haien oft dicht bevölkert ist, während ein anderes, in der Nähe gelegenes, frei von ihnen ist. Darüber hinaus erkennt man einen Hai oft an einer charakteristischen Narbe (fast alle diese Tiere haben Narben) und trifft regelmäßig in der Umgebung des gleichen Riffs auf ihn. Die Haie schienen sich immer in dem gleichen Meeresgebiet aufzuhalten. Über die Wanderungen der Haie ist sehr wenig bekannt; wir wissen lediglich, daß einige Arten sich zu bestimmten Jahreszeiten in den flachen Gewässern breiter Flußmündungen in großer Anzahl sammeln. Eine Reihe von Forschungsinstituten in der ganzen Welt, vor

allem aber in Südafrika und Australien, beschäftigt sich bereits mit der Möglichkeit von umfangreichen Haizügen. Es gibt jedoch bis heute noch keine Aufschlüsse darüber, ja wir wissen noch nicht einmal, ob die Haie überhaupt von einem Gebiet ins andere wandern. Eine der Hauptschwierigkeiten bei solchen Untersuchungen besteht darin, geeignetes Material für das Kennzeichnen dieser Tiere zu finden, da der Organismus des Hais die Markierung meist in relativ kurzer Zeit abstößt. Dies war vermutlich bei unseren Zeichen der Fall; es ist jedoch auch durchaus möglich, daß sie von anderen Tieren abgebissen oder an Felsen oder Wracks abgewetzt wurden.

Unser Forschungsprogramm umfaßte keine derart anspruchsvollen Untersuchungen. Wir wollten lediglich herausfinden, ob der als Schwarzspitzenhai bekannte Hai »seßhaft« ist oder ob er zur Futtersuche von Riff zu Riff wandert. Wir wußten, daß die von uns benutzten Markierungsringe nur einige Monate halten würden. Außerdem wollten wir klären, ob die Haie, falls sie seßhaft sind, wie die meisten anderen Fische ein ausschließlich ihnen zustehendes Jagdgebiet beanspruchen. Falls es sich herausstellen sollte, daß der Hai seßhaft ist, wären unsere weiteren Experimente wesentlich leichter durchzuführen, da sich die Haie an unsere Anwesenheit gewöhnen würden.

Wir zeichneten im Lauf einer Woche mehr als 110 Haie in der Umgebung von acht Riffs und kleinen Inseln der Suakin-Gruppe. Abgesehen von dem großen Blauhai am ersten Tag waren wir nur einigen Weißspitzen-Küstenhaien und Düsteren Haien (Carcharhinus obscurus) begegnet, die diese Korallenriffs bevölkern. Dann allerdings verbrachten wir drei Wochen im Seegebiet von Dschibuti. Am Freitag, dem 29. September, am Tag nach unserer Rückkehr zu den Suakin-Riffs, warf Paul Zuéna einen Haken mit einem großen Klumpen Fleisch ins Wasser. Ich schwamm unter der Oberfläche, und Pauls vom gebrochenen Licht auf dem Wasserspiegel verzerrte Bewegungen waren grotesk und unheimlich. Während er die Leine bediente, tanzte seine Silhouette gegen den blauen Hintergrund des Himmels wie ein Pygmäe mit Riesenarmen, der Samen über die Wasser streut. Ein Hai tauchte senkrecht aus der schattigen Tiefe und näherte sich in einer schnurgeraden Linie dem Köder, der nun in der Mitte von konzentrischen Wellenkreisen dahintrieb. Es war ein Weißspitzen-Küstenhai von über zwei Meter Länge, und er glich einem unfehlbaren Geschoß, das seinem Ziel zustrebt. Sein gerundeter Leib zeigte, daß er vor nicht allzu langer Zeit Nahrung aufgenommen hatte. Er kreiste eine Viertelstunde lang um das Fleisch, ohne zuzubeißen, bis sich ihm einige andere Haie anschlossen und

Anstalten machten, sich auf den Köder zu stürzen. Dies gab den Ausschlag; der große Hai wendete ein letztes Mal dicht vor meinem Käfig, wobei die gelbe Plakette am Ansatz seiner Rückenflosse deutlich zu sehen war, und verschlang dann Köder und Haken.

Die Nahrungsaufnahme wirkt beim Hai außerordentlich elegant und mühelos. Das Tier nähert sich der Beute, wobei es seine Geschwindigkeit weder erhöht noch verringert, und scheint das gewählte Stück einfach einzuatmen. Während das Tier im gleichen Tempo weiterschwimmt, verschwindet die Beute in seinem noch immer offenen Rachen. Enthält das Fleisch jedoch einen Haken, so windet sich der ganze Körper des Hais beim Eindringen des Metalls in das Gewebe in heftigsten Krämpfen, und das Tier wirft sich mit aller Kraft nach vorne.

Ich wußte, daß Paul seine Leine, die unter dem pfeifenden Geräusch seiner sorgfältig geölten Rolle blitzschnell ablief, scharf im Auge behalten würde. Da er keinen Widerstand spürte, verlangsamte der Hai sein Tempo. Paul nahm die Leine in die Hand und begann, sie langsam und behutsam, aber unnachgiebig einzuholen, worauf der Hai den Kampf aufnahm. Sein Schwanz peitschte die Wasseroberfläche mit wütenden Schlägen, dann wieder schoß das Tier verzweifelt in die Tiefe.

Der Taucher läßt den Hai an sich vorbeiziehen. Er wird sich dann so schnell wie möglich an die Seite des Tieres bringen.

Der Taucher hat jetzt genau den richtigen Abstand und hebt den Arm, um dem Hai die kleine Markierungsplakette unter die Haut zu treiben.

Seine Artgenossen hatten sich eine kurze Strecke weit zurückgezogen und beobachteten ihn aus geringer Entfernung. Einer von ihnen verschlang sogar das Fleischstück, das unser Gefangener ausgespuckt hatte. Bald kreisten sie wie Geier um ihn und warteten darauf, ihren Nutzen aus den kommenden Ereignissen ziehen zu können. Der Hai ermüdete sehr schnell. Sein verzweifelter Kampf wurde schwächer und schwächer, denn diese Bestie ist, einmal gefangen, ein hilfloses Opfer. Die Leine hemmt seine Bewegungen, so daß der ständige Wasserstrom durch seine Kiemen gestört und die Atmung stark behindert ist. Dazu kommt, daß sein Körperbau in einer derartigen Situation eine große Schwäche aufweist. Der Hai hat kein Bindegewebe und keine Muskeln, die seine Eingeweide stützen könnten, wenn der Druck des Meerwassers gegen seine

dünne Bauchdecke keinen Halt mehr bietet. Sobald er aus dem Wasser genommen wird, ist ihm der Tod gewiß, selbst wenn er sofort wieder ins Meer gelassen wird und scheinbar unbeschadet davonschwimmt, denn seine Eingeweide haben sich infolge des fehlenden Wasserdruckes an der Luft so verdreht und verschoben, daß sie nie wieder normal arbeiten werden. Wenn sein Todeskampf auch kurz ist–was durchaus nicht auf alle Haiarten zutrifft–, so hat der Hai gewiß keinen leichten Tod.
An Deck der *Calypso* zurückgekehrt, sah ich ohne jedes Gefühl der Freude, wie unser alter Feind starb. Seine Schönheit war dahin; schlaff, schmutzig-grau und gebrochen lag er da und schlug im Rhythmus einer letzten Schwimmbewegung mit dem narbigen, zerschundenen Schwanz. Dieses Sterben kann über Stunden gehen, und so mancher Mensch zog sich fürchterliche Wunden zu, wenn er sich leichtfertig zu nahe an das verendende Tier heranwagte. Der Hai schnappte noch immer ins Leere, während das Salz an seinem zitternden Körper trocknete. Canoë entfernte die Markierung von der Rückenflosse des Tieres und ging damit in die Kajüte meines Vaters. Ich folgte ihm mit einem letzten Blick auf den sterbenden Hai. Als wir die Nummer der Plakette mit unseren Aufzeichnungen über Ort und Zeit jeder Markierung verglichen, stellte sich heraus, daß wir dieses Tier einen Monat zuvor an der gleichen Stelle gekennzeichnet hatten.
Von 65 eingeholten Markierungen brachten 57 genau das gleiche Ergebnis. Die Haiart, die wir gezeichnet hatten, war zumindest zu dieser Jahreszeit »seßhaft«. Diese Beobachtung hat jedoch wenig Aussagewert, da sie uns keinen Aufschluß darüber gibt, wo sich die Haie zu den übrigen Zeiten des Jahres befinden. Laboratorien und Forschungsinstitute, die sich auf diese Fragestellung konzentrieren, entwickeln besondere Kennzeichnungsverfahren, deren Schwierigkeiten jedoch für uns in zeitlicher wie finanzieller Hinsicht unüberwindlich sind.
An unsere Studie über die Seßhaftigkeit dieser Haie schloß sich eine Untersuchung an, wieweit die einzelnen Tiere eigene Jagdreviere beanspruchen. Wenn man von dem Gebiet eines Haies spricht, meint man damit, daß ein Teil des Riffs für diesen reserviert ist. Wir sahen beim Tauchen an der gleichen Stelle jeden Tag die gleichen Haie, die wir meist an ihren Vernarbungen erkannten. Dies ist jedoch keine feste Regel, da man diese Haie auch anderswo am Riff antreffen kann, während ihr Jagdgebiet von anderen gekreuzt wird. Die Eindringlinge werden dort geduldet, denn der Besitz eines eigenen Reviers bedeutet nicht, daß der betreffende Hai alle

anderen daraus vertreibt. Er gibt sich damit zufrieden, der Herr seines Wasserreichs zu sein. Wir haben bei vielen anderen Fischarten, zum Beispiel dem Zackenbarsch, dem Drückerfisch, einigen Fliegenden Fischen, Muränen usw., ähnliche Verhältnisse angetroffen. Ein Hai läßt andere Haie in sein Jagdrevier – vorausgesetzt, daß sie keine unmittelbaren Rivalitätsprobleme herbeiführen. Die Fremden müssen sich ihre Nahrung stehlen, wenn der Revierbesitzer gerade nicht hinsieht, und sie fressen in dessen Gegenwart auch nur dann, wenn er ihnen die Überreste seines Mahles überläßt oder wenn seine Beute so groß ist, daß er, am einen Ende mit dem Verschlingen seiner Nahrung beschäftigt, weder Zeit noch Lust hat, sich um die »Mitesser« zu kümmern. Wenn diese Spielregeln jedoch nicht befolgt werden, bricht sofort der Kampf aus, wie die narbigen Körper der Haie bezeugen. Das Auftauchen eines fremden, stärkeren Haies setzt diese Regeln, die vielleicht für eine Ecke des Riffs gelten, oftmals außer Kraft. Gelegentlich fällt ein großer Hochsee-Hai über seine schwachen und ängstlichen Vasallen her wie ein räuberischer Großfürst über den kleinen Landadel.

Nach unserem Aufenthalt am Suakin-Riff kehrten wir zum Riff der Dahl-Ghab-Insel vor der sudanesischen Küste zurück, um unser Markierungsprogramm fortzusetzen. Wir führten um diese Zeit eine Nachrichtenverbindung ein, die es mir erlaubte, beim Tauchen direkt mit meinem Vater oder einem anderen Mitglied des Teams auf der Kommandobrücke der *Calypso* zu telefonieren.

Im größeren Käfig war Marcel Soudre damit beschäftigt, durch gelegentliches Hinauswerfen von Fischstückchen Haie anzulocken, während er die lange Markierungsharpune bereithielt. Ich befand mich in einem kleineren Einzelkäfig Marcel gegenüber und hatte meine Filmkamera schußfertig auf ihn gerichtet. Um uns kreisten etwa fünfzehn Haie, darunter einige Weißspitzen-Küstenhaie, doch die meisten waren geschmeidige Blauhaie. Der Herr dieses Reviers war sofort zu erkennen: ein alter Carcharhinus albimarginatus, dessen Maul auf einer Seite aufgerissen war. Die Wunde hatte nach der Heilung ein klaffendes vernarbtes Loch hinterlassen. Er schwamm friedlich dahin, und die anderen Haie hielten sich in respektvollem Abstand. Für uns war er ein häufiger Gast in diesen Gewässern, fast ein alter Freund, und er hatte unsere Tauchausflüge in sein Jagdgebiet immer aufmerksam beobachtet. Als wir ihn einige Tage zuvor zeichneten, war er auf uns losgegangen und hatte versucht, nach uns zu beißen. Er machte den Eindruck eines schlauen alten Kriegers. Sobald sich ein anderer Hai an eines unserer Fischstücke heranmachte, schoß der Alte blitzschnell auf ihn zu, worauf der andere seine Beute im Stich ließ und flüchtete. Es kam jedoch manchmal vor, daß der kleinere Hai doch einen Brocken erwischte, bevor er verjagt wurde. In solchen Fällen gab der große Weißspitzen-Küstenhai die Verfolgung auf und verschwendete keine Zeit mit nutzlosen Racheakten.

Wir machten uns daran, in dieser festgefügten, hierarchischen Welt der Riffhaie die letzten Tiere der Gruppe zu kennzeichnen. Meine Filmrolle war verbraucht, und ich telefonierte nach oben und ließ mir eine neue herunterbringen. Während ich die Spule mit 180 Meter Filmmaterial in die Kamera schob und die Einstellung regulierte, fiel mir weit draußen an der Grenze meines Blickfeldes in etwa 50 Meter Entfernung ein dunkler Schatten auf. Die Haie, die sich während der letzten halben Stunde immer sorgloser um uns geschart hatten, wurden plötzlich unruhig. Da ich die vage Silhouette in der Ferne nicht mit dem veränderten Verhalten der Tiere in Verbindung brachte, verstand ich erst nicht, was vorging. Dann aber begriff ich. Die Ursache dieser plötzlichen Unruhe kam auf uns zu.

In dem Eindringling erkannte ich den wohl gefährlichsten aller Hochsee-Haie, einen über drei Meter langen Weißspitzen-Menschenhai (Carcharhinus longimanus), der von mindestens achtzehn ausgewachsenen Pilotenfischen begleitet wurde. Wegen dieser schwimmenden Wolke hatte ich den Hai in dem etwas trüben Wasser anfangs nicht erkennen können.

Während einen die Schönheit und Eleganz von Körper und Bewegung bei den anderen Haien ein wenig mit deren Primitivität und Gefährlichkeit versöhnt, bietet diese Haiart einen gräßlichen und abstoßenden Anblick. Die gelblichbraune Färbung dieses Hochsee-Haies ist von unförmigen Flecken unterbrochen und ähnelt einem häßlichen, militärischen Tarnanzug. Der Körper des Tieres ist schwerfälliger als der anderer Haie, und die grauen Spitzen seiner riesigen Brustflossen und seiner abgerundeten Rückenflosse sehen aus, als seien sie in Schmutz getaucht. Er schwimmt mit ruckartigen, unregelmäßigen Bewegungen, während seine flache, breite Nase hin und her schwingt und seine winzigen Augen hart und grausam glitzern. Der Pilotenfischschwarm veränderte beständig seine For-

Oben: Der Taucher – Raymond Coll – nähert sich dem Hai. Er muß, ähnlich wie ein Stierkämpfer, der die Banderilla anbringen will, jede Bewegung des Tieres vorausahnen und sich dementsprechend verhalten.

Unten: Es ist gelungen. Der Hai ist gekennzeichnet, und der Taucher schwimmt einige Sekunden lang neben ihm her.

Der große Weißspitzen-Menschenhai bei Tageslicht. Im Vordergrund sieht man einen der ihn begleitenden Pilotenfische und über ihm, dicht unter dem Wasserspiegel, einige weitere. Er trägt eine unregelmäßige graubraune Musterung und sieht im Vergleich zur Färbung anderer Haie ausgesprochen schmutzig aus. Seine auffallend breiten Flossen erlauben ihm im Wasser sehr gezielte, präzise Bewegungen. Die Pilotenfische zeigen dem Hai nicht, wie vielfach angenommen, den Weg. Sie begleiten ihn lediglich, um sich von den Resten seiner Mahlzeiten zu ernähren.

mation; bald dehnte er sich aus, bald zog er sich in einem nervösen Rhythmus eng um den Hai zusammen. Gelegentlich schert ein einzelner Fisch aus dem Verband aus, untersucht irgendeinen Gegenstand im Wasser und kehrt dann hastig an seinen früheren Platz zurück. Zwei große und ein kleinerer Schiffshalter bildeten dunkle Flecke am Bauch des Carcharhinus longimanus.

Ich hatte das vage Empfinden einer plötzlichen Totenstille. Als ich mir dessen ganz bewußt geworden war, bemerkte ich, daß ich selbst ganz langsam und flach atmete, fast als wollte ich mich verstecken. Auch Marcel hatte seine Arbeit vergessen und beobachtete den Eindringling. Der Blauhai mit den weißen Flossenspitzen war verschwunden, und die anderen schwammen hastig, fast linkisch umher und waren darauf bedacht, dem Neuankömmling nicht zu nahe zu kommen. Man vergleicht die von Pilotenfischen umringten Haie oft mit großen Bombern, die von einem Geschwader von Jagdflugzeugen begleitet werden; dieses Bild gibt genau die Ausstrahlung einer gewaltigen, vernichtenden Kraft wieder, die von diesem Anblick ausgeht.

Der Weißspitzen-Menschenhai schwamm etwa zwanzig Meter von unseren Käfigen entfernt träge im Kreise, aber seine bloße Gegenwart hatte an diesem kleinen Fleck im Ozean eine drückende Atmosphäre der Angst verbreitet. Einige Minuten vergingen, bevor ich mich wieder auf unser Arbeitsprogramm besann. Dieses Tier sollte unser heutiges Tauchvorhaben nicht durcheinanderbringen, und ich gab daher Marcel ein Zeichen, mit dem Markieren fortzufahren. Als ein kleiner Hai herbeischoß und nach dem ausgelegten Fischstück schnappte, versah Marcel das Tier präzise und gekonnt mit einem Zeichen. Während ich nachprüfte, wieviel Film ich noch in der Kamera hatte, sah ich den Weißspitzen-Menschenhai wieder. Er schien uns gar nicht zu beachten und hatte sich sogar etwas von uns entfernt. Marcel war inzwischen der Fisch ausgegangen, mit dem er die anderen Haie in den Bereich seiner Harpune hätte locken

Zu den Bildern Seite 90 und Seite 91:

Der Hai verschlingt den Köder, ein Stück Fisch, das wir am Haken von Pauls Angelschnur befestigt haben. Nach einer gewissen Zeit fangen wir die markierten Haie wieder ein, um etwas über ihre Wanderungen zu erfahren. Dieser Weißspitzenhai (Triaenodon obesus) ist etwa zwei Meter lang.

Der Hai hat Köder und Haken geschluckt und wird gleich an der Leine eingeholt werden.

Jetzt zieht er an der Angelschnur. Man kann die rote Plakette, die er dicht hinter der Rückenflosse trägt, gerade noch sehen. Es ist ein guter Fang.

Der Hai wird aus dem Wasser gezogen, damit man die Markierung entfernen kann. Alles wird für die künftige Auswertung sorgfältig aufgezeichnet.

können, so daß ich die restlichen Meter Film mit einem Schwenk über die in meiner Umgebung kreisenden Haie abdrehte. Ich wollte gerade das Signal für das Hochziehen unserer Käfige geben, als ich mich plötzlich von einer quirlenden Wolke aus schwarzweiß gestreiften Pilotenfischen umgeben fand. Sie hatten den Hai wie auf ein heimliches Signal hin verlassen und schwirrten um mich wie Motten um die Flamme. Etwa zwanzig Meter von meinem Käfig entfernt wendete der Hai plötzlich und schoß mit unglaublicher Geschwindigkeit vorwärts. Im Bruchteil einer Sekunde war er unter dem Heck der *Calypso*, nachdem er den glitzernden Behälter mit dem Sender und Empfänger unseres Unterwassertelefons, der knapp unter der Wasseroberfläche hing, gepackt hatte. Das Kabel war wie mit einer Schere durchtrennt. Der Hai drehte sich wie rasend einmal um die eigene Achse, würgte heftig und spuckte den Metallkasten wieder aus, der schnell in der Tiefe versank. Dann raste er, ohne auch nur einen Augenblick zu zögern, auf Marcel los, der gerade noch Zeit hatte, die Tür seines Käfigs zu schließen. Als er wie eine Kugel daran abprallte, stürzte er sich auf mich, nahm die Gitterstäbe – kaum fünfzehn Zentimeter von meinem Gesicht entfernt – zwischen die Kiefer und schüttelte den Käfig wie ein Wahnsinniger. Ich sah im Geiste das Verbindungsseil reißen und den Käfig in die Tiefe sinken, wobei ich keine andere Wahl gehabt hätte, als ungeschützt zum Schiff aufzusteigen und mich den rasenden Attacken des Hais auszusetzen. Dann aber ließ das Tier die verbogenen Gitterstangen des Käfigs los, wendete und verschwand so schnell, wie es angegriffen hatte, mit seiner eifrigen Eskorte von Pilotenfischen.

Regungslos und fast ohne zu atmen blieb ich zurück, und diese Augenblicke schienen mir wie eine Ewigkeit. Ich hatte vorher gar keine Zeit dazu gehabt, Angst zu empfinden. Marcel sah zu mir herüber, und wie durch einen Nebelschleier sah ich den großen Schwall von Luftblasen um seinen Kopf. Endlich fühlte ich, wie der Käfig hochgezogen wurde. Als ich in blendendem Sonnenlicht aufgetaucht und aus dem Käfig geklettert war, empfand ich eine merkwürdige Ruhe, und meine Gedanken beschäftigten sich mit unwichtigen Kleinigkeiten wie der Naht meines Taucheranzugs oder der Lage eines Seilendes an Deck. Mein Vater brachte mich in die Wirklichkeit zurück; er hatte den Zwischenfall auf unserem Unterwasser-Fernsehschirm beobachtet, der all unsere Operationen beim Tauchen verfolgt, und sein Lachen klang ein klein wenig lauter als sonst…

Einige Stunden später tauchte ich unter denselben Arbeitsbedingungen noch einmal. Der große Hochsee-Hai zeigte sich diesmal nicht, und ich dachte an ihn mit einer Art von heimlichem Neid. Dieser einsame Jäger, ein vergleichsweise winziger, aber Schrecken verbreitender Körper in der Unermeßlichkeit des Ozeans, war in sein eigenes Reich zurückgekehrt. Die anderen Haie kamen mir jetzt kleiner vor, auf ihre kleinliche Hierarchie und ihre internen Streitigkeiten reduziert. Der alte Carcharhinus albimarginatus war zurückgekommen und wirkte gar nicht mehr königlich in seinem Revier, sondern schien auf das Format eines Hausverwalters geschrumpft. Er trug unsere Markierungsplakette treu und gehorsam wie ein Haushund seine Steuermarke.

Wir konnten im Lauf unserer Untersuchungen über den Hai die Theorie der festen Jagdreviere oft bestätigen. Wir haben nicht nur die Existenz von Revierhierarchien nachgewiesen, durch die ein Hai, der den Südteil eines Riffs beherrscht, im nördlichen Bereich von dessen »Besitzer« vielleicht gerade noch geduldet wird, sondern auch die Tatsache bestätigt, daß die Haie kaum jemals ihr Revier wechseln. Durch Berichte von Haifischfang-Gesellschaften neugierig gemacht, die sich in einem von Haien wimmelnden Gebiet niedergelassen und zwei oder drei Jahre später Bankrott gemacht hatten, beschlossen wir, das gleiche Verfahren anzuwenden. Zwei Tage lang fingen wir in der Nähe der Insel Gharb Myun in der Gruppe der Farasanen Haie. Wir ließen nur einige Weißspitzen-Küstenhaie von höchstens 100 bis 120 Zentimeter Länge übrig, da wir dank Paul Zuénas Fischereitalent alle größeren Tiere in diesem Gebiet fangen konnten. Die winzige, vom Gharb-Myun-Riff umgebene Insel liegt nur eine oder zwei Meilen von den anderen Riffs und Inseln dieser Gruppe entfernt, und doch begegneten wir bei all unseren späteren Nachforschungen unter Wasser nur den Haien, die wir am Leben gelassen und gekennzeichnet hatten. Dies bedeutet natürlich nicht, daß das Riff nicht auch von fremden Haien besucht wurde, doch diese waren wahrscheinlich in ihre eigenen Reviere zurückgekehrt. Ich bin sicher, daß die kleinen Haie rasch wachsen und dieses Gebiet sehr schnell in Besitz nehmen werden, nachdem unsere Fischerei-Experimente ihnen bessere Ernährungsmöglichkeiten eröffnet haben.

Wir hatten im Lauf dieser arbeitsreichen Wochen versucht, das Geheimnis um das »Alltagsleben« der Haie in diesem Gebiet zu lüften, und haben eine Reihe von neuen Kenntnissen und Erkenntnissen gewonnen. Nun aber mußten wir, unter Zeitdruck stehend, diese Untersuchungen aufgeben, um einer anderen Fragestellung nachzugehen: dem Verhalten des Hais gegenüber dem Menschen.

Die Taucher steigen unter den vertäuten Barkassen zu ihren Käfigen hinab. Im Vordergrund ist ein Einmann-Käfig zu sehen, im Hintergrund der des Fotografen. An der Wasseroberfläche schwimmen einige Beobachter. Wir müssen die Käfige erst aufrichten, bevor wir sie besteigen können.

7 Arthurs Abenteuer mit dem Albimarginatus

Grausame Feuerprobe für Arthur – Das Freßverhalten des Haies – Die besten Schutzmaßnahmen – Experimente mit Anti-Hai-Mitteln

Bericht von Philippe Cousteau

Ich tauchte an diesem Tage mit Arthur, um die Reaktionen der Haie auf einen ungeschützten Taucher zu studieren. In dem kristallklaren Wasser um die *Calypso* schwammen einige Carcharhinus albimarginatus mit weißen Schwanz- und Flossenspitzen träge, fast schläfrig umher, als wollten sie ihre Kraft hinter einer friedlichen Fassade verbergen. Ich stieg als erster die Leiter hinunter und schwamm sofort auf den Schutzkäfig zu, der etwa 10 Meter unter dem Kiel des Schiffes hing. Die *Calypso* hatte 30 Meter vor dem Dahl-Ghab-Riff im Südwesten des Roten Meeres Anker geworfen und lag an einer 180 Meter tiefen Stelle. Es herrschte eine glühende Hitze ohne den geringsten Windhauch, und ich fühlte mich daher im Wasser sehr viel wohler als an Deck. Wenige Meter von mir entfernt wurde Arthur gerade ins Wasser gelassen und begann, sich unbeholfen vor dem Käfig hin und her zu bewegen. Wenn mein Eintauchen ins Wasser lediglich die Aufmerksamkeit der Haie in der nächsten Umgebung erregt hatte, so lockte Arthurs ungeschickte und schwerfällige Ankunft auch die anderen Tiere an.
Ich hielt meine Kamera auf Arthur gerichtet, dessen Gesichtsmaske das blendende Sonnenlicht reflektierte und der sich in seiner Schutzlosigkeit geradezu als Beute anbot. Die hochempfindlichen Gehörorgane der Haie konnten Arthurs ruckartige Bewegungen zweifellos über weite Strecken hin wahrnehmen, und das Glitzern des Sonnenlichts auf seiner Maske mußte für die Tiere fast eine Aufforderung zum Morden sein. Schlagartig hatte sich die Atmosphäre gewandelt. Das beinahe genüßlich-sinnliche Schaukeln der Haie, wenn sie ziellos und gemächlich umherschwimmen, war den wachsamen, gezielten Bewegungen des von einer Beute faszinierten Raubtieres gewichen. Es schwammen nun schon sieben oder acht Haie um uns, unter denen ich zwei Weißspitzen-Küstenhaie von mehr als zwei Meter Länge erblickte. Einige schlanke graue Haie mit auffallend

kleinen Brustflossen dagegen waren mir fremd. Irgend etwas hatte ihr Verhalten plötzlich verändert, und ich bemerkte, daß sie jetzt Seite an Seite auf uns zu schwammen. Einer der Weißspitzen-Küstenhaie machte einen blitzschnellen Ausfall und schoß auf Arthur zu. Im letzten Augenblick drehte er ab und raste davon, gefolgt von den anderen Haien. Erst mehrere Sekunden später merkte ich, daß meine Kamera noch immer lief. Ich war von dem plötzlichen Angriff so fasziniert, daß ich den Apparat in meiner Hand ganz vergessen hatte. Schräg über mir trieb Arthur noch immer teilnahmslos im sonnendurchfluteten Wasser. Weit draußen zog der Hai einen eleganten Bogen, wendete und kam schnurgerade auf uns zu. Diesmal schien er es auf Arthurs Rücken abgesehen zu haben, doch er strich statt dessen mit dem Maul über das rechte Bein. Wieder wendete er, das Maul weit geöffnet, und dann hörte ich an einem gräßlichen Geräusch, daß das Untier auf – Stahl biß. Der Hai schüttelte sich in rasender Wut und riß der Taucherpuppe das Bein ab. Zurück blieb lediglich der Stahlstab, der wie ein gebrochenes Schienbein aus dem Gummianzug ragte.
Ich stellte die Kamera ab und kehrte hastig in meinen Käfig zurück, da sich nun alle Haie blindlings auf alles stürzten, was im Wasser war. Einer von ihnen prallte mit aller Wucht gegen den Käfig und schoß dann in Arthurs Richtung davon, als die Männer an Deck die Puppe gerade hochzogen. Ich gab das Signal, um meinen Käfig ebenfalls einholen zu lassen. Nach allem, was sich soeben vor meinen Augen abgespielt hatte, war mir der Aufenthalt darin doch etwas verleidet, und ich begab mich sehr gerne in die Sicherheit unseres Schiffes zurück.
Als ich an Deck kam, sah ich lauter ernste Gesichter. Meine Kameraden standen um die Trage mit der verstümmelten Puppe herum, auf der wir Arthur transportiert hatten, und ich wußte, woran sie jetzt dachten. Jeder von ihnen stellte sich ein Gesicht hinter dieser leeren Tauchermaske vor, vielleicht sein eigenes, vielleicht das eines Kameraden. Ich versuchte, die makabre Atmosphäre dieser Situation mit dem Vorschlag zu durchbrechen, die Überreste der Puppe ins Wasser zurückzuwerfen. Meine Stimme klang belegt, und meine Bemühungen verfehlten in dem allgemeinen Trübsinn ihre Wirkung. Ich hatte beinahe »Leiche« statt »Puppe« gesagt; sie zu versenken, käme dem Begräbnis eines Matrosen auf hoher See wohl auch zu nahe. Jemand schlug im Scherz vor, wir sollten ein Gebet für Arthur sprechen, stieß damit jedoch nur auf eisiges Schweigen. Die gedrückte Stimmung wich den ganzen Tag nicht von uns, und die darauffolgende Nacht brachte mir die schrecklichsten Traum-

Zu den Bildern Seite 97 bis 99:

Der große Hai, der auf den Taucher zukommt, ist ein Weißspitzen-Küstenhai. Glücklicherweise ist der »Taucher« nur eine Puppe, die wir verwendeten, um die Reaktionen der Haie auf einen Taucher in voller Ausrüstung zu untersuchen. Der Hai kreiste wie üblich geraume Zeit. Es war ein riesiges Tier, das, seinem runden Bauch nach zu urteilen, vor kurzem Futter gefunden hatte. Der Hunger war also nicht die treibende Kraft. Er riß der Taucherpuppe, die wir Arthur getauft hatten, ein Bein ab und wendete, um sich noch mehr zu holen. Wir hatten jedoch genug gesehen und zogen die Puppe aus dem Wasser. Dieses Experiment beweist, wie sehr der Taucher der Mordgier der Haie ausgesetzt ist, ob er nun von einer Gummihülle umgeben ist oder nicht.

visionen. Noch wochenlang danach verdoppelte jeder von uns seine Sicherheitsvorkehrungen und zeigte von da an bei jeder Begegnung mit Haien größten Respekt vor diesen furchterregenden Tieren.
Mit dem Bau von Arthur wollten wir herausfinden, ob der Gummianzug und der Anblick des Tauchers unter Wasser ausreichen, um Haie abzuhalten. Ich war nämlich bis dahin davon überzeugt, daß die gelegentlich vorkommenden Angriffe von Haien auf Taucher nie tragische Folgen haben. Daher hatten wir Arthur aus einem Stahlstangengerüst konstruiert, ihm einen von Yves Omers Taucheranzügen übergestreift und ihn mit Schaumgummi ausgestopft. Als Kopf diente eine kleine Wassermelone, die im Helm steckte, und ein Kunststoffmodell unseres Atemgerätes vervollständigte die

Gestalt. Äußerlich war Arthur ein genaues Abbild unseres eigenen Aussehens unter Wasser.
Die ersten Experimente mit ihm brachten keinerlei Ergebnis. Wir waren darüber nicht sonderlich überrascht; es wäre reichlich merkwürdig gewesen, wenn ein solches Gebilde aus Stahl, Kunststoff und Gummi den Appetit eines Fleischfressers erregt hätte. Wir machten diese Versuche nur dann, wenn die Haie ruhig waren. Hätten wir Arthur ins Wasser geworfen, während gerade ein rasender Kampf um eine Beute tobte, so wäre er, wie jeder andere Gegenstand in einem solchen Moment, sofort zerrissen worden. Das Experiment war wegen der Leblosigkeit der Puppe noch nicht zufriedenstellend, denn es ist eine unbestrittene Tatsache, daß Haie sehr wohl zwischen lebenden und toten Objekten unterscheiden können. Wir wollten jedoch herausfinden, ob der Taucheranzug aus Gummi in irgendeiner Weise ein wirksamer Schutz war. Es wurde daher beschlossen, Arthur mit einer eigenen Duftnote auszustatten.
Zu diesem Zweck probierten wir alle möglichen Substanzen aus – von Fleischbrühwürfeln, mit deren Lösung der Schaumgummi um das Stahlgerüst der Puppe getränkt wurde, bis hin zu Fischstücken, die im Taucheranzug selbst versteckt wurden. Wir hatten gerade sehen können, welches Ergebnis das Experiment mit den Fischstücken einbrachte. Es fiel mir jedoch auf, daß der Angriff nicht annähernd so schnell erfolgte, als wenn wir die gleichen Fischbrocken direkt ins Wasser geworfen hätten. Der Gummianzug ist meines Erachtens ein nicht zu übersehender Schutz, auch wenn er in keiner Weise ausreicht. Darüber hinaus ist es durchaus möglich, daß der Geruch des Menschen für den Hai nicht sonderlich verlockend ist. Schließlich besteht auch noch die Möglichkeit, daß unsere Körperform und Größe sowie die Farbe unserer Taucheranzüge uns eine gewisse Ähnlichkeit mit Delphinen verleihen, und der Hai greift den Delphin nur an, wenn dieser verletzt, durch Krankheit geschwächt oder sonstwie wehrlos gemacht ist.
Eines der verbreitetsten und hartnäckigsten Märchen über den Hai läuft darauf hinaus, daß der Hai ein Aasfresser sei und nichts mehr liebe als in Verwesung übergehendes Fleisch. Für diese Theorie gibt es keinerlei stichhaltige Beweise. Ich glaube, daß ein halbverhungerter Hai nach allem schnappen wird, sei es nun eine Holzplanke oder ein verwesender Leichnam – doch dies bildet ganz sicher keinen Bestandteil seiner normalen Ernährung. Ich habe zwar schon beobachtet, daß Haie Köder aus Rindfleisch nahmen, doch fehlten ihren Bewegungen dabei jede Hast und Gier. Auch bissen sie erst

nach langem Zögern an. Wir hatten einmal während einer früheren Fahrt eine ganze Rinderseite wegwerfen müssen, da unsere Kühlanlage ausgefallen und unser Fleischvorrat ungenießbar geworden war. Das riesige Paket wurde in Sackleinwand gewickelt, beschwert und an einer sandigen Stelle dicht am Abbruch der Korallenbank, vor der wir ankerten, versenkt. Das Fleisch blieb mehrere Tage lang unangetastet, obwohl es in dieser Gegend viele Haie gab. Es dauerte eine ganze Woche, bis das Paket schließlich verschwunden war, und wir wußten auch bald, warum. An den vorausgehenden Tagen war uns ein großer Tigerhai aufgefallen, dessen eingefallener Leib verriet, wie ausgehungert das Tier sein mußte. Der Hunger hatte über die Abneigung des Hais gegen diese Art von Futter gesiegt. Es ist bemerkenswert, daß ein Hai von nur wenig über drei Meter Länge eine ganze Rinderseite hatte verschlingen können.

Die Hochsee-Haie folgen offensichtlich den Wanderungen der Meeressäugetiere und häufig auch Schiffen, um sich von deren Abfällen zu nähren. Dies sagt uns jedoch nicht viel, da solche Überbleibsel kein Aas, sondern frisches Futter darstellen. Darüber hinaus scheint mir der Energiebedarf des Hais sehr niedrig zu sein. Er kann mit sehr geringem Kraftaufwand außerordentlich weit schwimmen, und da er keine Körperwärme verliert, dürfte der Kalorienverbrauch minimal sein; er kann daher sehr lange von einer vollen Mahlzeit leben.

Eine Untersuchung über das Verdauungssystem der Haie spricht für diese Theorie. Verglichen mit den Säugetieren, sind die Eingeweide der Haie äußerst kurz: beim erwachsenen Menschen beträgt ihre Länge etwa 10 Meter, bei einem 3 Meter langen Hai dagegen höchstens 2 Meter. Der Hai scheint darüber hinaus die erstaunliche Fähigkeit zu haben, nur einen Teil seines Mageninhalts zu verdauen, während der Rest über längere Zeiträume hinweg fast unverändert erhalten bleibt. Dies ist möglicherweise so etwas wie ein natürlicher Vorratsspeicher, der es dem Hai erlaubt, von einer einzigen, »gehamsterten« Mahlzeit sehr lange zu leben. Der Zoodirektor von Taranga bei Sydney in Australien, Sir Edward Allstrom, berichtet von dem Fall eines 5 Meter langen Tigerhais, der in einem der Aquarien des Tiergartens untergebracht war. 21 Tage lang verweigerte der Hai die Nahrungsaufnahme, indem er das ihm gefütterte Pferdefleisch zwar hinunterschluckte, es einige Tage darauf jedoch wieder erbrach. Das Tier starb, und eine Untersuchung seines Mageninhalts förderte zwei gut erhaltene Delphine zutage, die der Hai vermutlich wenige Stunden vor seiner Gefangennahme verschlungen hatte. Es bleibt ein Rätsel, wie der Hai die

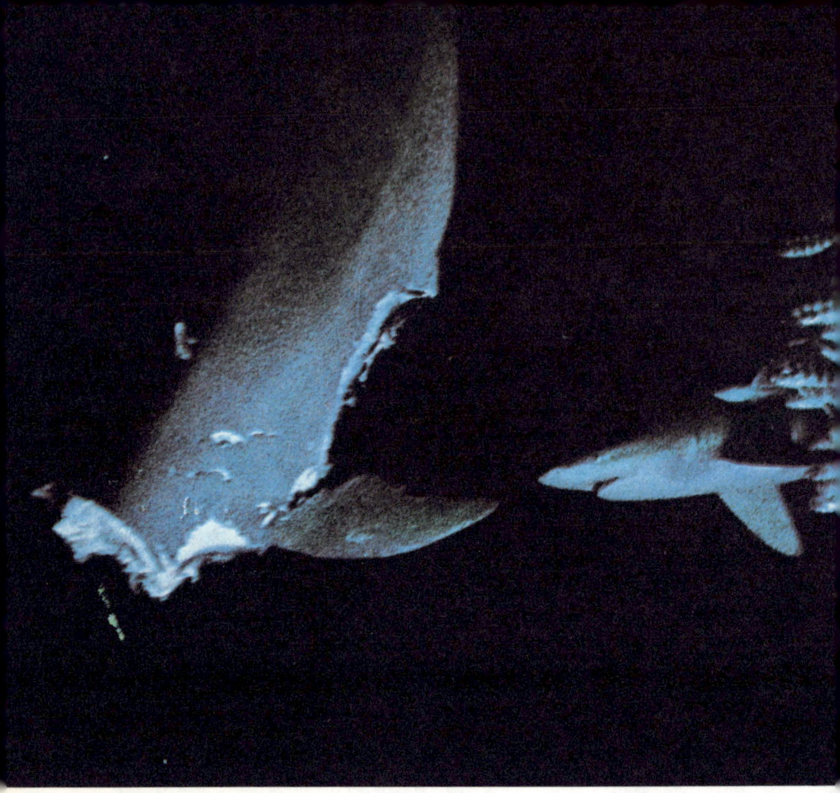

Der große Weißspitzen-Menschenhai (Carcharhinus longimanus) mit seiner Eskorte, einer Wolke von Pilotenfischen. Er interessiert sich für den Kadaver im Vordergrund. Dieser Hai gehört sicherlich zu den gefährlichsten Haiarten. Man findet ihn fast nur auf hoher See; dem Ufer nähert er sich nur sehr selten. Er ist außerordentlich hartnäckig, greift den Taucher trotz aller Abwehrversuche immer wieder an und läßt sich nicht, wie andere Haiarten, mit der Zeit entmutigen. Er ist ebenso häßlich wie kraftvoll.

Rechts oben: Dies ist derselbe Hai – er wird auch als Weißspitzen-Menschen-Hochseehai bezeichnet –, diesmal jedoch mit unserer Markierung am linken Teil der Rückenflosse. Er ist ziemlich plump und hat abgerundete Flossen und einen großen, runden Kopf. Seine Färbung wirkt hier grau, geht aber bei Tageslicht mehr ins Bräunliche. Dieser Hai hat sich satt gefressen und ist daher nicht mehr so angriffslustig.

Rechts: Sein Kopf mit offenem Maul. Die Zähne sind kaum zu erkennen, da sie ins Kieferfleisch eingebettet liegen. Sie richten sich nur auf, wenn der Hai im Begriff ist zuzubeißen. Sein Auge sieht kalt und grausam aus.

Delphine unverdaut speichern konnte, während er gleichzeitig andere Nahrung verweigerte.
In dem genannten Zoo wurde eine Reihe von Untersuchungen über die Futtermenge durchgeführt, die der Hai aufnimmt. V. M. Coppleson berichtet in seinem Buch »Angriff der Haie« von zwei Haien, von denen der eine vier und der andere etwas über drei Meter lang war und die jeweils mehr als drei Zentner wogen. Der erste Hai fraß im Jahr 85 Kilo Fisch, während der andere knapp 100 Kilo benötigte. Der Autor verzeichnete außerdem für die australischen Wintermonate Mai bis August einen deutlichen Rückgang in der Futtermenge der Haie. Der Bedarf dieser Tiere an Nahrung scheint daher weit unter der unersättlichen Gefräßigkeit zu liegen, die dem Hai zugeschrieben wird.
Mich erschüttert die außerordentlich kurze Dauer der Freßorgien beim Hai noch mehr als deren Gewalttätigkeit, so unglaublich dies auch klingen mag. Bei einem nächtlichen Tauchunternehmen konnten wir einmal beobachten, wie vier Haie einen verletzten Delphin anfielen und ihn innerhalb weniger Minuten zerrissen, obwohl wir sie mit Harpunen und Haistöcken abzuwehren versuchten. Es gab nichts, was diesen Ungeheuern hätte widerstehen können. Von einer tosenden Wolke von Pilotenfischen umgeben, schlugen sie ihre Zähne tief in das Fleisch des Delphins, rissen sich 15 bis 20 Pfund schwere Stücke heraus und bissen kurz darauf mit entsetzlichen Schüttelbewegungen erneut zu. Das vom Blut gerötete Licht unserer Scheinwerfer, der Silberglanz der Pilotenfische, das Knirschen furchtbarer Zähne im Fleisch der Beute und die rasenden Bewegungen dieser großen, weißgrauen Körper bildeten einen entsetzlichen Alptraum, der kein Ende zu nehmen schien. Und doch dauerte der ganze Vorgang nur fünf Minuten, dann war alles wieder still. Obwohl die Hälfte des Delphinkadavers noch übrig war, hatten sich die Raubtiere zurückgezogen und ihre verhaltenen Kreisbewegungen wiederaufgenommen. Einige von ihnen kehrten dem Schauplatz ihres wilden Mahls überhaupt den Rücken und verschwanden lautlos im Dunkel der See. Ein einziger Hai blieb zurück, knabberte wählerisch an seinem toten Opfer und nahm sich Bissen, die wenige Augenblicke zuvor gänzlich unbedeutend gewesen wären.
Der Hunger des Hais ist sehr schnell gestillt, und das Tier kann von einer Nahrungsaufnahme wie der eben beschriebenen wochenlang leben. Für die meisten Haie dürfte ein solches Mahl äußerst selten sein, doch die Haie, die den großen Wal- und Delphinschwärmen folgen, leben davon. Ein- oder zweimal im Monat fällt ein kranker oder toter Delphin an, und ansonsten gibt es nur die Überbleibsel

bei Geburten und andere Abfälle. Die Frage nach den Freßgewohnheiten der Haie, die in Riffs ansässig sind und keine derartigen Futterquellen haben, ist noch kaum zu beantworten. Ich habe erlebt, daß ein Fisch einen anderen anfiel und sein Opfer dann doch nicht tötete, so daß das verwundete Tier heftig blutend weiterschwamm. In jedem dieser Fälle tauchte unmittelbar darauf ein Hai auf und verschlang den angefallenen Fisch. Derartige Vorfälle ereignen sich relativ häufig, da die im Riff heimischen Fische ein beim ersten Angriff entkommenes Beutetier meist nicht weiter verfolgen. Diese Raubfische verhalten sich bei der Nahrungssuche wie der Mensch bei der Entenjagd; sie liegen im Schutz ihres Korallenverstecks auf der Lauer, bis ein vorwitziger Besucher in ihre Reichweite kommt. Wenn ihr erster Angriff fehlschlägt, verzichten sie jedoch darauf, den Schutz der Korallen aufzugeben und ihrer Beute ins tiefe Wasser zu folgen. Eben dieses Zögern macht den Hai oder andere Räuber zu lachenden Dritten. Es hat folglich allen Anschein, als bestehe die Lieblingsnahrung des Hais aus frischem Fisch; dies läßt vermuten, daß sich Haie auch gegenseitig anfallen.
Letzten Endes steht die Zahl dieser Tiere in keinem Verhältnis zu der Gelegenheit, die entkommene Beute eines anderen zu fangen. Abschließend kann man mit einiger Sicherheit sagen, daß die Hauptnahrung des Hais im Fleisch anderer Fische besteht, auch wenn dies allen möglichen Theorien widerspricht, die sich auf die im Magen von Haien gefundenen erstaunlichen Gegenstände – von Büchsen bis zu menschlichen Leichenteilen – gründen. Eine bestimmte Art von kleineren Haien zum Beispiel nährt sich offensichtlich von Muscheln und Krustentieren, die zwischen den abgeflachten Zähnen auf beiden Seiten des Kiefers aufgebrochen werden – eine Ernährungsweise, auf die die Tiere bestens eingerichtet sind. Die großen Haie sind jedoch überwiegend sehr aktive Raubtiere, die von den Abfällen der großen Schwärme von Meeres-

Zu den Bildern Seite 106 und 107:

Der Hai umschwimmt den Käfig, um sich sein Futter zu holen. Mit offenem Maul setzt er gerade zu einem raschen Angriff an.

Erst reibt er sich leicht an dem Köderbrocken, dann beißt er zu.

Man sieht, wie die Pilotenfische unter seinem Bauch hervorkommen und fressen, was für sie abfällt.

Dann reißt er ein etwa 20 Pfund schweres Stück heraus.

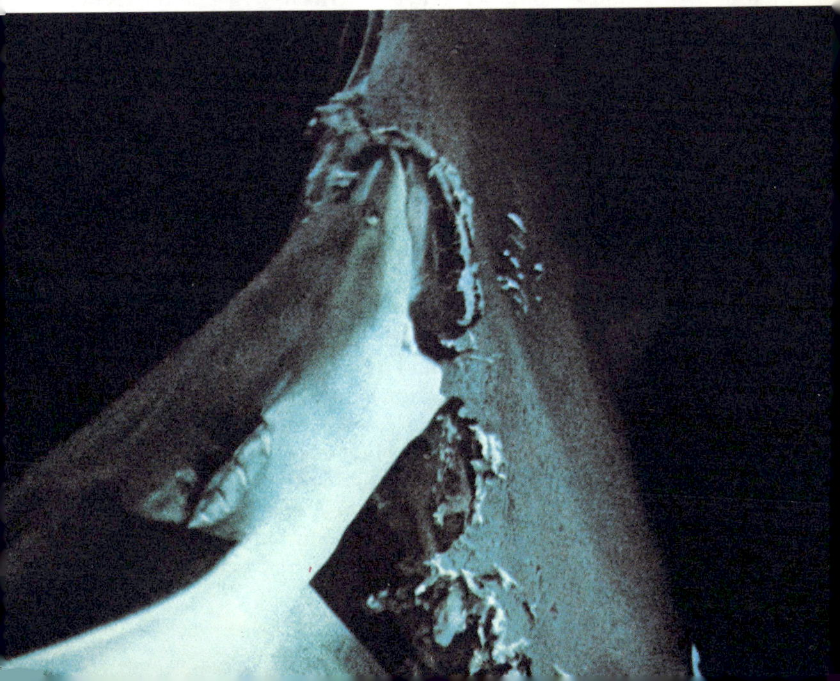

säugetieren oder von der Jagd auf Kleinfischschwärme leben. Das Fleisch von »Landtieren« (wie etwa vom Rind oder vom Menschen) zählt ganz sicher nicht zu ihren Lieblingsspeisen, dient ihnen jedoch im Notfall ebenfalls als Nahrung.
Im übrigen werden nur sehr wenige Haiarten, verglichen mit ihrer hohen Zahl, dem Menschen wirklich gefährlich. Es ist bekannt, daß Haie neben den schon erwähnten Dingen gelegentlich auch Robben, Wasserschildkröten und Seevögel verspeisen. Die größten Haiarten, der Walhai und der Pilgerhai, nähren sich ausschließlich von Plankton, kleinen Fischen oder Krustentieren wie Krebsen und Seesternen. (Es heißt, daß die beiden letzteren Arten nur sehr selten an die Wasseroberfläche kommen, was die Tatsache erklären würde, daß sie von Fischern und Seeleuten so selten gesichtet werden können.)
Eines der unangenehmsten Erlebnisse, die mir als Taucher widerfahren sind, ist das Auftauchen eines Haies zu einer Zeit, zu der ich keinerlei Waffe in den Händen hatte. Wenn ich mein Schiffstagebuch durchblättere, stoße ich immer wieder auf Notizen, die ich von derartigen Begegnungen gemacht habe: »Mittwoch, 7. Dezember 1966. Heute morgen tauchte ich an einem kleinen Riff genau im Norden der Insel Malathu in der Gruppe der Farasanen. Die Korallen sind klein und verkümmert und erinnern ein wenig an die Heide- oder Moorlandschaften in Südfrankreich. Anfangs sah ich nur kleine, furchtsame Haie in großer Zahl um mich her, doch plötzlich tauchten drei große Weißspitzen-Küstenhaie von zwei bis drei Meter Länge aus der Tiefe und bewegten sich rasch und zielstrebig auf mich zu. Sie waren mir zu groß, um mich mit ihnen anzulegen, noch dazu beim Tauchen mit leeren Händen und ohne Schutzvorrichtungen. Ich gab dem Doktor, der mich begleitete, hastig das Zeichen, zur *Zodiac* zurückzukehren, und folgte ihm so schnell ich konnte. Es gelang mir, gerade noch an Bord zu kommen, bevor die Haie zum Angriff übergingen.«
Vorfälle wie dieser führten zur Entwicklung unserer Hauptabwehrwaffe gegen den Hai – der »Haigabel«. Um uns den Hai vom Leibe zu halten, ohne ihn zu verletzen und damit zu reizen, haben wir jetzt immer einen Holz- oder Aluminiumstab bei uns, der etwa einen Meter lang und an einem Ende mit einem Kranz kleiner Nägel versehen ist. Diese Spitze greift auf der Haut des Haies und verhindert, daß das Tier einfach daran vorbeischlüpft. Am Handgriff der »Gabel« ist, ähnlich wie bei einem Skistock, eine Schlaufe befestigt, so daß uns die Wucht des Aufpralls den Stab nicht aus der Hand reißen kann. Dieser »Haistock« behindert uns beim Tauchen in

Diese Aufnahme zeigt die Größe eines Bisses von einem durchschnittlichen, etwa drei Meter langen Hai. Die Stelle ist infolge der sägenden Seitwärtsbewegung des Kopfes und der Form der scharfen, gezackten Zähne rund und scharfrandig.

Zu den Bildern Seite 110 und 111:

Von seinen auf ihren Anteil lauernden Pilotenfischen umgeben, schlägt der Weißspitzen-Menschenhai seine Zähne in den schon zerfressenen Körper des toten Tümmlers.

Mit einem gewaltigen, ruckartigen Kopfschütteln sägt sich der Hai einen mundgerechten Happen aus dem Kadaver.

Man sieht im Maul des Hais die hier aufgerichteten Zähne, die an der Beute zerren.

Der Taucher nähert sich dem Hai, um ihn zu markieren. Dies kann natürlich äußerst gefährlich sein, da sich der Hai im Zustand höchster Gier und Erregung befindet. Der Taucher trägt seinen schwarzen Gummihelm mit dem Scheinwerfer. Diese ganze Bilderfolge wurde bei Nacht in 10 Meter Tiefe im Roten Meer aufgenommen.

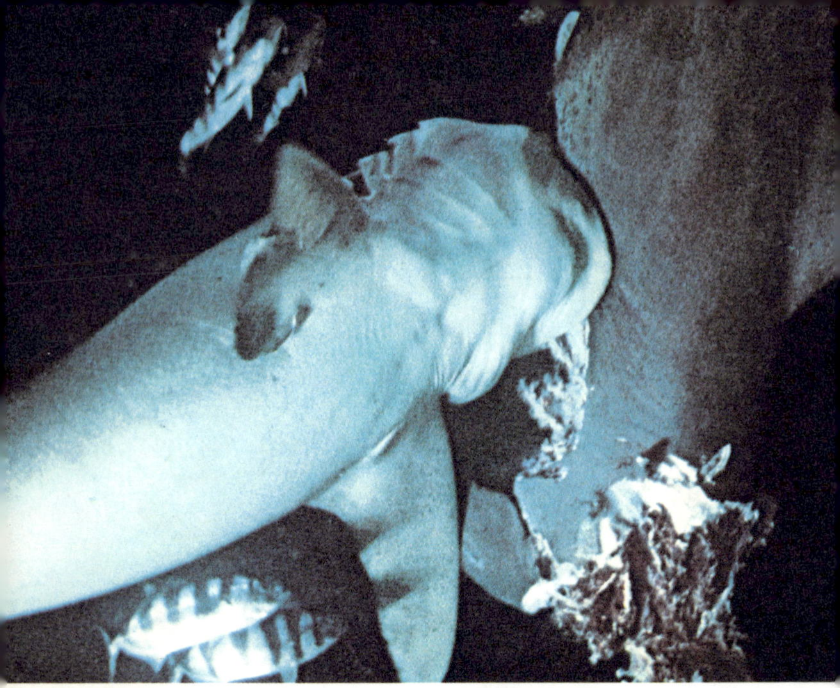

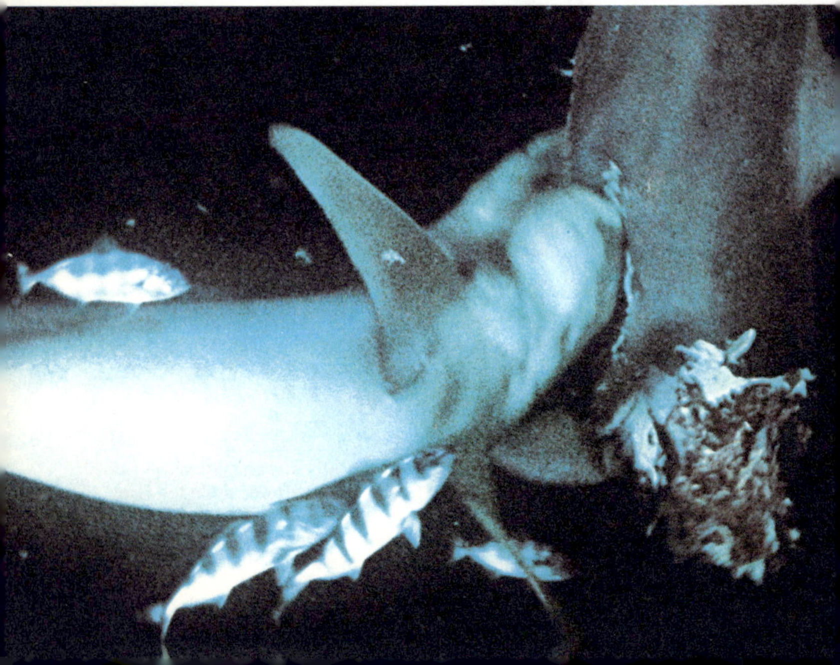

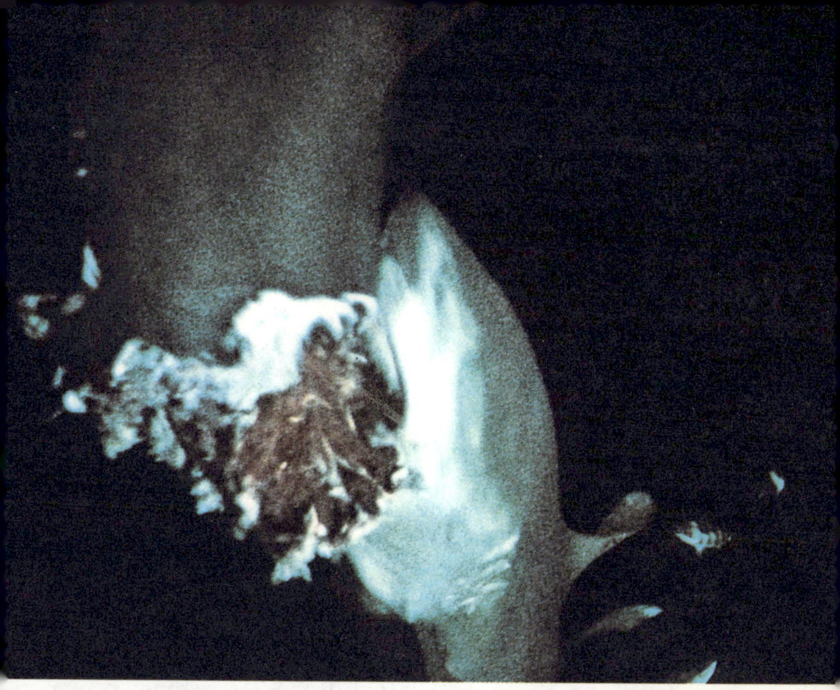
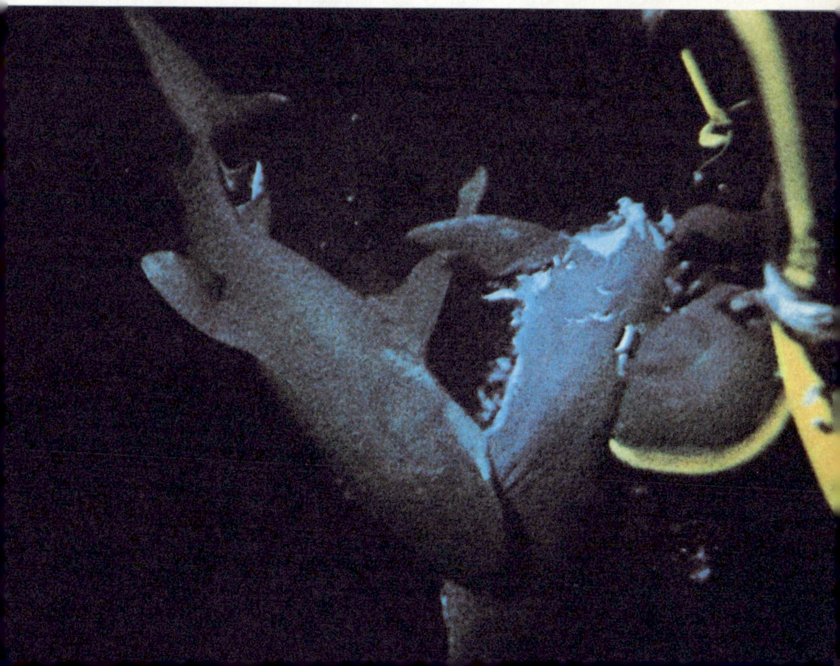

keiner Weise und ist ein äußerst wirksames Abwehrgerät, obwohl es nicht besonders überwältigend aussieht. Das Instrument allein ist natürlich kein ausreichender Schutz, da der auf diese Weise abgewehrte Hai fast ausnahmslos fortfahren wird, geduldig um sein Opfer zu kreisen und auf eine andere Gelegenheit zum Angriff zu warten. Diese Tiere lassen sich nur im Ausnahmefall so leicht entmutigen, daß sie einfach davonschwimmen.

Aus diesem Grund und wegen der Tatsache, daß der gefährlichste Augenblick in der Auseinandersetzung mit Haien der Moment ist, in dem der Taucher auftaucht und, vorübergehend der Sicht beraubt, aus dem Wasser zu steigen beginnt, tauchen wir fast niemals ohne den zusätzlichen Schutz eines Stahlkäfigs. Meist dient dieser Behälter als Fahrstuhl, um an die Oberfläche zurückzukommen, doch im Fall einer wirklich gefährlichen Situation bietet er uns vor jedem Angriff Schutz. Wir probierten anfangs alle möglichen Käfiggrößen und -formen aus, bevor wir uns schließlich auf zwei Typen festlegten. Das eine, fast quadratische Modell bietet bei zwei Meter Höhe und 1,90 Meter Breite vier Tauchern Platz. Seine Tür öffnet sich entweder nach oben oder nach unten oder in beide Richtungen zugleich, je nach der Art unserer Arbeit. Der andere Käfig ist fast rund und hat unten eine Falltür. Er ist für einen einzelnen Taucher gedacht und kann, durch ein Seil mit dem Schiff verbunden, am Meeresboden eingesetzt oder durch den Taucher dadurch fortbewegt werden, daß dieser mit seinen durch die Tür ragenden Beinen Schwimmbewegungen ausführt. Wir sahen uns bei vielen Gelegenheiten dazu gezwungen, uns Hals über Kopf in den Käfig zu retten, um gefährliche Unfälle zu vermeiden. Diese Schutzgerüste waren gleichzeitig das einzige Mittel, durch das wir, ohne uns selbst zu gefährden, die Futterorgien der Haie beobachten und filmen konnten. La Balue, den schon erwähnten Plexiglaskäfig, hatten wir speziell für Filmaufnahmen gebaut, aber obwohl der Behälter für diese Zwecke geradezu ideal ist, bietet er der Wasserströmung zuviel Widerstand und ist für die anderen Arbeiten im Wasser nicht stabil genug.

Während des Zweiten Weltkriegs zeigten alle Generalstäbe der Welt ein wachsendes Interesse an der Erforschung der Haie. Hunderte von Matrosen versenkter Schiffe sowie über dem Meer abgeschossene Flugzeugpiloten fanden durch Haie ein entsetzliches Ende. Dieses Problem bereitete den verschiedenen Militärexperten begreiflicherweise großes Kopfzerbrechen. Die folgende Begebenheit sei als Beispiel hier angeführt.

Um 9 Uhr 15 am Morgen des 28. November 1942 wurde das bri-

Es tut gut, nach einem langen Taucheinsatz die Tropensonne im Gesicht zu fühlen und sich aufwärmen zu lassen – und zu wissen, daß man ein paar gute Aufnahmen im Kasten hat.

tische Transportschiff *Nova Scotia* von einem deutschen Unterseeboot torpediert. Das Schiff sank 30 Meilen vor dem Kap St. Lucia, einer Landzunge an der Küste von Natal in Südafrika. Die *Nova Scotia* hatte neben ihrer Mannschaft 765 italienische Kriegsgefangene und 134 südafrikanische Soldaten an Bord, die nach einem Einsatz im Nahen Osten auf dem Rückweg nach Durban waren. Die meisten Rettungsboote wurden durch die Explosion zerstört, und Hunderte von Überlebenden hatten nichts weiter als ihre Schwimmwesten oder Flöße aus Holz oder Gummi. Einer der Überlebenden berichtete später: »Plötzlich wurde das Schiff von zwei furchtbaren Explosionen erschüttert, und wir wußten, daß wir von Torpedos getroffen worden waren. Ich versuchte, nach meiner Schwimmweste zu greifen, doch das Schiff hatte bereits so starke Schlagseite, daß ich auf dem mit Öl und Benzin verschmierten Deck ausrutschte und, nur mit einer Badehose bekleidet, ins Meer stürzte. Das Wasser war mit Naphtha bedeckt, aber ich schwamm, bis ich einen treibenden Balken fand, an dem ich mich festhielt. Um mich schwammen Hunderte von Menschen und klammerten sich an Flöße und Wrackteile. Einer meiner Regimentskameraden kam heran und hielt sich am anderen Ende des Balkens fest. Er trug eine Schwimmweste. Wir trieben die ganze Nacht dahin. Am nächsten Morgen hatte die Strömung das Öl abgetrieben; wir waren noch immer von anderen Überlebenden umgeben. Einige Zeit später eröffnete mir mein Kamerad, er hielte es für besser, zu sterben, als sich ohne jede Hoffnung auf Rettung weiter an ein Holzstück anzuklammern. Er sagte, er würde jetzt den Balken loslassen, und hörte nicht auf meine Versuche, ihn umzustimmen. Als ich schließlich die Sinnlosigkeit meiner Bemühungen einsah, bat ich ihn, mir seine Schwimmweste zu lassen. Er war gerade dabei, die Schnüre zu lösen, als er plötzlich einen gräßlichen Schrei ausstieß und sein ganzer Oberkörper aus dem Wasser gehoben wurde. Als er zurückfiel, war das Meer rot von Blut, und ich bemerkte, daß sein Unterschenkel abgebissen war. Im gleichen Augenblick sah ich einen grauen Hai rasend schnell um ihn kreisen und verließ die Stelle, so schnell ich konnte. Dann begannen sich einige Haie um mich zusammenzuziehen. Sie waren etwa zwei Meter lang, und ab und zu schwamm einer direkt auf mich los. Ich schlug mit aller Kraft die Hände im Wasser zusammen, was sie zu vertreiben schien. Schließlich erreichte ich eines der Flöße und kletterte hinein.« Sechzig Stunden nach dem Angriff des Unterseebootes wurden die Überlebenden von einem portugiesischen Schiff aufgenommen. Insgesamt wurden 192 Menschen gerettet; von den anderen waren viele von Haien getötet worden.

Die Wirkung solcher Berichte auf die Moral der Flieger und Marinesoldaten war verständlicherweise katastrophal. Aus diesem Grunde wurden in allen Teilen der Welt zahlreiche militärische Forschungszentren eingerichtet, um wirksame Schutzvorkehrungen gegen Haie zu entwickeln. Als Ergebnis präsentierte das Forschungslaboratorium der US-Marine eine kleine, rechteckige Tablette, die eine Mischung von 20 Prozent Kupferazetat und 80 Prozent einer starken, dunkelvioletten Farbsubstanz darstellte. Dieses Präparat befand sich in einer wasserlöslichen Wachskapsel. Die Tabletten wur-

den an alle Streitkräfte verteilt, die auf See oder unter Wasser eingesetzt waren, und bedeuteten für diese Männer eine große psychologische Hilfe.
Wir testeten diese »Anti-Hai-Tabletten« während einer Tauchserie in etwa 35 Meter Tiefe vor dem Shab-Arab-Riff im Golf von Tadschura, wo das Rote Meer und der Golf von Aden zusammentreffen. Wir brachten zwei miteinander verbundene Käfige ins Wasser, so daß der Kameramann in dem einen die Bewegungen und Versuche der beiden Taucher in dem anderen Käfig verfolgen konnte. Am ersten Tag gab es wenig Haie; das Wasser war etwas trübe und bewegte sich in einer Strömung von etwa einem viertel Knoten in der Stunde. Serge Foulon öffnete einen Behälter mit frischem Fisch und ließ ein paar Stücke mit der Strömung treiben. Fast augenblicklich erschienen die Schatten einiger Haie in der verschwommenen Tiefe. Es waren Carcharhinus obscurus mit schwarzen Flossenspitzen von durchschnittlich einem bis eineinhalb Meter Länge. Sobald sie nah genug herangekommen waren, warf José Ruiz eine der »Anti-Hai-Tabletten« ins Wasser. Nach dem Auflösen der Wachsschicht trieb ein schmales Farbband in der Strömung und ließ eine dicke, schwärzliche Wolke hinter sich, die sich beim langsamen Absinken im bewegten Wasser immer weiter ausdehnte. Wenige Minuten später sah ich sechs lange, geschmeidige Haie den Weg, den Farbe und Kupferazetat in der Strömung genommen hatten, wie Hunde auf einer heißen Geruchsspur verfolgen. Es waren große Sandhaie, die wie Schlangen durchs Wasser schnellten. Einer davon war fast fünf Meter lang, der größte Hai, den ich je gesehen hatte, und obwohl ich diese Tiere als völlig harmlos kannte, fuhr ich bei ihrem Anblick unwillkürlich zusammen. Serge dagegen blieb ganz gelassen und hielt unseren neuen Gästen einen Barrakudaschwanz entgegen. Der größte dieser Sandhaie prüfte auf beiden Seiten die Witterung und knabberte dann behutsam an dem Fischstück, das Serge noch immer in der Hand hielt. Keins der Tiere schien sich auch nur im geringsten an dem »Anti-Hai-Mittel« zu stören, das uns noch immer als dicker, blauschwarzer Nebel umgab. Wir fanden dieses erste Experiment recht unbefriedigend und gedachten es unter anderen Bedingungen zu wiederholen.
Bevor ich wieder ins Wasser stieg, beobachtete ich Canoë Kientzy bei der Vorbereitung eines Köders, den er »Sandwich« nannte. Dieser bestand aus aufgeschnittenem Frischfisch, der mit »Anti-Hai-Tabletten« ohne Wachsschicht gefüllt war. Canoë verschnürte das Ganze sorgfältig und befestigte es am Ende einer langen Schnur.

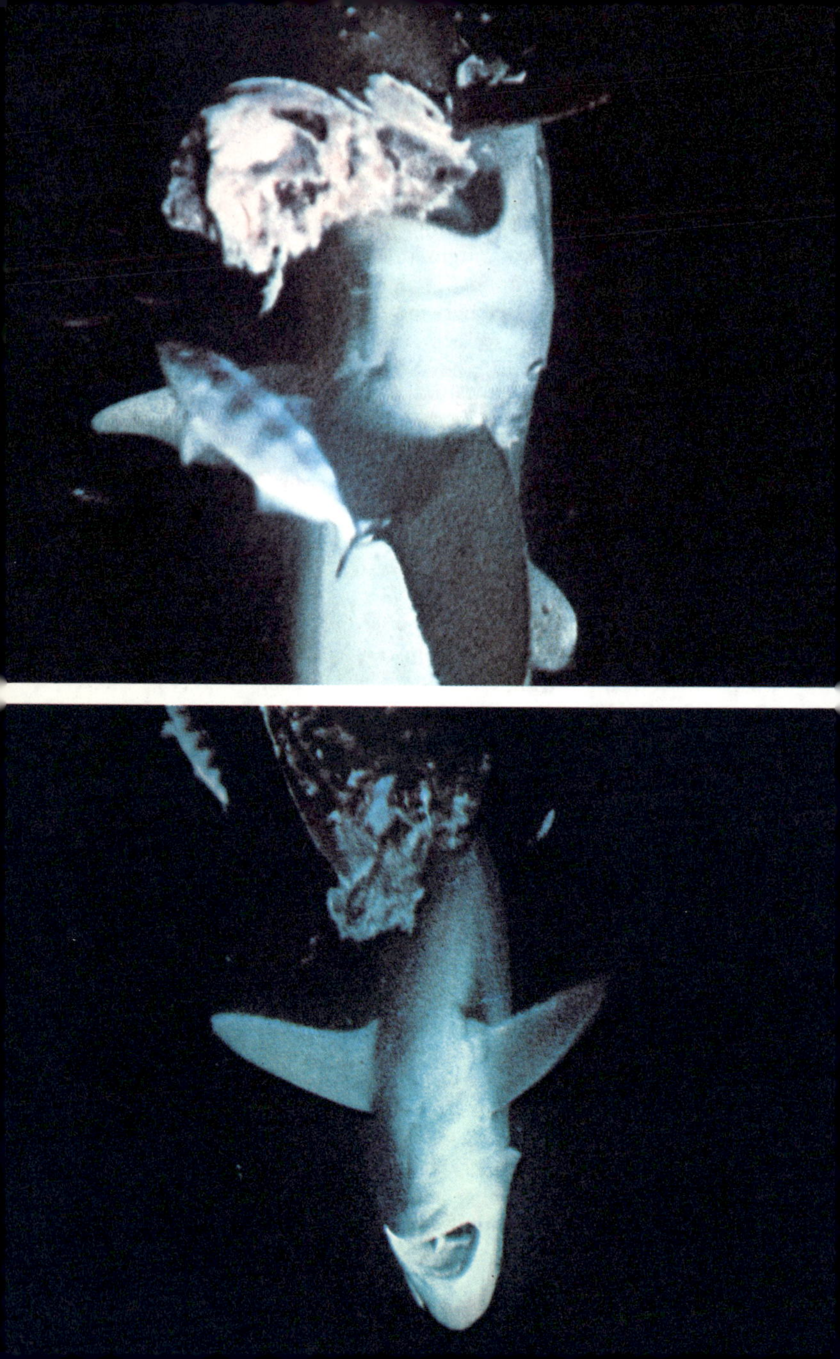

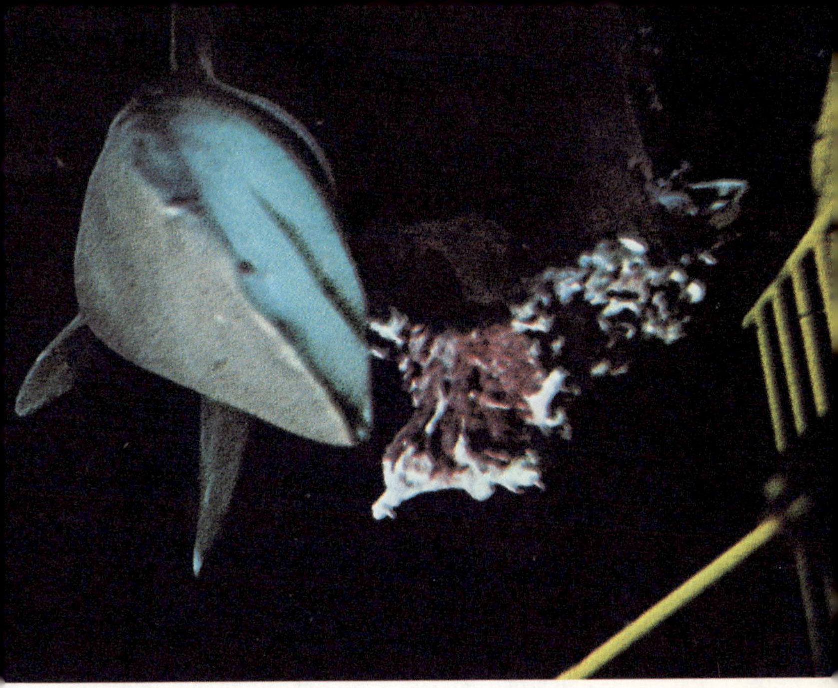

Ein weiterer Hai erscheint auf der Bildfläche und schwimmt genau auf den Fotografen zu. Im Vordergrund die Hand des Tauchers Serge Foulon mit dem kurzen Markierungsspeer.

Ich stieg äußerst vorsichtig die Taucherleiter hinab, da wir einige zwei Meter lange Weißspitzen-Küstenhaie gesichtet hatten, die in offensichtlicher Erregung um das Schiff kreisten. Sobald ich im Wasser war, wandten sie sich mir zu. Ich habe bereits erwähnt, welch unheimlichen Anblick ein Hai von vorne bietet; von seiner Schönheit und seiner eigenartigen Eleganz ist nichts mehr zu sehen, nur noch eine spitze Nase zwischen weit auseinanderstehenden Augen, das halb lächerliche, halb beunruhigende Schaukeln seines Körpers, die ungleichmäßigen Brustflossen und das häßliche Maul, das sich als schwarzer Schlitz gegen die hellgraue Bauchseite abhebt.

Links oben: Der Hai hat jetzt das Maul voll Fleisch, das er zwischen den Zähnen zerreißt.

Links unten: Er taucht nach unten, während er das Fleisch hinunterschlingt.

Ich wendete und schwamm im Schutz der Schiffsschraube eilig in den bereitgestellten Käfig, dessen Tür ich halb hinter mir zuzog. Canoë warf auf ein Zeichen hin das »Sandwich« ins Wasser, das in etwa drei Meter Entfernung von mir zu liegen kam. Sobald der Köder das Wasser berührte, löste sich der darin enthaltene Farbstoff in einer Wolke aus blauschwarzer Tinte, die das »Sandwich« in Sekundenschnelle einhüllte und meinen Blicken entzog. Der kleinere der beiden Haie beschleunigte sein Tempo ein wenig, drehte vor der Farbwolke unwillig ab, wendete dann nochmals und schwamm mitten in den schwarzen Nebel hinein. Als er am anderen Ende wieder auftauchte, hatte er das »Sandwich« im Maul, schien jedoch Schwierigkeiten mit dem Schlucken der Beute zu haben, da Canoë die Fangleine noch immer festhielt. Aus den Kiemen des Hais quollen große, dunkellila Wolken, als er mit krampfhaften Kopfbewegungen versuchte, den Köder loszuwerden. Schließlich hatte er die Leine durchgebissen und schwamm davon, während sich hinter ihm zwei getrennte Farbwolken bildeten. Ich brach in fast hysterisches Gelächter aus, und meine Kamera vollführte entsprechende Bewegungen. Es war mir klar, daß wir nun noch mal von vorne anfangen mußten, aber es war einfach ein umwerfend komischer Anblick, wie ganze Wolken eines Präparats, das Haie abschrecken und ihnen den Appetit verderben sollte, aus den Kiemen des Tieres stiegen wie Rauch aus einem schlecht eingestellten Motor.
Wir versuchten es noch einmal. Das zweite »Sandwich« brachte genau das gleiche Ergebnis. Ich bin trotz dieses mißglückten Versuchs ganz sicher, daß Kupferazetat der Verdauung des Hais nicht sonderlich zuträglich ist und daß all die armen Flieger und Seeleute, die durch Haie den Tod fanden, diesen Tieren ziemlich schwer im Magen gelegen haben mußten.
Viele Forschungslaboratorien und auch wir auf der *Calypso* stellten mit allen möglichen chemischen Stoffen Versuche an, ohne jemals einen nennenswerten Erfolg zu haben. Die einzelnen Präparate mögen bei einzelnen Haiarten zu bestimmten Zeiten ihren Zweck erfüllen, aber es ist nicht möglich, aus diesen Experimenten verbindliche Schlüsse zu ziehen. Was jenes amerikanische »Anti-Hai-Mittel« betrifft, so haben wir es auf all unseren Fahrten unter allen denkbaren Bedingungen ausprobiert, ohne daß es jemals etwas genützt hätte. Die einzigen Chemikalien, die auf den Hai eine sichere Wirkung haben, sind so giftig, daß sie auch alle anderen Organismen, also den Menschen genauso, gefährden.
Bisher gibt es für den Schutz badender Menschen am Strand zwei

Abwehrmethoden gegen den Hai. Die eine wurde von den australischen Behörden getestet und besteht aus einem elektrischen Feld, das durch zwei geladene Drähte zwischen Bojen an der Oberfläche und Gewichten am Meeresboden entsteht. Diese Vorrichtung scheint relativ wirkungsvoll zu sein; man hat dabei eine Reihe von betäubten oder fliehenden Haien beobachtet. Die australische Regierung war damit jedoch keineswegs zufrieden, da dieses System unsinnig teuer ist und trotzdem keine absolute Sicherheit bietet.

Ein anderes Hindernis für den Hai, das aus winzigen Luftblasen besteht, hatte ebenfalls Erfolg auf Zeit; ein paar Jahre schien es, als hätte der Mensch endlich das Problem der Haiabwehr gelöst. Versuche von Dr. Perry Gilbert Have zeigten jedoch den großen Unsicherheitsfaktor in dieser Methode, während auch in Südafrika ganz ähnliche Experimente durchgeführt wurden. Man unterteilte einen Wasserbehälter von sieben Meter Länge, zweieinhalb Meter Breite und ein Meter achtzig Höhe durch ein Rohr am Boden, in das winzige Löcher gebohrt waren. Eine Kompressoranlage pumpte Luft in das Rohr, so daß die aufsteigenden Blasen einen dichten Vorhang aus Luftperlen bildeten, der das Aquarium in zwei abgeschlossene Räume unterteilte. Mit der Vorrichtung führte man zwei Versuchsreihen durch, wobei ein zwei Meter langer Tigerhai und ein Düsterer Hai (Carcharhinus obscurus) von 180 Zentimeter Länge verwendet wurden. In beiden Testserien erhob sich die Trennwand aus Luftblasen jeweils dann, wenn beide Haie sich gerade auf einer Seite des Behälters befanden. Während der Düstere Hai an dieser Stelle blieb, begann der andere Hai zu schwimmen und schoß mehrmals durch die Sperre. Als ein verletzter, aber noch lebender Fisch auf der von den Haien getrennten Seite des Aquariums ausgesetzt wurde, durchschwammen beide Tiere innerhalb weniger Sekunden den Luftblasenvorhang und stürzten sich auf den Beutefisch.

Einige Taucher behaupten, ein heftiger Stoß von Atemluft in Richtung auf einen herannahenden Hai würde das Tier in die Flucht jagen. Diese Methode hat bei den meisten ungefährlichen Haien durchaus Erfolg, aber da diese Arten dem Taucher ohnehin aus dem Weg gehen, ist diese Abwehrform generell zumindest fragwürdig. Ich selbst habe diese Methode bei Begegnungen mit den gefährlichen Arten wie Tigerhai, Blauhai usw. ohne jeden Erfolg angewendet. Während zahlreicher Tauchexpeditionen stellte ich darüber hinaus immer wieder fest, daß die Haie gänzlich unbeeindruckt durch die großen Wolken von Luftblasen schwammen, die aus den Atemgeräten meiner Kameraden aufstiegen.

Es gibt eine Vielzahl von Selbstschutzverfahren für den Taucher, die irgendwann einmal ausprobiert wurden, von Dynamitpatronen bis zu Ultraschallgeräten, Extrakten von verwesendem Fleisch und Elektroschockvorrichtungen. Bei Versuchen mit all diesen Erfindungen stellten wir immer wieder fest, daß die meisten Verfahren unwirksam sind, einige äußerst fragwürdig und andere allzu umständlich in der Anwendung durch den Taucher.
Eine Erfindung, der Johnsonsche »Hai-Schirm«, den wir wegen seines merkwürdigen Aufbaus »Johnsons Cockpit« nannten, verdient jedoch Beachtung. Wir haben an dem Riff vor der Insel Dahl Ghab im westlichen Roten Meer zahlreiche Versuche damit angestellt.
Auf den ersten Blick schien mir dieses Ding ausgesprochen lächerlich. Es ist eine Art Boje aus drei übereinanderliegenden aufblasbaren Ringen, an denen ein etwa zwei Meter tiefer Beutel aus wasserfestem Kunststoff befestigt ist. Wenn das Oberteil aufgeblasen ist, macht es sich der Schiffbrüchige (oder, in unserem Fall, die Versuchsperson) in dem so gebildeten »Cockpit« gemütlich und läßt so lange Wasser einfließen, bis der Plastikbeutel seine volle Größe erreicht hat. Man treibt auf diese Weise in einem wasserdichten zylindrischen Behälter und ist von seiner Wasserumgebung isoliert. Diese Erfindung ist weitaus sinnvoller, als sie auf den ersten Blick zu sein scheint. Wenn das Ganze nämlich luftleer gemacht und entsprechend gefaltet wird, ist es äußerst raumsparend und behindert den Schwimmer in keiner Weise. Weitaus wichtiger jedoch ist die Tatsache, daß die Haie durch den Kunststoff hindurch keinerlei Geruch vom Menschen wahrnehmen und auch dessen Arme und Beine nicht im Wasser zappeln sehen können.
Mehrere Haie schwammen um die reglos verankerte *Calypso,* als ich zum erstenmal vorsichtig in die orangefarbene Kreisöffnung der Boje stieg. Ich ließ den dunkelgrünen Kunststoffbeutel sofort mit Wasser vollaufen und klammerte mich mit einer Hand an den Haken unseres hydraulischen Krans. Auf diese Weise konnte ich im Falle eines Angriffs schnell aus dem Wasser gezogen werden. Es war neu und alles andere als angenehm für mich, in dieser Lage mit dem Kopf dicht über der unruhigen Wasseroberfläche zu sitzen und die Bewegungen der Haie nicht verfolgen zu können. Das Lachen über Haie, die nach kupferazetatgefüllten Fischködern schnappen, war mir gründlich vergangen.
Der Hai ganz in meiner Nähe war für mich nur als undeutlicher Schatten zu erkennen, dessen Bild bald scharf, bald unscharf wurde. Er wendete dicht bei mir und interessierte sich offensichtlich leb-

Er kommt genau auf die Kamera zu. Die kleinen, weißen Punkte, die man auf dem Bild sieht, sind kleine Brocken Fisch, die dem Hai als Happen nicht ausreichen. Trotzdem wirkt der Geruch, den sie im Wasser verbreiten, auf den Hai ungeheuer erregend. Es handelt sich um einen Carcharhinus albimarginatus, einen Weißspitzen-Küstenhai, der im Roten Meer häufig vorkommt.

haft für den Hai-Schirm und dessen Inhalt. Ich versuchte, Kopf und Schultern über den Wasserspiegel zu heben und so den Hai besser zu sehen. Plötzlich spürte ich das Schaben seines Körpers an der Plastikhülle und kurz darauf einen Schlag mit der Schwanzflosse. Dann schwamm er wieder so dicht an mir vorbei, daß ich ihn mit der Hand hätte berühren können. Meine linke Hand hielt den Haken des Krans so fest umkrampft, daß sich meine Knöchel vor Anstrengung weiß färbten.

Canoë beobachtete das Experiment von einem unserer kleinen Boote aus nächster Nähe und trug ein großkalibriges Gewehr, doch dies war auch nicht sonderlich beruhigend. Die hauchdünne Kunststoffhülle, aus der das Cockpit bestand, schlug im Takt der Wellen hin und her, und ich mußte mich sehr darauf konzentrieren, die natürliche Bewegung des Ganzen nicht durch meine unbeabsichtigten Fußstöße aus dem Gleichgewicht zu bringen.

Als Höhepunkt des Experiments versuchte ich, den Hai auf mich aufmerksam zu machen. Während ich mit der flachen Hand auf das Wasser schlug, warf einer meiner Kameraden frischen Fischköder vom Schiff aus ins Meer. Nun schoß der große Hai mit schnellen, zielstrebigen Bewegungen auf mich zu, und ich gab eiligst ein Zeichen, um mich hochziehen zu lassen. An das Kranseil geklammert, blickte ich nach unten und sah den Hai knapp zwei Meter unter meinen baumelnden Beinen, aber in einigem Abstand zu dem leeren Hai-Schirm vorbeischießen. Es war ein falscher Alarm – das Tier hatte es auf den Köder abgesehen, nicht auf mich.

In einem späteren Versuch ließen wir eine ganze Flotte von Johnsons »Cockpits« zu Wasser, die mit Dr. Millet, Jacques Renoir, Serge Foulon, Claude Templier und Marcel Soudre bemannt war, während René Aaron mit dem Gewehr in der *Zodiac* saß, um die Kameraden zu sichern. Canoë und ich wollten das Verhalten der Haie unter Wasser filmen. Bald sahen wir zwei große Blauhaie von über zwei Meter Länge, deren kleine Brustflossen an der Unterseite schwarz umrandet waren. Die Tiere schwammen mit langsamen, geschmeidigen, schlängelnden Bewegungen, und ihre eingefallenen Bäuche verrieten, daß sie lange nichts gefressen hatten. Weit unten und in der Ferne kaum sichtbar nahten zwei weitere Haie. Ich hob den Kopf aus dem Wasser und hörte mir eine Weile die leicht zynischen Geistreicheleien an, die unsere Versuchskaninchen miteinander tauschten, dann tauchte ich wieder nach unten.

Kaum war ich unter dem Wasserspiegel, als ich mich wieder in einer unbeschreiblichen Umwelt befand. In einem Reich des Unwirklichen, in dem das silberne Licht der Sonne in das tiefblaue Wasser schneidet, schienen die beiden Haie über mir um lauter grüne Säcke zu tanzen. Die Tiere strichen träge um diese leblosen, geruchlosen Gegenstände, wendeten plötzlich beide und schossen auf Canoë zu, der sie mit heftigen Stößen seines Haistocks von sich abhielt. Sie wandten meinem »Leibwächter« den Rücken und fielen in der Hoffnung, daß ich eine leichtere Beute abgeben könnte, wieder in ihr träges Kreisen zurück. Als ich in die *Zodiac* zurückkletterte, ließ ich das Gesehene noch einmal vor mir abrollen und kam zu dem Schluß, daß Herrn Johnsons Hai-Schirme eine Zukunft haben.

Ich glaube kaum, daß diese »Cockpits« auch dann Schutz bieten,

Wieder eine andere Haiart, der Düstere Hai auf hoher See. Unter solchen Haien hatten wir den Johnsonschen Hai-Schirm ausprobiert.

wenn sich die Haie im Zustand gieriger Raserei befinden, doch die Wahrscheinlichkeit, daß ein Schiffbrüchiger oder mit dem Flugzeug abgestürzter Mensch auf derartig erregte Haie trifft, ist relativ gering. Ich persönlich glaube, daß Johnsons Bojen die Überlebenschancen eines einsam im offenen Meer treibenden Menschen beträchtlich erhöhen können. Eins muß dazu jedoch gesagt werden: die Kunststoffhülle ist äußerst empfindlich und reißt sehr leicht ein. Man sollte daher mit Gürtelschnallen, Schuhen oder Armbanduhren sehr vorsichtig sein.

In Anbetracht der Wirkungslosigkeit herkömmlicher Schutzvorkehrungen haben wir beim Tauchen eine Methode entwickelt, die uns in kritischen Situationen schon oft gerettet hat. Anstatt unter Wasser laut zu schreien, dichte Wolken von Atemluftblasen auszustoßen oder auf gefährlich aussehende Haie loszugehen – Methoden, die völlig sinnlos sind –, begeben wir uns in eine Abwehrhaltung, die wir Rücken-an-Rücken-Verteidigung nennen. Da wir es uns

Unser bevorzugtes Transportmittel. Wir können mit der *Zodiac* überall hinfahren, ins Wasser springen, wieder an Bord zurückklettern. Dieses kleine Boot faßt bis zu neun Personen.

schon lange zum Prinzip gemacht haben, niemals allein zu tauchen, sind wir immer mindestens zu zweit unter Wasser. Im Gefahrenfall fern von einem Schutzkäfig rücken die beiden Taucher Rücken an Rücken aneinander, wobei sich jeder mit einer Hand am Anzug des anderen festhält. Aus dieser Stellung heraus kann jeder der beiden einen Bereich verteidigen, der sein Blickfeld nicht überschreitet. Wir tauchen natürlich niemals ohne irgendeine Waffe; in Gewässern, in denen wir mit Haien rechnen müssen, haben wir immer einen Haistock oder eine Kamera bei uns.
Zu dieser kurzen Darstellung der verschiedenen Abwehrmethoden und Schutzvorkehrungen gegen den Hai sei noch gesagt, daß mit

Ausnahme des umständlichen Stahlkäfigs keines dieser Geräte und Verfahren absolute Sicherheit bietet. Je mehr wir über den Hai wissen, desto mehr wird uns unser Unvermögen bewußt, dieses Tier wirklich zu verstehen. Seine Reaktionen sind völlig unberechenbar und statistisch nicht zu erfassen. Ich habe die Erfahrung gemacht, daß Hunderte von Haien auf ein und dieselbe Art und Weise angreifen und zuschnappen, daß mich manche Tiere gelegentlich jedoch völlig überrumpeln konnten, da sie ganz anders reagierten als erwartet. Es versteht sich von selbst, daß zu jeder Zeit gegenüber Haien die größte Vorsicht geboten ist. Es sollte jedoch eine nicht auf Verachtung, sondern auf Respekt vor diesen Tieren gegründete Vorsicht sein.

In einiger Entfernung von der *Calypso* befinden sich diese beiden Barkassen. Eine davon ist fest verankert, und die andere wird an ihr festgemacht. Wir wollen die Käfige über einer kleinen Bucht ins Wasser lassen, wo wir am Morgen Haie gesichtet hatten. Diese Bucht auf dem Meeresgrund liegt zwischen zwei Korallenfelsen und ist mit feinstem, weißem Sand bedeckt. Wir wollen hier nochmals Haie markieren.

8 Die Insel Derraka

Dr. François ist noch einmal davongekommen – Einzelkäfige – Der Kampf mit einem Rudel kleiner Haie

Bericht von Philippe Cousteau

Wir hatten eine fürchterliche Woche hinter uns. Jeden Nachmittag tobte der Haboob, ein peitschender Sandsturm, um unser Schiff und machte jede Arbeit unmöglich. Der westliche Himmel wurde gegen 14 Uhr gewöhnlich rotgolden, während die See in einer gänzlich unbewegten Oberfläche erstarrte. Die vorher schon drückende Hitze wurde dann unerträglich, und für unsere von schmerzhaften Hitzeblasen gepeinigten, schweißgebadeten Körper wurde jede Bewegung zur Qual. Dann brach der Sturm über uns herein. Der heulende Wind mischte unzählige Wasserspritzer mit dem herangetragenen Sand und bedeckte alles mit einer gelblichen, erstickenden Schlammschicht. Da wir uns bei den allerersten Anzeichen eines herannahenden Unwetters bereits vorsahen, war unser Schiff meist schon im Schutz irgendeiner kleinen Insel verankert, wenn der Sturm losbrach. Sobald das Arbeiten wieder möglich wurde, mußten wir endlos scheinende Stunden damit verbringen, alles mit größter Sorgfalt zu reinigen, um unsere empfindliche und wertvolle Ausrüstung instand zu halten. Mit roten, verschwollenen Augen bewegten wir uns wie Roboter in einer unerträglichen Sandwüste.
Diese extremen Bedingungen drückten die Stimmung der Mannschaft auf den Nullpunkt, verursachten erhebliche Materialschäden und zwangen uns schließlich, in Massaua, der Hauptstadt von Eritrea, anzulegen, um Schiff und Ausrüstung überholen zu lassen. Mein Vater beschloß, die *Calypso* ohne jeden weiteren Zeitverlust in diesen Gewässern in den Hafen zu bringen. Canoë und ich konnten ihn dazu überreden, uns mit einem Wochenvorrat und Ausrüstungsgegenständen für unsere geplante Arbeit auf einer einsamen Insel abzusetzen. Wir wollten die uns verbliebene Zeit, die mir allzu kurz schien, für Filmarbeiten und das Beobachten von Haien nutzen. Ich hatte es mir in den Kopf gesetzt, die durch diesen Sandsturm verlorenen Arbeitstage wieder hereinzubringen.

Unser Lager auf der Insel Derraka. Trotz der Helligkeit ist es erst vier Uhr morgens. Das Bild, das Raymond Deloire aufgenommen hat, zeigt im Vordergrund den auf einer rot und blau gestreiften Matratze schlafenden Canoë und neben ihm Foulon, in ein Leintuch gewickelt. Unser Doktor steht dabei, und ich lese auf meinem niedrigen Feldbett neben dem Zelt in einem Buch oder versuche, noch ein paar Minuten zu schlafen.

Nach der flüchtigen Erkundung von einem halben Dutzend vereinzelter Sandstreifen in der See entschieden wir uns für die Insel Derraka in der Suakingruppe, die der Südküste des Sudan im Roten Meer vorgelagert ist. Wir suchten uns einen Lagerplatz und machten uns sogleich daran, in dem bis zum Wasserspiegel reichenden Korallengürtel, der unsere Insel umschloß, eine Durchfahrt anzulegen, die für unsere kleinen Boote halbwegs passierbar war. Das hier zurückbleibende Team bestand aus Canoë, Dr. François, Serge

Einige unserer Haikäfige bestehen aus Aluminium und lassen sich daher leicht transportieren. Man kann die runden Schwimmkorken auf dem Dach erkennen, durch die der leere Käfig am Absinken gehindert wird. Der Taucher führt ein Bleigewicht mit sich, das den Käfig langsam nach unten zieht. Während des Absinkens befestigt der Taucher den Ballast am Boden seines schützenden Gehäuses, um auf diese Weise die Hände zum Arbeiten freizubekommen. Einer der Hauptvorteile dieses Käfigs besteht darin, daß er es dem Taucher durch sein geringes Gewicht ermöglicht, ihn in jede gewünschte Richtung zu steuern. Man läßt dazu die Beine durch die hintere Tür ins Wasser hängen und vollführt entsprechende Schwimmbewegungen. Wenn der Taucher an die Oberfläche zurückkehren will, braucht er nur das Bleigewicht abzuwerfen, und die ganze Vorrichtung steigt langsam nach oben. Rechts im Bild sieht man Dr. François, während Jean-Paul Bassaget in der Mitte den Käfig hält. Philippe Cousteau steuert die Barkasse.

Foulon und Raymond Deloire, der selbst Fotograf und der Bruder unseres Organisationsleiters Michel Deloire ist. Ich begleitete sie natürlich, um die eigentlichen Filmaufnahmen zu machen.
Als wir unsere Ausrüstung auf die Insel gebracht und unser Zelt aufgebaut hatten, kehrten wir zu einem »Abschiedsessen« an Bord der *Calypso* zurück, das Jean Morgan für uns vorbereitet hatte. Während dieser Mahlzeit arbeiteten wir ein genaues Programm für unsere geplanten Arbeiten auf der Insel aus. Zuerst wollten wir die kleinen Haie an dieser Sandbank untersuchen, dann einen Abschnitt des Korallenriffs unter ständiger Beobachtung halten, um alle Besucher erfassen zu können, die von der offenen See zur Futtersuche an diese Felsen kamen. Darüber hinaus wollten wir uns natürlich kein Lebenszeichen entgehen lassen, das es auf diesem verlassenen Sandstreifen selbst geben mochte.
Obwohl wir eigentlich kein besonderes Risiko eingingen, ist der Aufenthalt einer so kleinen Gruppe wie der unseren auf einer einsamen Insel im Roten Meer kein Sonntagsausflug. Wenn uns ein Unglück zustieß, waren wir weit von jeder ärztlichen Hilfe, und falls uns Eingeborene vom Festland besuchen sollten (was allerdings unwahrscheinlich war), wären wir ihnen auf Gedeih und Verderb ausgeliefert. Ich schwor mir, daß keiner von uns etwas unternehmen sollte, was auch nur im geringsten zweifelhaft oder riskant war, vor allem, was Haie betraf. Bald legte die *Calypso* vom Ufer ab und verlor sich in der schnell hereinbrechenden Dunkelheit. In kurzer Zeit klang nur noch das Geräusch der Maschinen über das stille Meer.
Außer mir schienen in dieser ersten Nacht alle so schnell wie möglich schlafen zu wollen. Die *Calypso* war kaum verschwunden, als sich meine von den Aufregungen und Mühen dieses Tages erschöpften Kameraden auch schon in ihre schweren Decken wikkelten und einschliefen. Ich ging langsam zum Wasser hinunter. Es schien kein Mond, und doch lag alles in einem geheimnisvollen Licht, das von der Landschaft selbst auszugehen schien. Das Wasser in der Lagune war warm und lebendig und tönte wider von tausend Krallen und winzigen Beinen, von Miniaturkämpfen und Wachstum. Wie in den meisten tropischen Meeren blitzte mit jeder plötzlichen Bewegung eines Fisches ein fluoreszierender Lichtstreifen auf. An der Wasserlinie bewegten sich unzählige Armeen von Einsiedlerkrebsen nach einem Kommando, das ich nicht verstand. Ein Krebs kroch vorüber und zog ein Vogeljunges hinter sich her, das er zweifellos aus einem der Seeschwalbennester, die die Insel bedeckten, geraubt hatte. Er zog seine Beute an meinem

Fuß vorbei in ein unsichtbares Sandloch. Ein 20 bis 30 Zentimeter großer Junghai schwamm dicht an der Wassergrenze und suchte nach kleinen Muscheln und Krebsen, denen er mit seinem Körper den Weg ins Wasser versperrte.

Ich wurde von lauten Stimmen aus meiner stillen Zwiesprache mit der Natur gerissen und lief so schnell wie möglich zu unserem Zelt zurück. Millionen von Einsiedlerkrebsen waren in unseren Lagerplatz eingedrungen und kletterten über die Körper der Schläfer, die sie so plötzlich geweckt hatten. Eine Stunde lang standen wir da und beobachteten die Heerscharen von winzigen Lebewesen, die unter dem dürren Busch hinter uns auftauchten und auf ihrem Weg zum Meer über uns hinwegzogen. Es war eine Strecke von fast 60 Meter, wofür sie ungefähr eine Stunde benötigten. Sie kamen in endlosen Wogen aus dem Dornbusch gekrochen und waren durch nichts aufzuhalten, kletterten über jedes Hindernis oder machten einen Umweg darum herum – und es gab viele Hindernisse. Diese gigantische nächtliche Wanderung war nicht auf unseren Lagerplatz beschränkt, sondern ereignete sich überall am Uferstreifen dieser Inselseite. Ich kenne den Grund für dieses Phänomen noch immer nicht, doch scheinen alle Einsiedlerkrebse dieser Insel jeden Abend zu einer bestimmten Zeit aus dem Unterholz zu kommen und zum Strand zu kriechen. Diese Flut von krabbelnden, kleinen Tieren, die sich schließlich ins Meer ergießt, ist ein faszinierender Anblick. Ich habe sie jedoch nie in umgekehrter Richtung wandern sehen.

An den folgenden Tagen gingen wir immer erst schlafen, wenn der Zug dieser kribbelnden, krabbelnden Wesen vorüber war. Ich glaube, daß die Einsiedlerkrebse einen bestimmten Grad von Dunkelheit abwarten, ehe sie am Spätnachmittag zu ihrer Wanderung zum Meer aufbrechen. Man kann beobachten, wie sie sich am Rande des Unterholzes sammeln, das den inneren Teil der Insel bedeckt. In diesem dornigen Gestrüpp warten sie in dichten Scharen den Einbruch der Dunkelheit ab, und das Reiben ihrer Panzer aneinander ergibt ein ständiges Rascheln und Klirren. Sie scheinen sich zu unterschiedlichen Zeiten auf den Rückweg zu machen, je nachdem, wann sie erledigen konnten, was immer sie zum Meer hinuntertrieb – Fortpflanzung oder ganz einfach Nahrungssuche. Wenn sie später einzeln über den Strand zurückkriechen, bleiben sie unbemerkt, während ihre nächtliche Massenwanderung einen anmutet wie ein gewaltiger Auszug aus den Dornbüschen in ein gelobtes Land in der See.

Am Tag nach unserem ersten Erlebnis mit den Krebsen brachen wir sehr früh am Morgen auf, um die Insel von einem Ende zum anderen zu erforschen, bevor die große Hitze uns bewegungsunfähig machte. Wir befanden uns auf einer langgestreckten Insel, die von Nordwesten nach Südosten verläuft und sich in der Mitte verengt. Eine sie umgebende Sandbank bildet eine Lagune, die um ein Vielfaches größer ist als die Insel selbst. Das Land ist von dornigen Gewächsen mit kleinen dunkelgrünen Blättern bedeckt und fällt in der Mitte zu einem flachen und weniger trockenen Tal ab, das wir »Tal des Glücks« nannten. Es gibt ganz offensichtlich keinen Tropfen Süßwasser auf der ganzen Insel, und doch beherbergt dieses sandige Fleckchen Land ein reiches, buntes Leben. Wir haben Dutzende derartiger Inseln aufgesucht, die meine Gefährten langweilig finden. Für mich ist es jedoch immer wieder ein staunend erlebtes Wunder, daß diese trockenen Sandflächen mitten im Salzkessel des Roten Meeres Schauplatz eines heimlichen, aber vielfältigen und geschäftigen Lebens sind. Es sind in erster Linie die Vögel, die das Leben auf unserer Insel bestimmen und deren Schreie, pfeilschnelle Bewegungen und oft sehr farbenprächtige Gefieder die Gleichförmigkeit der Landschaft unterbrechen. In dieser kleinen Welt herrscht der Fischadler als mächtiger König. Diese Vögel bauen sich mit Hilfe von Zweigen und Treibholzstückchen große Erdhügel, die bis zu drei Meter hoch werden können. Die Nester, die diese künstlichen Festungen krönen, sind mit Knochen, Federn und Fischresten gepolstert. Ich beobachtete auf der Sandbank von Marmar im Norden der Farasanen-Gruppe einen Fischadler beim Jagen. Der Vogel schwebt bewegungslos über dem Wasser und stürzt dann, wie alle Raubvögel, mit vorgestreckten Fängen wie ein Stein auf sein ausgewähltes Opfer herab. Die Beute kann in diesem Fall bis zu einem halben Meter tief im Wasser schwimmen, doch der Vogel taucht für den Bruchteil einer Sekunde vollständig unter, bevor er sich schwerfällig und mit großer Anstrengung wieder aus dem Meer erhebt und langsam 30 Meter in die Luft steigt. Dort scheint er stillzustehen, um sein Gefieder zu schütteln, das eine Regenbogenwolke von Wassertropfen versprüht. Dann läßt er sich auf den Sand niedersinken und ruht sich von seinem Fischzug aus. Körper und Beine dieses Vogels sind für das Schwimmen völlig ungeeignet, und es ist ein großartiger Anblick, wie sich der Fischadler nur durch die Kraft seiner Flügel aus dem Wasser befreit. Sein Inselreich gibt ihm alles, was er braucht, um sich und seine Jungen zu nähren, bis der Tag kommt, an dem er seinen Nachwuchs verjagt, um das Gleichgewicht der Macht und seine eigene Herrscherrolle nicht zu gefährden.

Der Fischadler ist jedoch nicht der einzige Raubvogel in diesem

Vor dem Tauchen: Ein letzter Blick auf den Belichtungsmesser.

Gebiet. Es gibt hier auch einen kleinen blaugrauen Falken, den ich auf Derraka zum ersten Male sah, dem ich aber auf den Inseln an der anderen Seite des Roten Meeres niemals begegnet bin. Das kommt meines Erachtens daher, daß es auf den Suakin-Inseln zahlreiche kleine Nagetiere gibt, die dem Falken als Nahrung dienen. Diese Vögel erinnern wegen ihrer langen Flügel und ihres akrobatischen Flugs stark an Mauersegler.

Im Frühling kommen die Seeschwalben auf die Insel, um dort zu nisten und ihre Jungen auszubrüten, während die Tölpel das Eiland im November und Dezember für ihr Brutgeschäft in Beschlag nehmen. Zu diesen Zeiten ist die Insel mit Eiern und später mit grauen Vogeljungen buchstäblich übersät und von ihrem kreischenden Geschrei erfüllt. Zahllose Kämpfe spielen sich auf diesem überfüllten Fleckchen Erde ab, und beständig kreisen Seemöwen mit roten Schnäbeln über dieser riesigen Kinderstube, um hilflose Vogeljunge oder auch Eier zu stehlen, die sie über den Felsen fallen lassen, um die Schalen aufzubrechen und den Inhalt der Eier zu verzehren.

Auf Derraka zeigte sich, wie sehr das Auftreten des Menschen in dieser Einsamkeit das immer gefährdete Gleichgewicht des Lebens stört. Unsere Ankunft hatte die Seeschwalben aufgeschreckt, so daß sie ihre Nester für einige Zeit verließen und sie später in der Dunkelheit wahrscheinlich nicht wiederfinden konnten. Die Folge davon war, daß ein Heer von Reiterkrabben über all die Vogeljungen herfiel, die noch zu schwach waren, um sich gegen diesen mörderischen Überfall zu wehren. Als die Dämmerung kam, schleppten viele dieser Krabben die frisch geschlüpften Vogeljungen hastig davon.

Ein anderes Mal bemerkte ich bei einem vorsichtigen Gang durch die mit Eiern übersäte Vogelkolonie, daß die Seeschwalben sich vor mir noch mehr fürchteten als vor den wenigen Möwen, die mir folgten. Es bildete sich daher ein Kreis um mich, innerhalb dessen die Vogeljungen nicht mehr von ihren Eltern beschützt wurden. Die Möwen erfaßten die Situation schneller als ich und benutzten die Gelegenheit, trotz der wütenden Schreie der Schwalben, die nicht weit von uns kreisten, mehrere Vogeljunge zu stehlen. Ich fragte mich, warum die Möwen überhaupt auf eine so einzigartige Chance gewartet hatten. Da sie wesentlich größer und kräftiger als die kleinen Seeschwalben sind, hätten sie sich doch eigentlich jederzeit ein Junges holen können, wann immer es ihnen beliebte. Die Erklärung dafür liegt in der Tatsache, daß es in diesem Gebiet nicht sehr viel Möwen gibt und daß sich jedesmal, wenn sich eine von ihnen einem Nest nähert, ein Schwarm von Seeschwalben auf sie stürzt und sie zum Rückzug zwingt. Meine Anwesenheit hatte dieses Kräftegleichgewicht gestört, da die Seeschwalben vor mir mehr Angst hatten als vor den Möwen. Es wurde den Vogelräubern jedoch trotzdem noch schwer genug, den ungeschützten Kreis, den ich ungewollt für sie geschaffen hatte, wieder zu verlassen, und die meisten von ihnen entkamen der wütenden Schar ihrer Belagerer nur dadurch, daß sie ihre Beute fallen ließen.

Am Nordende der Insel stießen wir auf einen merkwürdig geformten Hügel aus Muschelschalen und roten Korallen. Es war das Grab eines Moslem, das nach Nordosten in Richtung auf Mekka und das Grab des Propheten blickte. Der Hügel schien ein Schiff darzustellen, und zwei große, an beiden Enden senkrecht aufgestellte Korallenbrocken sollten wohl Bug und Heck bedeuten. Die Kameraden des Mannes, der dieses Schiff auf seiner längsten Fahrt begleitete, hatten es mit allen Schätzen der See geschmückt. All die liebevolle Sorgfalt derer, die das Grab angelegt hatten, ließ sich an dieser Ruhestätte ablesen. Man hatte einen Wall aus feinem Sand aufgeschüttet und mit getrockneten Korallenbüscheln besteckt, die nun weiß wie gebleichte Knochen leuchteten. Muscheln, die als Opfergaben gedacht sein mochten, waren fast einen Meter hoch daraufgeschichtet und mit farbigen Glasstückchen und leuchtendroten Korallen verziert. Der Tote war wahrscheinlich ein Pilger, der in einem der kleinen, überfüllten Segelboote von der afrikanischen Küste herübergekommen und den furchtbaren Entbehrungen und Strapazen einer solchen Seereise erlegen war. Vielleicht war er aber auch einer jener alten Nakodas gewesen, die das Schicksal dieser Küstenfahrzeuge bestimmen und bis zu ihrem Tod bewegungslos in der Mitte ihres Schiffes kauern. Sie befehligten die jungen Fischer, die Muscheln sammelten, um Perlmutt zu gewinnen, und die ihnen ein paar Fische fingen.

Wo immer wir hinkamen, schien das Land wie pockennarbig und zerfurcht von unterirdischen Gängen, die unter unseren Füßen einbrachen und sich als höchstens daumenbreit erwiesen. Zuerst nahmen wir an, daß dies eine Folge der mörderischen Hitze sei, später entdeckten wir jedoch, wie dieses unterirdische Netz von Gängen wirklich entstanden ist. Eines Nachts wurden wir nach der gewohnten Wanderung der Einsiedlerkrebse von Mäusen heimgesucht. Die Tierchen waren kaum drei Zentimeter groß, kamen jedoch in hellen Scharen und fielen über alles her, was herumlag. Wir waren bei ihrem plötzlichen Auftauchen einen Augenblick lang starr vor Überraschung, dann aber suchten wir in aller Eile unsere Vorräte in Sicherheit zu bringen, indem wir unseren Proviant an Pfählen aufhängten oder in wasserdichte Behälter einschlossen. Diese Mäuseinvasion beantwortete mir auch die Frage, wovon die graublauen Falken auf Derraka leben. Ich weiß noch immer nicht, ob die Blätter der Dornbüsche genügend Feuchtigkeit enthalten, daß die winzigen Nagetiere ihren Durst daran stillen können. Am nächsten Morgen fanden wir jedoch unsere Wasserflaschen voll mit toten Mäusen. Die Tiere hatten durch den Flaschenhals hineinkommen können, waren dann aber darin ertrunken, weil es aus ihrem gläsernen Gefängnis kein Entrinnen mehr für sie gab. Wir hatten für unseren Bedarf nun noch ein einziges Wasserfaß mit weniger als 500 Litern.

Wir hatten den ganzen Morgen dazu gebraucht, unsere Insel auszukundschaften. Gegen elf Uhr, als Sonne und Hitze unerträglich wurden, aßen wir hastig ein Stück gebratenen Thunfisch und gingen dann ins Wasser. Dort blieben wir, träge dahintreibend, bis die Backofentemperatur gegen 15.30 Uhr wieder halbwegs erträglich wurde.

An allen weiteren Tagen verbrachten wir die heißen Mittagsstun-

Serges Gesichtsausdruck zeigt, wie uns bei solchen Taucheinsätzen oft zumute ist. Jederzeit kann irgend etwas Unvorhergesehenes geschehen, so daß wir äußerste Vorsicht walten lassen müssen.

den in der Lagune und schützten uns mit breitrandigen Hüten das Gesicht. Dr. François unterhielt uns mit seinem unerschöpflichen Vorrat an Witzen und Geschichten, so daß wir diese Stunden in glänzender Stimmung und erzwungener Faulheit überlebten. Außerhalb des Wassers stieg die Temperatur auf 37 Grad im Schatten – wenn es Schatten gegeben hätte. Es gab jedoch nichts als blendendweißen Sand, auf dem uns dic Sonnenstrahlen in wenigen Stunden geröstet hätten.
Während einer dieser notwendigen Badestunden wurde Dr. François von einem Hai angegriffen. Unsere Arbeit begann gewöhnlich um 4 Uhr morgens. Wenn die Hitze unerträglich wurde, aßen wir eilig zu Mittag und flüchteten uns dicht am Ufer ins nur 60–80 Zentimeter tiefe Wasser. An der Lagune war das Wasser noch leidlich erfrischend, wenn auch sehr warm. Näherte man sich jedoch dem Riff, das unsere Insel umgab, wurde es angenehm kühl. Am zweiten Tag ging Jo, wie wir den Doktor alle nannten, im

Wasser auf die Außenseite der Lagune zu. Plötzlich war er verschwunden, und im aufschäumenden Wasser war ganz deutlich der Schwanz eines großen Hais zu erkennen. Wir jagten durch die Lagune, als Jo in aller Ruhe auftauchte, während der Hai außen am Riff entlangschoß und in der Ferne verschwand. Jo erzählte mit einem weitaus geringeren Wortschatz als sonst, was geschehen war: Als er gerade langsam durch die Lagune watete, bewegte sich plötzlich der Sand unter ihm, als würde ihm ein Teppich unter den Füßen weggezogen. Trotz seines Schrecks und des Durcheinanders im Wasser konnte er die Gestalt eines Hais erkennen, der herumschnellte und auf ihn zuschoß, dann aber aus unersichtlichem Grund wendete und davonschwamm.

Dieses Erlebnis ist durchaus nichts Ungewöhnliches, und viele Menschen sind unter ähnlichen Bedingungen schon von Sandhaien überrascht worden. Ein Sandhai von nur einem Meter Länge kann einem beträchtliche Bißwunden beibringen, da seine Zähne zwar klein, aber dennoch sehr scharf sind.

Am Abend des gleichen Tages machten wir einen nächtlichen

Als diese Aufnahme gemacht wurde, war noch kein einziger Hai in Sicht. Bald aber kamen sie in Scharen. Michel Deloire filmte.

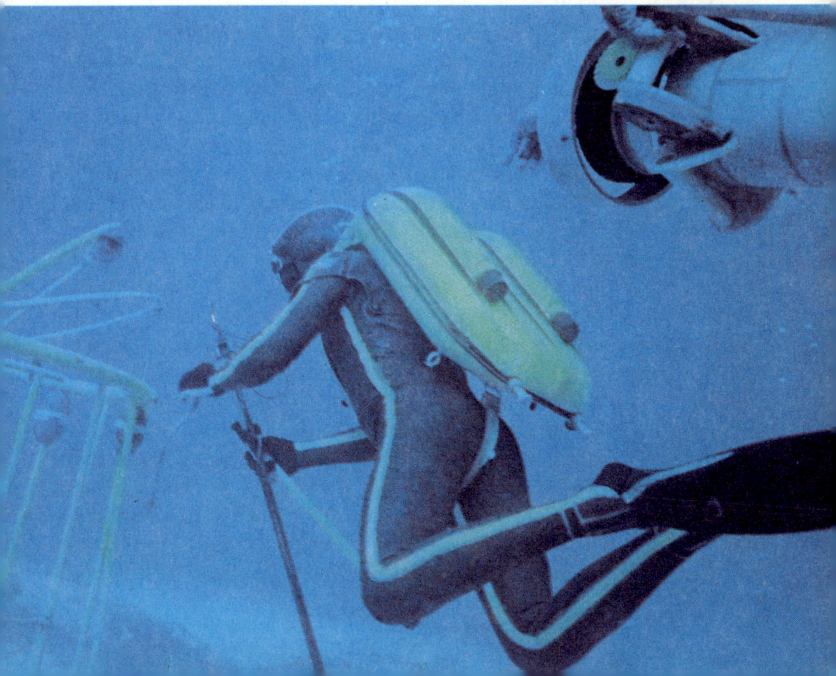

Tauchausflug, um unsere Unterwasserscheinwerfer auszuprobieren und, wenn möglich, genügend Muscheln für eine Mahlzeit zu sammeln. An den Riffs des Roten Meeres und des Indischen Ozeans kommen die Hummer nur bei Nacht aus ihren Schlupfwinkeln. Tagsüber verbergen sie sich in tiefen Korallenlöchern, um sich für ihre Feinde unsichtbar zu machen. Nachts, wenn es für die Raubfische schwerer ist, Beute zu machen, tauchen die Hummer aus ihren Verstecken auf und suchen im Sand und in den Korallenstöcken nach Nahrung. Auf der Insel Abu Latt in der Gruppe der Farasanen sah ich sie sogar vollständig aus dem Wasser kommen und eine ihnen im Weg stehende Korallenspitze übersteigen.
Knapp zwei Meter unter der Wasseroberfläche tanzte das Licht unserer Scheinwerfer über Korallen mit unerwartet intensiven Farben. Fische mit großen, starren Augen standen regungslos im Wasser, als hätte sie der Strahl einer Waffe aus einem Zukunftsroman gelähmt. Sie zogen sich langsam zurück, und man konnte sogar nach ihnen greifen und über ihre schillernden Schuppen streichen. Ich schwamm bald schnell, bald ganz langsam oder drehte mich auf dem Rücken und blickte hinauf zum Wasserspiegel, während die seltsamen Bilder um mich her auftauchten, aufblühten und hinter dem dünnen Lichtstrahl meiner Lampe verschwanden. Nicht weit von mir schien Jo in einer Aura aus Lichtstrahlen zu schweben, als hätte er sich in einem farbigen Spinnennetz verfangen. Auch er streckte den Arm nach den bewegungslosen Fischen aus, und seine Bewegungen spiegelten sein Erstaunen über die künstliche Zutraulichkeit dieser Tiere, die sonst bei unserem Anblick die Flucht ergriffen.
Plötzlich war alles vorüber. Mein Licht wurde schwächer, und ich wußte, daß in wenigen Augenblicken nur noch ein leeres Dunkel um uns her sein würde. Wir waren am Rand der Sandbank angekommen, an dem ein Felsen senkrecht in eine Tiefe von fast 200 Metern abfiel. Das Wasser vor uns gähnte schwarz und leer. An die äußersten Korallenstöcke angeklammert, versuchten wir die Tiefe mit unseren nachlassenden Scheinwerfern auszuleuchten.
Der Strahl meiner Lampe traf den ersten Hai. Es war ein großer Sandhai von vier Meter Länge, der nun die Lichtspur entlangschwamm. Als er in der Nähe der Lichtquelle angekommen war, zögerte er ein wenig und schwamm dann auf mich zu. Das Licht ließ seinen Körper fast silbern aufleuchten, und seine Augen mit den verengten Pupillen schienen nur winzige, schwarze Punkte zu sein. Der dünne Lichtstrahl ließ seine Narben wie ein Relief hervortreten und gab ihnen den Ausdruck von unheimlichen Tätowierun-

Der kleinere Käfig rechts ist ein Beweis dafür, daß wir die Gefährlichkeit der kleinen Haie unterschätzten. Die Gitterstäbe waren nicht eng genug gesetzt, um die kleinen Haie abzuhalten.

gen. Kleine Fleischfetzen hingen ihm aus einer frischen Wunde am Maul. Dennoch lag etwas Edles in seinen Bewegungen und seinem Körper, der sich als silberne Silhouette gegen das nächtliche Dunkel abhob. Der Hai zog eine Weile an der Kante des Felsabsturzes entlang, tauchte dann kopfüber in die Tiefe und verschwand.
Plötzlich empfand ich Furcht und war sicher, daß der Hai noch in unserer Nähe war und uns mit seinen unbeweglichen kleinen Augen fixierte. Die Nacht war voller beunruhigender Schatten, und unser Bemühen, uns in alle Richtungen umzusehen, ließ die verlöschenden Strahlen unserer Lampen sprunghaft und grotesk durchs Wasser tanzen. Mich überkam ein lähmendes Gefühl völliger Hilflosigkeit.
Das kurz zuvor noch so sanfte Wasser war nun zu einem mit unbekanntem, feindseligem Leben erfüllten, feindlichen Element geworden. Unsere Scheinwerfer und mit ihnen all der technische Fort-

Dieser Hai ist eben markiert worden. Die kleine Plakette sitzt rechts von der Rückenflosse.

schritt, den sie verkörperten, waren nur noch ein unnützes Spielzeug, von einem übermütigen Prometheus erbaut. Wir hatten geglaubt, mit unseren winzigen Lichtern die Nacht verscheuchen zu können, doch das Dunkel blieb, riesengroß und unbewegt. Sobald man bei einem derartigen Tauchausflug in die nächtlichen Riffs zu viele Bewegungen ausführt, wird man unsicher und verliert die Kontrolle über seinen Körper, so daß man leicht gegen die messerscharfen Korallenkanten taumelt und sich daran schneidet und zerkratzt. Schließlich erfaßte mein Lichtstrahl noch einen schlanken Schatten. Es war ein anderer kleinerer Hai als der von vorhin, doch schien er nicht weniger beunruhigend. Wir begannen ans Ufer zurückzuschwimmen und ließen einander nicht aus den Augen. Auf halbem Wege stießen wir auf die *Zodiac.* Canoë hatte beschlossen, uns sicherheitshalber zu folgen, damit wir im Fall einer Gefahr das Wasser sofort verlassen konnten. Wir ließen uns wortlos auf den Boden des Bootes fallen und lauschten den Geräuschen der Nacht.
Der silberne Schatten des großen Hais verfolgte mich bis in den Schlaf. Ich wußte, daß diese Tiere niemals ruhten. Das Fehlen einer Schwimmblase und eines selbsttätigen Atmungssystems zwingt den Hai dazu, Tag und Nacht zu schwimmen, um nicht nur Nahrung, sondern auch lebenswichtigen Sauerstoff aufnehmen zu können. Diese rastlose Reise durch das Meer kann über dreißig Jahre dauern. Manche Fischer in Gebieten, in denen es besonders viele Haie

gibt, versuchen, diese Tiere durch Dynamitexplosionen zu fangen. Das ist jedoch eine völlig unsinnige Methode, da keiner der toten Haie jemals an die Oberfläche kommen wird.
Ich legte mich am sandigen Ufer zur Ruhe und dachte beim Einschlafen an dieses Geschöpf, das zu einer ewigen Wanderung verurteilt ist, zum unaufhörlichen Schlag der Wellen an seinen Körper und zu einer unstillbaren, niemals endenden Bindung an die See.
Bevor wir unsere Insel wieder verließen, schloß sich uns die Mannschaft der *Calypso* an, um an einem letzten Experiment in dieser Einöde mitzuwirken. Paul Zuéna, unser Erster Offizier, half uns bei den Vorbereitungen für unser umfangreiches Kennzeichnungsprogramm an einer Durchfahrt im Riff. Wir stellten auf dem weißen Sand am Grunde einer breiten Kluft in den Korallen den großen Käfig für den Kameramann auf. Zu beiden Seiten der Käfigtür und um ein weniges tiefer befanden sich die beiden kleineren Käfige für die »Banderilleros«, die Taucher mit den Markierungsgeräten. Einige Fallen aus Kunststoff mit frischem Fisch wurden in der Mitte dieser soeben geschaffenen Kulisse angebracht und die beiden kleineren Käfige zusätzlich mit Beuteln voll frischer Fischstücke ausgerüstet. Mein Vater saß oben in einem der kleinen Boote, von wo aus er das ganze Unternehmen leiten konnte, während sich Raymond Deloire in dem anderen Boot bereit hielt, um die Ereignisse von seinem Blickwinkel aus zu fotografieren.
Gegen zwei Uhr waren unsere Vorbereitungen abgeschlossen, und unser Programm begann damit, daß wir große Mengen Fisch ausstreuten. Serge Foulon war in dem kleinen Käfig links vom Eingang und ich in dem rechten, während Michel Deloire mit der Filmkamera im großen Käfig von Canoë gesichert wurde, der mit einem langen, kräftigen Haistock bewaffnet war. Ein Spähtrupp, den wir früh am Morgen ausgesandt hatten, war mit einem Bericht über eine beträchtliche Zahl von ziemlich großen Sandhaien und Schwarzspitzenhaien in diesem Gebiet zurückgekommen. Ich erwartete, diese Tiere, von unserem Lärm und dem Geruch des Fisches angelockt, jeden Augenblick um den Felsen kommen zu sehen. Ich war etwas enttäuscht, als ich erst nur einen, dann zwei sehr kleine Haie auftauchen sah, die nicht länger als mein Arm waren und, offensichtlich erregt, sehr schnell schwammen. Doch diese Enttäuschung dauerte nicht lange. Mehr als fünfzehn Haie kamen, einer nach dem anderen, gierig witternd wie ein Wolfsrudel.
Viele Taucher strafen diese kleinen Haie mit Verachtung und halten sie für feige und daher unbedenklich. Diese Überzeugung trifft im allgemeinen zu, jedoch nur dann, wenn es sich um einzelne

Tiere oder kleine Gruppen handelt. Die gleichen Taucher neigen zu der Ansicht, ein bissiger Hund sei für den Menschen viel gefährlicher als diese kleinen Haie. Mir persönlich wäre der bissige Hund lieber, weil es immer irgendein Manöver gibt, mit dem man diesem ein Schnippchen schlagen kann – es sei denn, er wäre auf den Mann dressiert worden. Ein weniger als einen Meter großer Hai kann einem unvorsichtigen Taucher mit Leichtigkeit einen Fuß oder eine Hand abbeißen, denn er hat ein größeres Maul als der Hund und bedeutend schärfere Zähne, die mühelos durch die Knochen schneiden.

Ich blickte zu Michel in seinem großen Käfig hinüber. Er schien ebenso enttäuscht zu sein wie ich und im Begriff zu stehen, an die Wasseroberfläche zurückzukehren. Ich gab ihm ein Zeichen, noch zu warten. Serge machte seine Markierungsharpune mit dem ihm eigenen Gleichmut einsatzbereit. Innerhalb weniger Minuten hatten die um uns versammelten Haie die Kunststoffhüllen um den ausgelegten Köder aufgerissen und den Fisch verschlungen. Ich bemerkte einige kleine Haie, Schwarzspitzenhaie sowie mehrere Sandhaie, die sich durchs Wasser schlängelten. Unsere kleine Arena war nun voller Leben. Die Haie schossen mit großer Geschwindigkeit hin und her und schienen wie Gewehrkugeln an den farbenprächtigen Korallenwänden abzuprallen. Der Geruch des frischen Fisches mußte inzwischen diesen ganzen, relativ abgeschlossenen Raum durchdrungen haben, und mir schien, daß diese gleichmäßige Verteilung es den Haien schwermachte, die Geruchsquellen zu lokalisieren, so daß sich ihre Erregung immer mehr steigerte.

Mir kam plötzlich der Gedanke, daß all diese Haie klein genug waren, um zwischen den Gitterstäben unserer Käfige durchzukommen, und diese meine Befürchtung wurde auch prompt bestätigt. Zwei der kleinen Teufel schlüpften in meinen Käfig und schossen mir um die Beine. Sie versuchten, an den Fischsack heranzukommen, den sie schließlich doch aufgespürt hatten. Mehrere Sekunden lang schlug ich wie ein Maulesel nach ihnen aus, um sie aus dem Käfig zu vertreiben, und als mir dies gelungen war, machte ich mich hastig daran, den Fischsack loszuwerden. Während ich mit flachen Handschlägen an die Gitterstäbe weitere Eindringlinge abwehrte, versuchte ich vergeblich, den Plastikbeutel loszubinden. José verwünschend, der es sicher gut gemeint hatte, als er den Fischsack so haltbar befestigte, machte ich den kleinen Dolch an der Spitze meines Haistocks frei. Er war jedoch nicht geschliffen und daher zu stumpf, um die Nylonschnur der Halterung durchtrennen zu können. Um mich tobte jetzt ein wilder Reigen von gierigen kleinen

Haien, die sich auf alles Erreichbare stürzten, sogar auf die Gitterstäbe, an denen sie sich festbissen und wie wahnsinnig rüttelten. Serge schien ähnliche Schwierigkeiten zu haben wie ich, doch aus den Augenwinkeln bemerkte ich, wie Michel uns in aller Ruhe filmte.

Einem Hai war es gelungen, durch die Käfigdecke einzudringen und mir, als ich ihn zu vertreiben suchte, mit einem Schwanzschlag auf die Tauchermaske die Sicht zu nehmen. Nun überwältigte mich ein Gefühl hilfloser Wut. Ich dachte gar nicht daran, mich in diesem idiotischen Käfig von den kleinen Ungeheuern in Stücke reißen zu lassen. Nachdem ich meine Gesichtsmaske zurechtgerückt und mit einem gewaltigen Luftstoß von dem eingedrungenen Wasser befreit hatte, öffnete ich die Falltür an der Oberseite des Käfigs und kletterte, wild um mich schlagend, hinaus. Ich begab mich schleunigst in den Schutz des großen Käfigs und wandte mich wieder dem Feind zu, der jedoch seit meiner Flucht das Interesse an mir vollständig verloren hatte und sich nun ganz auf den Fischsack konzentrierte. Ich konnte nun in Ruhe beobachten, wie die Haie den Kunststoffbeutel aufrissen und seinen Inhalt verschlangen. Serge hatte sich gleich zu Anfang von seinem Fischsack befreien können. Er war in seinem Käfig geblieben und schaffte es sogar, einige Tiere präzise zu kennzeichnen.

Am Eingang der engen Rinne durch das Riff schwammen einige große Haie hin und her, ohne jedoch hereinzukommen. Sie nahmen unsere Einladung nicht an, und wir hatten ihr Mißtrauen vor eingegrenzten Gebieten ganz offensichtlich unterschätzt. Über uns an der Wasseroberfläche schwamm mein Vater langsam um sein Boot. Er hatte mir die Flucht aus meinem Käfig dadurch ermöglicht, daß er Fischstücke in die Nähe meines Gefängnisses warf und die große Menge der Haie damit durch eine leichtere Beute fortlockte.

Als ich nach oben kam, war ich über die Entwicklung, die dieses Experiment genommen hatte, sehr erbost, doch alle anderen lachten so herzlich darüber, daß ich mich bald von ihrer Fröhlichkeit anstecken ließ. Man zog mich noch lange Zeit danach mit diesem Erlebnis auf und behauptete scherzhaft, ich hätte die Haie so liebgewonnen, daß ich sogar in meinem Käfig immer ein paar dieser Tierchen unter dem Arm trüge.

Zum erstenmal in meinem Taucherdasein waren derart kleine Haie zu einer wirklichen Gefahr geworden. Es sollte jedoch nicht das letzte Mal sein, wie die schreckliche Raserei hungriger Junghaie am Shab Arab später zeigte.

Die große Zahl der kleinen Fische am Riff ist eine Garantie dafür, daß es auch große Raubfische in diesem Gebiet gibt.

9 Orgie am Shab Arab

Ankunft am Shab-Arab-Riff – Ein gräßliches Schauspiel – Ein Hai wird getötet

Bericht von Philippe Cousteau

Der Meeresgrund erschien als schwarze Linie auf dem Papierstreifen unseres hochempfindlichen Echolotanzeigers. Mehrere Mitglieder unseres Teams hatten sich um meinen Vater geschart und beobachteten das sanft nach oben verlaufende Diagramm. Die tiefe Stille, die im Kommandoraum der *Calypso* herrschte, wurde nur von den Befehlen unterbrochen, die JYC mit ruhiger Stimme gab und die der Rudergänger wiederholte. JYC – mein Vater wurde mit den Anfangsbuchstaben seines Namens angeredet, was etwa wie »Jiek« klang.

Jean-Paul Bassaget, unser Erster Offizier, trug die gewundene Linie unserer Fahrt auf einer Karte ein. Es war Nacht, und der rötliche Lichtschein der Instrumente am Schaltbrett spiegelte sich auf Canoës Gesicht, der sich über die Schulter meines Vaters beugte.

»Steuerbord fünfzehn!«

»Steuerbord fünfzehn liegt an.«

Ich spürte das leichte Vibrieren, mit dem das Schiff ein wenig nach rechts schwenkte. Wir waren auf dem Weg zu einem neuen Abschnitt des Shab-Arab-Riffs.

»Stütz Ruder!«

»Aye, aye, Käpt'n.«

»Welcher Kurs liegt an?«

»Kurs eins-dreißig liegt an, Käpt'n.«

»Kurs bleibt eins-dreißig!«

»Aye, aye, Käpt'n.«

In der neuerlichen Stille veränderte mein Vater die Einstellung des Echolots, um die Genauigkeit des Diagramms zu erhöhen. Der Stift bewegte sich schneller und machte ein fast unhörbares kratzendes Geräusch. Ich wußte, daß sich im Kopfhörer der leichte Klopfton der ausgehenden Wellen und ihr Echo von unten mit dem Geräusch des Wassers am Schiffsrumpf vermischten. Die Linie auf

dem Papierstreifen zeigte an, daß wir nur noch acht Meter Wassertiefe unter dem Kiel hatten.
»Gehen Sie auf fünf herunter, Jean-Paul!«
»Fünf, Käpt'n.«
Wieder vibrierte das Schiff, diesmal stärker als zuvor. Die *Calypso* verlangsamte ihre Fahrt, doch die Kurve, die die Meerestiefe anzeigte, stieg noch immer.
»Maschinen stoppen. Klar bei Anker!«
Jean-Pauls Stimme kam gleichzeitig mit der des Ersten Offiziers.
»Maschinen sind gestoppt.«
»Anker klar, Käpt'n.«
Die *Calypso* bewegte sich noch einige Minuten auf ihrem Kurs weiter. Ihr Kiel war jetzt nur noch fünf Meter über dem Grund, und das Diagramm des Echolots zeigte mehrere dunkle Schatten dicht darüber: einen Fischschwarm unmittelbar unter uns.
»Laß fallen Anker!«
Der Lärm der Ankerkette, die durch die Klüse rasselte, schien den Bann zu brechen, der sich über uns alle gelegt hatte. Die Nacht war plötzlich von Geräuschen erfüllt, Lichter flammten auf, Fragen und Antworten gingen hin und her. Mit dem Stillstand der Maschinen schien das übrige Schiff zum Leben zu erwachen und sich in ein geschäftiges Treiben zu stürzen.
Wie immer in solchen Situationen, wurde ich mit einem Gemisch aus Bewunderung und Stolz gewahr, wie gründlich mein Vater die See und alles, was mit ihr zusammenhing, kannte. Viele hochqualifizierte Seeleute bedienen sich der Echolot-Anlage so, wie man ein unpersönliches Präzisionsgerät eben benutzt. Ich bin sicher, daß es bei meinem Vater mehr ist als das. Er hatte uns genau an die Stelle gebracht, nach der wir gesucht hatten. Er tat dies mit einer Selbstverständlichkeit, als befinde er sich an Land, und bediente sich des Schiffs und selbst der Elemente wie ein Virtuose seines Instruments. Angesichts dieses Könnens, dieser Harmonie und Vollkommenheit drängt sich einem ein solcher Vergleich geradezu auf. Wir lagen genau am Abbruch einer Korallenbank, während der Anker in einer Tiefe von etwa 10 Metern ruhte und die dort herrschende Strömung das Heck unseres Schiffes über dem 30 Meter tiefen Grund hielt. Diese Wassertiefe war für unser Vorhaben bestens geeignet.
Auf der Landkarte von Ostafrika ist sechzig Kilometer nordnordöstlich von Dschibuti am Golf von Tadschura ein gestricheltes Gebiet verzeichnet, das »Shab-Arab-Riff« genannt wird. Dies ist jedoch ein Pleonasmus, da das Wort »Shab« im Arabischen »Riff« bedeutet. Wie alle im offenen Meer verstreuten Riffs ist Shab Arab ein

Sammelpunkt für die Meerestiere, und es ist daher nicht verwunderlich, daß ein solches Riff, das den kleineren Fischen Schutz und Nahrung bietet, für die Raubtiere aus der Tiefe zum Futterspeicher wird. Unsere Wahl war auf Shab Arab gefallen, weil wir dort alle Arten von Meeresbewohnern, vor allem aber Haie, in reicher Zahl zu finden hofften.

Mit dem Stillstand der Schiffsmaschinen lag die *Calypso* regungslos im ruhigen Wasser, und die ganze Mannschaft versammelte sich in der Offiziersmesse, wo mein Vater die Arbeitspläne für den nächsten Tag darlegte. Nach seinen Ausführungen lag es dann an mir, seine Vorstellungen in die Sprache des Films zu übersetzen und jedem Mitarbeiter seine Rolle zuzuweisen.

Jedesmal, wenn wir – noch dazu bei Nacht – an einem neuen Bestimmungsort ankamen, erfaßt mich eine kindliche Ungeduld und Begeisterung. Dann zittert das glatte, schwarze Wasser am Schiffsrumpf für mich vor fieberhafter Aktivität. Von Zeit zu Zeit springt ein kleiner Fisch in dem verzweifelten Versuch aus dem Wasser, einem unsichtbaren Verfolger zu entkommen, dessen Rücken einen Augenblick lang eine schnurgerade und messerscharfe Furche in die Wellen pflügt. Winzige Sternensysteme entstehen und vergehen unaufhörlich im aufspritzenden Wasser, wenn der wilde Schlag einer Schwanzflosse das Leben oder den Tod eines Tieres verkündet. Manchmal läßt mich ein lauteres Platschen vom Wasser dicht unter mir hochblicken, doch außer dem Netz sich verkürzender Wellen, auf dem der glänzende Pfad des Mondlichts schimmert, ist nichts zu sehen. In solchen Augenblicken sehne ich mich danach, wie die Götter alles sehen, alles hören, alles verstehen zu können.

Um 4 Uhr morgens begannen wir, unser erstes Ausrüstungsstück für die Arbeit des kommenden Tages aufzustellen. Wir wollten einen Unterwasserfilm drehen, in dem ein Hai sich auf einen an der Leine hängenden Fisch stürzt. Unsere Arbeit mit Haien beginnt immer damit, daß wir große Mengen Köderfisch angeln. Oft bekommen wir von unserem Fang nur noch den Kopf zu sehen, während der übrige Fischleib glatt abgebissen ist. Zu manchen Zeiten ist es völlig unmöglich, auch nur einen einzigen Fisch aus dem Wasser zu ziehen, und das kleine, von Paul Zuéna, unserem Ersten Offizier und Meisterfischer geführte Boot kam ab und zu an Bord der *Calypso* zurück und brachte einen »Fang«, der nur noch aus den Überresten von Fischen bestand, die Barrakudas oder Haie angefressen hatten.

Um unsere augenblickliche Aufgabe zu einem erfolgreichen Abschluß zu bringen, rüsteten wir kleine, flache Aluminiumboote mit

Die Begegnung mit diesem ungewöhnlich großen Fisch ist ein Höhepunkt des Tages. Es ist ein Zackenbarsch, der das Maul geöffnet hat, um einen von Serge als Haiköder harpunierten Fisch zu verschlingen.

zwei Kameras aus, die vom Heck aus knapp unter die Wasseroberfläche hingen. Zwischen diesen beiden Filmkameras wurde eine Fernsehkamera angebracht, die den gleichen Bereich erfaßte und die mit einem Monitor im Boot gekoppelt war. Michel Deloire konnte auf diese Weise das Geschehen auf dem Fernsehschirm verfolgen und die Filmkameras zu gegebener Zeit auslösen. Da ein eigener Antrieb an dem Aluminiumboot das ganze Vorhaben un-

Rechts oben: Seine Kiemendeckel stehen weit offen, um diese riesigen Wassermengen auszustoßen, während sich seine Augen vor Anstrengung verdrehen. Er hat den Fisch nun ganz im Maul und ist gerade dabei, sich wieder zurückzuziehen.

Rechts unten: Serge hält den Köder eisern fest. Es gelingt ihm sogar, ihn dem Zackenbarsch wieder ein Stück weit aus dem Maul zu ziehen, doch das riesige Tier gibt nicht auf. Der Köder steckt noch immer fest zwischen seinen Zähnen.

möglich gemacht hätte, wurde das Experimentierfahrzeug von einem anderen Boot mit einem Johnson-Außenbordmotor von 40 PS gezogen. Das Schlepptau war lang genug, um das Kameraboot außerhalb der Reichweite jeder Wellenbewegung zu halten, die in der Fahrtrinne des Schleppers oder durch die Schiffsschraube entstand. Gerade noch in Reichweite der Kamera zog das Aluminiumboot einen silbrigen Köder oder »Löffel« an einer drei bis vier Meter langen Schnur hinter sich her.

Die Dämmerung brach gerade an, als wir diese beiden Boote ins Wasser ließen. Wir konnten jedoch erst nach zwei Stunden Verspätung mit der Arbeit beginnen, da wir die Kameras im richtigen Winkel anbringen und einstellen mußten und es außerdem notwendig war, den vorderen Teil des Filmbootes mit Segeltuch zu umhüllen, damit Michel das Bild auf dem Monitor besser sehen konnte. Roger Dufrêche, unser leitender Ingenieur, hatte das Verfahren mit den am Heck des Aluminiumbootes befestigten Kameras an Bord der *Calypso* entwickelt und durchgeführt, und es zeigte sich bald, daß es ausgezeichnet funktionierte und die beiden Kameras stabil und frei von Erschütterungen hielt.

Paul Zuéna hatte beim Fischen während der ersten paar Minuten keinerlei Schwierigkeiten und holte einen guten Zentner Fisch an Bord, einschließlich eines Thunfisches, mehrere Barrakudas und Bernsteinmakrelen. Michel filmte die Beutetiere, wie sie dem Köder nachjagten und danach schnappten, und den Kampf, der sich abspielte, bevor sie schließlich gefangen waren. Der erste Hai griff auf eine ganz andere Art an, als wir nach all unseren Erfahrungen beim Köderfischfang erwartet hatten. Eine zwanzigpfündige Stachelmakrele hatte zwei oder drei Minuten lang verzweifelt gegen die Angelschnur angekämpft, als Michel plötzlich den Hai bemerkte, der der Spur des heftig zappelnden Fisches folgte. Fast im gleichen Augenblick, als das Tier auf dem Fernsehschirm erschien, sah Paul das Flossendreieck hinter dem Boot an der Oberfläche auftauchen. Schon griff Michel nach dem Auslöser für die Kameras, doch der Hai schien es nicht eilig zu haben, sondern folgte dem Boot fast spielerisch, wobei er einen festen Abstand von etwa einem Meter zu der Stachelmakrele einhielt. Erst als Paul seinen Fang an der Leine einzuholen begann, erfolgte der Angriff. Der Hai beschleunigte seine Geschwindigkeit so plötzlich, als werde er von einer Bogensehne geschnellt, und schien an dem Beutefisch vorbeizuschießen, ohne ihn zu berühren. Einen Augenblick lang verdeckte er das Fernsehbild vollständig und verschwand. Das Ganze kam so überraschend, daß trotz der spannenden Situation niemand hatte reagieren können. Nur der blutende Fischkopf, den Paul schließlich ins Boot zog, gab uns die Gewähr, daß soeben ein Hai zugeschlagen hatte. Die Stachelmakrele war dicht hinter den Kiemen durchgebissen, wie mit dem Messer durchtrennt, und doch hatte der Hai nur den Bruchteil einer Sekunde dazu gebraucht.

Den ganzen Morgen über filmte Michel die verschiedenartigsten Angriffe, die bald langsam und überlegt, bald prompt und erschreckend kamen. Einmal verschluckte der Hai den ganzen Fisch und war nun mit dem gleichen Köder gefangen, den auch sein Opfer verschlungen hatte. Die Angelschnur war jedoch offensichtlich nicht stark genug, um sein Gewicht auszuhalten, und riß fast sofort ab. Gegen Mittag kehrten Michel, Paul und ihre Helfer, erschöpft durch Hitze und Nervenanspannung, aber auch froh über den Erfolg ihres Unternehmens, an Bord der *Calypso* zurück. Sie brachten noch dazu genügend Köderfisch für unser Tauchvorhaben am Nachmittag mit.

Als erste Aufgabe war vorgesehen, daß Serge so viele Haie wie möglich kennzeichnen und einen Fisch mitten in einem Rudel von Haien schießen sollte, so daß wir die Folgen beobachten konnten. Serge stieg in den großen Stahlkäfig, während ich mich in einem kleinen Aluminiumkäfig befand, den gußeiserne Gewichte knapp zwei Meter über dem Grund in waagrechter Position hielten. Zwei Fernsehkameras – in jedem Käfig eine – sollten die Ereignisse für meinen Vater und Dr. Eugenie Clark auf der Kommandobrücke festhalten. Ich hatte zwei Kameras bei mir, um alles filmen zu können, was in der Umgebung von Serge und dem großen Käfig geschah.

Das Wasser hatte die Farbe eines durchsichtigen Opals und war so klar, daß ich schon beim ersten Eintauchen den Grund in 20 Meter Tiefe sehen konnte. Ein gutes Dutzend Haie schwamm langsam am roten Rumpf der *Calypso* hin und her. Sie wirkten weder besonders

Zu den Bildern Seite 152 und 153:

Serge überläßt den Fisch schließlich dem Zackenbarsch und macht sich daran, mit einem am Morgen gefangenen Barrakuda weiter Haie anzulocken.

Die Haie geraten in einen Zustand rasender Gier, wenn all die Fischstückchen um die Käfige treiben und mit ihrem Geruch die Tiere reizen.

Es gelingt Serge, einen Hai zu markieren, der nach dem Barrakuda in Serges linker Hand schnappt.

Wieder ist eine Markierung geglückt.

groß noch angriffslustig, doch daß es so viele waren, ließ Schwierigkeiten erwarten. Dicht über dem sandigen Grund konnte ich die Umrisse weiterer Haie ausmachen, deren Größe und Anzahl allerdings schwer zu bestimmen waren, da ihre grauen Körper sich kaum von den Schatten unterscheiden ließen, die sie auf die parallelen, von der Strömung eingegrabenen Bodenwellen warfen. Von oben betrachtet, bewegten sie sich mit unglaublicher Geschmeidigkeit und schienen ziellos um den langen Schatten der *Calypso* zu wandern, den die Sonne auf den Meeresgrund malte.
Serges Käfig pendelte sich sanft in Ruhelage ein und wirbelte eine schwache Sandwolke auf, die sich jedoch bald wieder setzte. Von meinem Beobachtungsstand aus waren Serges Bewegungen im Wasser von tänzerischer Anmut, als dieser die Käfigtür öffnete, hinausschlüpfte und den Käfig umdrehte, damit er besser im Sonnenlicht lag. Eine große Wasserschildkröte paddelte, ohne sich im geringsten um die Haie zu kümmern, auf den Käfig zu und betrachtete sich das merkwürdige Ding ganz aus der Nähe – fast wie ein kurzsichtiger alter Mann. Serge hielt dem Tier ein Stück Fisch hin, das es jedoch gar nicht beachtete. Dann wendete die Schildkröte und schwamm langsam und mit gemächlichen Beinstößen davon.
Die Haie wurden immer zahlreicher. Es mußten über 50 dieser Tiere in unserer Nähe sein, doch ihre Bewegungen waren noch immer träge und gleichgültig.
Ich hatte das Auftauchen eines riesigen Zackenbarsches übersehen, der rechts an mir vorbeischwamm und sich, weniger als einen Meter von Serges Käfig entfernt, auf dem Sand niederließ. Das Tier war blauschwarz gefärbt und mindestens 1,80 Meter lang und fast ebenso breit. Sein Maul öffnete und schloß sich im Rhythmus der Atembewegungen. Quer über seinen Kopf zog sich eine furchtbare weiße Narbe, und eine seiner Rückenflossen fehlte fast vollständig. So ein Zackenbarsch hat ein furchteinflößendes Aussehen und erweckt den Eindruck brutaler Kraft. Seine flinken, kleinen Augen wirken wachsam und vorsichtig, und ich weiß, daß diese Tiere sich mit unglaublicher Geschwindigkeit in Bewegung setzen können. Serge warf ihm den Fisch zu, den die Schildkröte verschmäht hatte. Der Köder senkte sich etwa 30 Zentimeter vor dem Zackenbarsch auf den Sand und blieb dort liegen, während das Tier einfach sein Maul ein wenig weiter öffnete, ohne sonst irgendeine Bewegung auszuführen. Das Stück Fisch verschwand, vom Wassersog in den Rachen des Zackenbarsches gezogen. Dieses Schauspiel war so faszinierend, daß ich die Haie völlig vergaß, obwohl sie langsam etwas unruhig wurden. Sobald Serge ihm ein Stück zuwarf, sog der riesige Fisch ein wenig

Wasser ein, so daß der Köderbrocken ihm ins Maul zu fliegen schien, wo er sofort verschwand. (Ich sollte mich später an dieses Erlebnis erinnern, als Canoë und ich uns einem Exemplar der gleichen Fischart gegenüberfanden, das allerdings doppelt so groß war.) Zuletzt warf Serge dem Tier noch einen zwanzig Pfund schweren Barrakuda zu, der denselben Weg ging wie die kleineren Stücke. Dann bewegte sich der Zackenbarsch und schwamm so unbeteiligt davon, wie er gekommen war.

Die Haie schossen nun schon ganz unbefangen zwischen unseren Käfigen hin und her, waren allerdings erregter als zuvor und etwas hastiger in ihren Bewegungen. Serge begann, kleine Brocken Fisch zu verstreuen, damit sich der Geruch im Wasser verteilte und die Tiere in die Reichweite seiner Markierungsharpune lockte. Der Kreis um uns schloß sich augenblicklich, und der übliche Rundtanz begann. Von allen Seiten näherten sich weitere Haie, und mir war, als wären es Hunderte. Es waren alle Größen von ganz kleinen bis zu knapp zwei Meter langen Haien und vier verschiedene Arten vertreten. Ich zählte in dem drei Meter breiten Zwischenraum zwischen unseren Käfigen sieben Haie auf einmal, die Serge fast meinem Blick entzogen. Sie schossen pfeilschnell vorüber und drehten sich manchmal auf dem Schwanz nach ein paar Krümeln Fisch um. Serges Harpune war pausenlos im Einsatz und trieb den Tieren die Markierung unter die Rückenflosse, und die allgemeine Erregung steigerte sich derart, daß ein Hai einen anderen verfolgte und die orangefarbene Marke, mit der er gekennzeichnet war, abriß.

Die See schien jetzt überzukochen und wimmelte von aneinanderprallenden Körpern, deren regellose, unüberschaubare Bahnen sich kreuzten. Ich zog mich in die hinterste Ecke zurück, da mein Käfig vorne offen war und ich ihn nicht schließen konnte. Als Serge einen fußballgroßen Stachelmakrelenkopf hinauswarf, erreichte das rasende Durcheinander um uns seinen Höhepunkt. Zehn Haie stürzten sich gleichzeitig auf den Köder und fielen bald wild übereinander her, um in den Besitz der Beute zu kommen. Ich mußte mich mit Kopf und Schultern aus dem Käfig beugen, um diese Szene zu filmen, und dabei gelang es einem Hai, sich halb durch das Gitter zu zwängen. Ich ließ die Kamera fallen und benutzte beide Hände, um das Tier zurückzutreiben, wobei ich mir an der rauhen Kieferhaut des Haies die Finger aufriß. Glücklicherweise schnappte das Tier nicht nach mir. Einen Augenblick relativer Ruhe nutzend, nahm ich meine Kamera wieder auf, aber gerade, als ich mich in den Käfig zurückziehen wollte, prallte mir ein Hai in die nur leicht befestigte Reflektorscheibe.

Die Lage wurde nun unhaltbar. Die Haie bissen wie rasend um sich und schüttelten wie im Wahnsinn die Köpfe, wenn sie sich aufeinanderstürzten, um jeden kleinen Fischfetzen zu verteidigen, den sie erbeutet hatten. Serge mußte einen Hai, der in seinen Käfig gelangt war, mit der Spitze seiner Markierungsharpune abwehren. Ein anderer fand in der Zwischenzeit den Fischsack und schleppte ihn mit sich fort. In wilder Flucht schoß er davon und zog die ganze Meute hinter sich her. Dieser Zwischenfall war ein Glück für uns, da uns die folgende Ruhepause Zeit dazu gab, uns wieder zu fassen und uns in unseren Käfigen einzurichten. Das Wasser war jetzt aufgewühlt, und die Sicht hatte sich beträchtlich verschlechtert. Ich vergewisserte mich mit einem Blick auf das Zählwerk meiner Kamera, daß ich noch genügend Film hatte, und beschloß, weiterzumachen. Die Lampe funktionierte noch, und es gelang mir, den verbogenen Reflektor wieder annähernd in seine ursprüngliche Form zu bringen, während Serge seine Harpune reparierte. Dann sah Serge zu mir herüber, nahm, als ich ihm zunickte, die Harpune aus ihrer Halterung im Käfig und schoß damit auf einen kleinen Hai, der gänzlich durchbohrt wurde. Ich bereitete mich auf einen wilden Ansturm der Haimeute vor, doch es trat genau das Gegenteil ein. Die Bewegungen der anderen Haie wurden augenblicklich verhaltener, und die Tiere zogen sich aus der Nähe der Käfige zurück. Ich war sehr überrascht über dieses Verhalten, denn nach allem, was ich über den Kannibalismus der Haie gehört hatte, fand ich diese plötzliche Furchtsamkeit und das Mißtrauen der Tiere unbegreiflich. Es war, als hätten die Haie jetzt begriffen, daß wir gefährlich waren, und hielten sich in sicherem Abstand. Serge zog heftig an seiner Leine, um den Speer seiner Harpune aus dem angeschossenen Hai zu ziehen, der nun davonschwamm und ganze Wolken von Blut hinter sich ließ. Die anderen gingen ihm aus dem Weg, folgten ihm jedoch verstohlen nach. Ich weiß nicht, ob sie warteten, bis er außerhalb der Gefahrenzone war, bevor sie über ihn herfielen. Jedenfalls

Rechts oben: Wie ein Torpedo stürzt sich ein Hai auf einen Fischbrocken, der auf den Käfig des Kameramannes zugetrieben war. Der Taucher im Hintergrund beobachtet mit gespannter Aufmerksamkeit die Bewegungen des Haies.

Rechts unten: Die Haie zeigen ihre Erregung und Gier jetzt ganz deutlich, schießen zu viert und zu fünft an den Käfigen vorbei, durchqueren den Zwischenraum in hektischer und oft vergeblicher Futtersuche, wenden mit ungeduldigen, abrupten Bewegungen und schnappen nach allem, was sie sehen.

wagten sich die zurückgebliebenen Haie wieder an uns heran, sobald ihr verwundeter Artgenosse verschwunden war, und nahmen erneut ihre erregten Kreisbewegungen auf.
Diesmal zielte Serge nicht auf einen Hai, sondern schoß einen Roten Schnapper. Es war ein großes kräftiges Tier, dessen verzweifelter Todeskampf die wilde Raserei der Haie nach dieser kurzen Unterbrechung wieder aufflammen ließ. Das unglückliche Opfer befreite sich mit einem gewaltigen Sprung von der Harpunenspitze, wurde jedoch im selben Augenblick von einem Hai angefallen, der ihm ein riesiges Stück Fleisch aus dem Rücken riß. Irgendwie geriet das sterbende Tier zwischen die Gitterstäbe meines Käfigs, und ich klammerte mich mit aller Kraft fest, um seine rasenden Verfolger abzuwehren. Ich spürte den Käfig erzittern und unter den gewaltigen Schlägen der vor Gier fast wahnsinnigen Haie beinahe auseinanderbrechen. Schließlich gelangte der halbtote Fisch wieder ins Freie – und wurde augenblicklich zerrissen. Das Wasser um mich wirbelte zwischen zerrenden, umherschnellenden Körpern voll rasender Gier, die in der dunklen Blutwolke fast verschwanden. Ich dachte an meinen Vater, der diesen grausigen Kampf auf den Fernsehschirmen an Bord der *Calypso* verfolgte.

Bericht von Jacques-Yves Cousteau

Tatsächlich konnten wir an Bord dank dieser Fernsehausrüstung (zwei Kameras unter Wasser – in jedem Käfig eine – und zwei Empfänger im Kartenraum der *Calypso*) alles verfolgen, was Philippe und Serge oder Canoë und José Ruiz dort unten erlebten. Dieses Fernsehprogramm war außerordentlich beliebt: die Techniker, der Koch, der Schiffsarzt und die Matrosen drängten sich hinter mir im Kommandoraum und starrten mit weit aufgerissenen Augen auf die beiden Mattscheiben, die uns aus zwei verschiedenen Blickwinkeln eine Direktübertragung der Vorgänge unter Wasser lieferten. Wenn ich mich umblickte, konnte ich an den glänzenden Augen meiner Mitarbeiter und der darin gespiegelten Spannung die Faszinationskraft ermessen, die der Hai auf den Menschen ausübt. Die prickelnde Atmosphäre, die sich unweigerlich um die Fernsehschirme ausbreitet, wenn wir in Haigewässern tauchen, findet sich auch in einer Stierkampfarena, wenn die entscheidende Schlußphase angebrochen ist. Kein Unterwasserabenteuer oder -experiment ließ so viele gestaute Affekte bei unserer Mannschaft hervorbrechen wie eine solche Szene mit Haien.

Für mich bieten diese Fernsehschirme unvergleichliche Beobachtungsmöglichkeiten. Die Hand um den Schreibstift gekrallt, bin ich vom Anfang bis zum Ende eines jeden Käfigeinsatzes völlig von diesen unregelmäßigen, flimmernden Bildern gefangen und bemühe mich, jede kleinste Beobachtung niederzuschreiben, die unser Wissen über das Verhalten der Haie ein wenig erweitern könnte. Der Kameramann unter Wasser ist, genau wie ich, mit einem Funktelefon ausgerüstet, so daß ich in ständigem Sprechkontakt mit den Tauchern stehe. Die Verständigung von oben nach unten ist ausgezeichnet, während sie in ungekehrter Richtung sehr zu wünschen übrig läßt. Da die Atemluft in 30 Meter Tiefe stark verdichtet ist, klingt die Stimme des Tauchers näselnd und gepreßt, und das Geräusch der Luftblasen, die aus dem Atemgerät aufsteigen, macht das Sprechen sehr undeutlich. Ich habe daher Anweisung gegeben, die Unterhaltung über das Funktelefon auf das Notwendigste zu beschränken und nur dann Sprechverbindung aufzunehmen, wenn die Lage der Käfige auf dem Meeresboden verändert werden soll oder wenn das Unternehmen aus Sicherheitsgründen abgebrochen werden muß.

Sobald die Käfige zurück an Bord gehievt sind, kommen die Taucher zu mir und berichten über ihre eigenen Beobachtungen. Diese Männer sind als Augenzeugen des Geschehens unter Wasser wohl das wichtigste Moment in all unseren Experimenten, da sie diese unmittelbar erleben und daher die wichtigste Informationsquelle für uns darstellen. Sie mögen manchmal über eine Menge von Beobachtungen berichten, die gänzlich unwichtig scheinen, doch ich schreibe alles sorgfältig nieder. Die Unterwasser-Fernsehkamera kann die unmittelbare Beobachtung durch den Menschen in keiner Weise ersetzen, sondern dient in erster Linie dazu, mich in ständiger

Zu den Bildern Seite 160 und 161:

Serge hat einen kleinen Fisch erlegt, der als unbeteiligter »Zuschauer« vorbeigekommen war. Die Haie reagieren blitzschnell und stürzen sich sofort auf das arme Opfer.

Jetzt haben die Haie den Fisch gepackt.

Sie brauchen etwa fünf Sekunden, um ein Stück abzubeißen und hinunterzuschlucken.

Danach hat die Gier und Erregung der Haie einen Grad erreicht, an dem sich die Tiere auf alles losstürzen, was sich zufällig in der Nähe befindet.

Verbindung mit den einander ablösenden Teams zu halten. Dieser ununterbrochene Kontakt ermöglicht es mir auch, die Berichte der verschiedenen Tauchergruppen in einer Synthese zusammenzufassen.

Das Tauchen mit Käfigen macht umfangreiche Vorbereitungen erforderlich, deren Durchführung teilweise sehr schwierig ist. Im Laufe dieser Expedition waren unsere Taucher insgesamt dreiundzwanzigmal in Tiefen zwischen 7 und 30 Meter für durchschnittlich 35 Minuten im Einsatz, und das zu allen möglichen Tages- und Nachtzeiten. Dr. Eugenie Clark kam oft auf die Kommandobrücke, um die Ereignisse auf dem Fernsehschirm mit mir zu verfolgen und mir bei deren Interpretation zu helfen.

Shab Arab, das Philippe schon eingehend beschrieben hat, wimmelt geradezu von Meerestieren. Es dauerte nur eine halbe Stunde, bis wir unseren täglichen Fang von über zwei Zentnern Fisch, den wir an die Haie verfütterten, eingebracht hatten. Die Haie selbst sind in der Umgebung des Riffs außerordentlich zahlreich vertreten; da man jedoch nicht immer auf sie stößt, neige ich zu der Ansicht, daß sie wie Wölfe in Rudeln umherziehen. Unser umfangreiches Markierungsprogramm hat jedoch erwiesen, daß die Haie von Shab Arab ziemlich »seßhaft« sind. Es gibt sie in allen Größen, darunter vereinzelt auch riesige Exemplare; sie sind im Durchschnitt jedoch kleiner und daher entsprechend jünger als die Haie im Suakin-Gebiet. Die Tiere schienen sich sehr schnell an unsere Anwesenheit zu gewöhnen und zu wissen, daß wir sie füttern wollten. Wir konnten mehrmals beobachten, wie einzelne Haie in die Taucherkäfige eindrangen – was uns an Bord jedesmal weitaus mehr ängstigte als die Taucher selbst. Die Tiere machten jedoch niemals den Versuch, einen der Männer zu beißen, und hielten sie wohl für Partner oder Komplizen! Ihre Erregungsphasen dauern nur so lange, bis kein Futter mehr übrig ist. Sobald unsere Fischsäcke leer sind, kehren uns die Haie den Rücken und schwimmen davon. Große Haie reagieren sehr allergisch auf die kleineren, die ihnen etwa ein Stück Fisch wegschnappen wollen; sie jagen ihnen nach, scheinen zu knurren und die Zähne zu fletschen und tun so, als wollten sie die kleinen Räuber in Stücke reißen, beißen jedoch in der Regel nicht zu. Die großen Ammenhaie fressen den Tauchern sogar aus der Hand. Wenn man ihnen jedoch ein besonders saftiges Stück Fisch hinhält, kommt meist ein kleiner Weißspitzenhai (Triaenodon obesus) und schnappt es ihnen buchstäblich vor der Nase weg, was er bei seinen größeren Artgenossen niemals wagen würde. Alle Haie fressen frischen Fisch lieber als Futter aus unserem Kühlraum, doch sie sind

Diese Nachtaufnahme zeigt Haie der gleichen Riffgegend in einem ganz ähnlichen Zustand rasender Gier, der nachts noch eigenartiger und angsterregender ist als bei Tageslicht.

auch dabei wählerisch. Ist der Köder vom Vortag, lassen sie ihre Geringschätzung deutlich spüren.
All diese scheinbar beruhigenden Aussagen verlieren jedoch ihre Gültigkeit, wenn sich die Haie in dem Zustand rasender Gier befinden, den Philippe beschrieben hat. Bei solchen Gelegenheiten erfüllt uns, die wir vom sicheren Schiff aus zusehen, erst Furcht, dann nacktes Entsetzen. Ich sah mich zweimal gezwungen, einzuschreiten und das Experiment abzubrechen, indem ich die Käfige hochziehen ließ.

Bericht von Philippe Cousteau

Ich bin immer wieder überrascht, wenn ich an das vorher erwähnte Erlebnis denke, denn ich habe mindestens einen Fall erlebt, in dem das Ergebnis ganz anders aussah: Ein verwundeter Hai löste bei

Oben links sieht man einen Köderbrocken, um den zwei Haie kämpfen, während das übrige Rudel verzweifelt und verbissen versucht, die Futterstelle mit Hilfe ihres Geruchssinns aufzuspüren. Da der Geruch des Köderfisches bereits dieses ganze Gebiet durchdrungen hat, können die Tiere die Nahrung nicht mehr genau genug lokalisieren. Wir hatten bereits zwei Stunden zuvor damit begonnen, hier Fischstücke auszustreuen.

seinen Artgenossen nicht Furcht und Vorsicht aus, sondern Kannibalismus. Wir lagen damals bei einem kleinen Riff im Roten Meer vor Anker und wollten eine Durchfahrt in die Korallenmauer sprengen, damit unsere kleinen Boote in die Lagune hineinfahren konnten. Eugène Lagorio, der für dieses Unternehmen verantwortlich war, wollte die elektrischen Sprengkapseln erst einmal ausprobieren und warf eine davon über Bord, nachdem er sie mit dem Auslöse-

Rechts oben: Ein Hai packt schließlich den Fisch und flüchtet mit seiner Beute, wird aber von den anderen verfolgt. Diese Szene ist für das Verhalten dieser Tiere beim Fressen typisch.

Rechts unten: Diese Tageslichtaufnahme zeigt Haie im typischen Zustand rasender Gier beim Fressen, ein wildes Durcheinander von sich verdrehenden und umherschnellenden Körpern, die an demselben Stück Fisch zerren.

mechanismus gekoppelt hatte. Er verfolgte dabei einen doppelten Zweck: einmal wollte er ganz sichergehen, daß sich bei der Dynamitsprengung niemand verletzte, zum anderen wollte er die Sprengkapsel selbst auf ihre Wasserfestigkeit prüfen. Genau in dem Augenblick, als Eugène auf den Auslösehebel drückte, kam unbemerkt ein kleiner Hai angeschwommen – und schluckte die Sprengkapsel, deren glänzende Kupferhülle ihn vermutlich gereizt hatte. Bevor wir uns überhaupt bewegen konnten, hörten wir eine dumpfe Explosion und sahen kurz darauf den kleinen Hai in einem Blutschwall auf den Meeresgrund sinken. Fast augenblicklich tauchte ein großer Weißspitzen-Küstenhai (Carcharhinus albimarginatus) auf, schoß auf unser Opfer zu, biß es mit einer Kieferbewegung in der Mitte durch. Dann drehte er sich um die eigene Achse, verschlang, was von dem kleinen Hai noch übrig war, und verschwand. Wir waren wieder einmal zu Zeugen dafür geworden, wie unberechenbar das Verhalten der Haie ist. Die Reaktionen dieser Tiere werden wahrscheinlich von Auslösesituationen und Mechanismen bestimmt, die einem Landlebewesen wie dem Menschen fremd sind.
Es sei in diesem Zusammenhang noch eine Bemerkung über den »Charakter« der Haie angefügt – denn diese Tiere zeigen trotz ihrer primitiven Organisation durchaus Charakterunterschiede. Während der ersten Phase beim Tauchen in einem neuen Gebiet kann man innerhalb kurzer Zeit eine bestimmte Anzahl von Haien ohne Schwierigkeiten markieren. Dann aber fällt einem auf, daß sich nur noch die bereits markierten Haie um den dargebotenen Köderfisch scharen, so daß die Taucher in kurzer Zeit ausschließlich von Haien umgeben sind, die eine Kunststoffplakette tragen, während die noch nicht gezeichneten Tiere deutliche Außenseiterpositionen eingenommen haben. Dieses Phänomen ist ganz unabhängig von der Haiart. Die einzige sinnvolle Erklärung dafür scheint mir daher darin zu liegen, daß einzelne Exemplare mehr Mut oder Initiative haben als andere Haie derselben Art und Größe. Diese Entdeckung veranlaßte mich dazu, das Leben der Haie genau zu beobachten und in immer neuen Fragestellungen zu untersuchen, anstatt die Tiere einfach als faszinierende, aber gefährliche Lebewesen abzustempeln.
Seit diesen frühen Experimenten ist es uns, zumindest in der Mehrzahl der Fälle, gelungen, beim Tauchen die Atmosphäre in einem Haigebiet einzuschätzen. Wir konnten, sobald wir nur im Wasser waren, eine Prognose darüber anstellen, wie der Tanz wohl diesmal aussehen würde und ob wir besonders strenge Sicherheitsvorkehrungen treffen mußten oder ganz unbesorgt tauchen konnten. Hierin liegt jedoch auch die Gefahr, daß man sich zu sehr auf diese Art der

Wahrnehmung verläßt, denn wir haben immer wieder erlebt, wie unberechenbar und manchmal fast schwachsinnig die Reaktionen der Haie sein können.
Am Abend nach jener wilden Szene am Shab Arab beschlossen wir, einen nächtlichen Tauchausflug zu unternehmen. Wir brachten die Käfige dieses Mal übereinander statt nebeneinander an, so daß sich der Kameramann im oberen Behälter befand und das ganze Experiment aus nächster Nähe filmen konnte. Sobald der untere der beiden Käfige jedoch das Wasser berührt hatte, stürzte sich ein Rudel Haie wie Torpedos darauf, zerrten an den Stahlgittern, bissen das Stromkabel durch und demolierten mehrere Unterwasserscheinwerfer. Andere Haie stürzten sich wütend auf das aufklappbare Aluminiumboot, das nach einer Erkundungsfahrt gerade wieder am Rumpf der *Calypso* anlegte, und bissen nach der Schraube seines Außenbordmotors. Dieser überdimensionale Zahnbohrer mußte den Angreifern jedoch erhebliche Kieferverletzungen beigebracht haben, da sich das Wasser an dieser Stelle bald von Blut färbte. Trotzdem gelang es den Haien immerhin, den 40-PS-Motor zum Stehen zu bringen und den Verbindungsbolzen abzubrechen. Canoë ließ die Käfige zurückhieven und verschob das Unternehmen.
Am Morgen gab es in der Nähe des Schiffs nur einen einzigen kleinen Hai, dessen Artgenossen sich auch den ganzen restlichen Tag nicht bei uns blicken ließen. Den Grund für ihre geheimnisvolle Flucht werden wir erst dann erfahren, wenn wir die verborgenen Feinheiten von Druckwellen, Geruchsspuren und Tönen entschlüsselt haben, die die Geheimsprache des Meeres sind.

Ein Beispiel für die Schönheit des Riffs, mit Fächerkorallen im Hintergrund. Die phantastischen Formen und Farben der Fische scheinen oft keinerlei biologische Funktion zu haben.

10 Haie und Ansiedler im Meer

Die Geschichte von Conshelf II und den Haien – In der »Untertasse« – Begegnung mit einem Tiefsee-Hai – Die Ansiedler

Bericht von Philippe Cousteau

Ich zog meinem Vater eine Schlinge über die Knöchel, klopfte ihm auf die Schulter und nahm zwei Meter hinter ihm Aufstellung, wobei ich das Seil leicht gespannt hielt. Ein Zucken seiner Beine teilte sich dem Seil mit und bedeutete: »Losschwimmen!« Im gleichen Augenblick setzte das gedämpfte Surren der Kamera ein. Ich schwamm, mein Tempo langsam steigernd, geradeaus, bis ich meine Höchstgeschwindigkeit erreicht hatte. Bei einem raschen Blick über die Schulter sah ich hinter mir hell erleuchtete Doppelfenster und, deutlich dagegen abgehoben, die Umrisse meines Vaters, der sich von mir rückwärts in die Nacht hinausziehen ließ. Das schwarze Wasser war warm und voller phophoreszierender Teilchen, die das Dunkel wie Sternschnuppen durchzogen. Ich atmete schwer und schwamm so schnell ich konnte, und als ich mich nach einiger Zeit wieder umwandte, sah ich die Fenster unseres Unterwasserhauses in weiter Ferne blinken, und doch waren in den erleuchteten Rahmen sich bewegende Schatten sichtbar. Ich spürte wieder einen Ruck an der Leine und hielt an, während mir in der Tauchermaske der Schweiß über Stirn und Nasenwurzel lief. Ich drehte mich um und befreite meinen Vater aus seiner Fußangel. Dann schwammen wir langsam zu unserer Siedlung Conshelf II zurück.

Aus der Ferne betrachtet, wirkte sie in der Nacht wie eine Weltraumstation aus einem utopischen Film. Rechts markierten farbige Leuchtsignale die Umrisse der »schwimmenden Untertasse«, die unseren Fahrzeugschuppen darstellte, in der Mitte flimmerten die Blinklichter des »Seesterns«, der eigentlichen Unterwasserstation, und weiter unterhalb zeichnete sich die Beleuchtung unserer »Tiefenhütte« gegen das dunkle Wasser ab. Die obere Station ruhte, an die Wand des Außenriffs im Shab-Rumi-Atoll (Römer-Riff) gelehnt, auf einem sandigen Felsvorsprung 12 Meter unter der

Wasseroberfläche im Süden des Roten Meeres. 16 Meter unterhalb dieser Station hing die Tiefenhütte über den senkrecht abfallenden Korallensockel, auf dem das ganze Riff ruhte. Über unseren Köpfen war als langgezogener Schatten der Rumpf der *Calypso* sichtbar, der die grünen und roten Blinklichter unserer Unterwasserstation zurückwarf.

Das Experiment Conshelf II sollte die Bedingungen für bemannte Unterwasserstationen erproben. Als Schauplatz für den Versuch war dieses Meeresgebiet ausgewählt worden, weil wir hier von all unseren Nachschublagern abgeschnitten waren und weil hier sehr extreme Wetterbedingungen herrschten. Wenn das Experiment an dieser einsamen Sudanküste gelang, konnte man es in jedem beliebigen Meer der Welt wiederholen. Ein sechsköpfiges Taucherteam lebte einen Monat lang in der Mittelstation, während die Tiefenhütte zwei Wochen lang von zwei Aquanauten bewohnt wurde. Das Team, das aus ausgesuchten Berufstauchern und Meeresforschern bestand, experimentierte mit neuen Gasgemischen und verrichtete alle möglichen Arbeiten unter Wasser. In der Hauptunterkunft, dem »Seesternhaus«, untersuchte ein vollständiges biologisches Laboratorium unter der Leitung von Professor Voissière die Ökologie des Riffs und die verschiedensten Mikroorganismen des Meeres. Eines der Forschungsprojekte im Rahmen von Conshelf II betraf die gegenseitigen Auswirkungen einer menschlichen Unterwasserkolonie und ihrer natürlichen Umwelt unter dem Meeresspiegel.

Das ganze Experiment wurde ausführlich auf Film festgehalten, und aus den vielfältigen Aufnahmen entstand ein Spielfilm mit dem Titel »Welt ohne Sonne«. Mein Vater und ich waren in jener Nacht unterwegs, um eine der Einstellungen für diesen Film zu drehen, die in einer langen Rückwärtsfahrt von den Fenstern unserer Unterkunft bis weit hinaus ins Dunkel bestand. Mein Vater hielt die Kamera, während ich ihn fast 100 Meter weit mit mir fortzog. Wir erzielten mit dieser Einstellung einen derart unwirklichen Effekt, daß viele Fernsehzuschauer glaubten, es handle sich um eine Studioaufnahme. Dies war jedoch nicht der Fall, und ich erinnere mich noch genau an die Gefühlseindrücke, die mich beim Schwimmen in dieser völligen Finsternis überfielen, in der (wie mein Vater noch näher ausführen wird) viele Haie lauerten.

Diese vier arbeitsreichen Wochen am Meeresgrund gaben uns wertvolle Aufschlüsse darüber, wie das Verhältnis zwischen künftigen Ansiedlern unter Wasser und ihrer Umgebung einmal aussehen wird, wenn der Mensch den Meeresgrund zu besiedeln beginnt. Uns beschäftigte dabei verständlicherweise das Problem »Haie gegen Unterwassersiedler« am meisten.

Bericht von Jacques-Yves Cousteau

Bei all unseren Vorbereitungen spielte die Frage nach den Haien eine wichtige Rolle, doch kam wie immer, wenn man es mit diesen Tieren zu tun hat, alles anders als vorhergesehen. Am Shab Rumi bildeten die Haie sowohl an Bord der beiden Schiffe als auch in den Unterwasserbehausungen das Hauptgesprächsthema.
»Wo sind nur all die Haie vom Shab Rumi geblieben?« fragte Albert Falco während einer unserer Unterwassermahlzeiten im »Seesternhaus«. »Überall auf meinen Erkundungsfahrten, die mich mehr als 120 Kilometer weit entlang der sudanesischen Küste durch die vorgelagerten Riffs führten, bin ich auf Haie gestoßen, vor allem aber hier, am Shab Rumi. Ihretwegen hatte ich ja auch Bedenken, dieses Gebiet für unser Unternehmen vorzuschlagen. Während der ersten Wochen unseres Aufenthaltes hier, als wir die Unterwasserstation aufbauten, haben uns die Tiere fortwährend belästigt. Aber wo sind sie jetzt?« – »Sie sind immer noch da, Bébert«, sagte ich. »Du hast sie doch gestern an der Südspitze selbst gesehen. Kientzy meldet, daß ihm bei jedem Tauchversuch von der Tiefenhütte aus Haie begegnen, und wenn ich oben in der Fähre stehe und hier unten gerade ein nächtliches Tauchexperiment stattfindet, dann mache ich mir die größten Sorgen, weil ich ganz in der Nähe der Taucherlampen die Flossen von Haien sehen kann.« – »Es ist genau wie bei den Fischereiunternehmen, die sich auf den Fang von Haien spezialisieren«, rief Dumas ein. »Alle, die sich in Südafrika oder in Australien, im Golf von Tadschura oder vor Dakar vom Haifischfang ein Vermögen erhofften, mußten nach einiger Zeit aufgeben. Ein paar Monate lang waren ausgezeichnete Fänge zu verzeichnen gewesen, dann aber stellte sich heraus, daß die Haie abgewandert waren. Ähnliches wird auch aus Dschibuti berichtet, wo es 1930 noch von Haien wimmelte. Als man aber mit dem Bau von Hafenanlagen begann, verschwanden die Tiere ...« Ich selbst habe die berühmtesten Haifänger kennengelernt, Kapitän Young, der ein klassisches Buch über Haie verfaßt hat, und zwei bemerkenswerte Frauen, Anita Conti und ihre Mitarbeiterin Paquerette, die in Conakry ein großes Haifischfangunternehmen aufgebaut und geleitet haben. Sie alle waren der Auffassung, daß Haie so klug sind, Fanggebiete zu verlassen.

Wir hatten hier am Shab Rumi jedoch alles in unseren Kräften Stehende getan, um das Leben der Meerestiere so wenig wie möglich zu stören. Ich hatte Anweisung gegeben, auf keinen Fall Fische unter Wasser zu harpunieren und auch das Fischen von der Oberfläche aus zu unterlassen. Wenn wir Fische brauchten, so ließen wir sie in einer Entfernung von mehr als fünf Meilen von kleinen Booten aus fangen. Wir fütterten die Fische an unserem Riff sehr häufig, darunter Muränen, die uns aus der Hand fraßen, Schnapper, Drückerfische und Barrakudas. Die Drückerfische legten dicht vor den Eingängen unserer Unterwasserbehausung ihre Eier ab, und einer von ihnen ließ sich sogar von unserem Taucher-Koch Pierre Guilbert zähmen. Trotz der Unruhe, die unser Kommen und Gehen mit sich brachte, kamen die Bumpfische jeden Abend, um in den Felsspalten, kaum zehn Meter von unserer Niederlassung entfernt, zu übernachten. Ein großer Barrakuda, den wir Jules nannten, entwickelte sich in unserer Kolonie geradezu zum Haustier. Wir hatten gehofft, daß auch die Haie dableiben würden und daß wir ihre Lebensweise ohne Gefahr für uns oder die Tiere selbst studieren könnten.

Sie zeigten sich jedoch als unzugänglich für unsere Lockversuche. Unsere dünnen Plastikbehälter mit lebenden Fischen schienen zwar einige Anziehungskraft auf die Haie auszuüben, aber doch nicht genügend. Die Tiere blieben hartnäckig in vorsichtiger Entfernung von uns. Wir wußten genau, daß sie nicht weit weg waren; sie hatten lediglich den Kreis um unsere Unterwasserstation vergrößert und kamen nur ganz heimlich und bei Nacht näher heran.

Etwa eine Viertelmeile von unserer Unterwassersiedlung entfernt, an der äußersten Südspitze des Shab-Rumi-Atolls, gab es noch viele Hochsee-Fische und Haie. Einer davon, ein großer Tigerhai, lebte schon sehr lange in diesem Gebiet und gab sich ganz als seßhafter Shab-Rumi-Bewohner. Er umkreiste uns jedesmal sehr aufmerksam, wenn wir Taucher diese Gewässer erkundeten. Philippe hat bereits von diesem Tier berichtet, dessen Scheu es vier Tage lang zögern ließ, bis es die verdorbene Rinderseite, die wir genau im Zentrum seines Jagdreviers versenkt hatten, schließlich verschlang.

Während der dritten Woche des Unternehmens Conshelf II wollten wir gesteinskundliche Proben vom Riff in verschiedenen Tiefen sammeln. Die Aquanauten aus dem Seesternhaus hatten die Aufgabe, diese Gesteinsproben innerhalb des ihnen zugeteilten Tiefenbereichs zwischen 10 und 30 Metern zu entnehmen. Die »Schwarzmasken-Aquanauten«, die in größerer Tiefe in der Tiefenhütte hausten, hatten aber keinen derartigen Auftrag erhalten. Aus diesem

Der uns vertrauteste Anblick, den der Hai bietet: durch die Wasseroberfläche gesehen, schlängelt sich dieser wendige Körper auf das Boot zu, sucht träge seine Umgebung ab und schneidet mit Schwanz- und Rückenflosse die Wasseroberfläche. Dieser Anblick versetzt seit Jahrhunderten Seeleute und im Meer badende Menschen in Angst und Schrecken. Nach diesem Bild halten die Männer der Küstenwache Ausschau, die in Australien und Südafrika auf ihren Aussichtstürmen das Wasser absuchen, um die Schwimmer und Taucher vor dem Herannahen der gefährlichen Tiere warnen zu können. Der Anblick, den der Hai bietet, ist sehr markant und charakteristisch, wird aber trotzdem sehr häufig für den Umriß eines Delphins oder sonst eines großen Fisches gehalten.

Grunde ließ ich von der Wasseroberfläche aus eine geologische Taucherexpedition für diese Aufgabe durchführen. Armand Davso wurde mit Hammer und Meißel ausgerüstet, während ich eine Unterwasserkamera mitnahm, um das ganze Unternehmen zu filmen. Philippe begleitete uns mit zwei zusätzlichen Kameras. Wir tauchten ins Wasser und bewegten uns so schnell wie nie zuvor nach unten, da wir mit Davso Schritt halten wollten, den sein großer

Hammer wie ein Bleiklotz in die Tiefe zog. Bald zog links das Seesternhaus, dann auf der rechten Seite die Tiefenhütte an uns vorüber. Der senkrecht abfallende Korallenfelsen endete in einer Tiefe von etwa 50 Metern auf einem grauen Sandstreifen, der zu dem 35 Meter entfernten zweiten Felsabbruch hin abfiel. Dort stand einer unserer fünf Anti-Hai-Käfige dicht an der Kante dieser senkrecht abstürzenden Wand und bot den Aquanauten Schutz. Er war über besondere Alarmeinrichtungen mit dem Seesternhaus, unserem Hauptquartier unter Wasser, verbunden. Wir hatten all diese Schutzvorkehrungen gegen Haie sorgfältig eingebaut und getestet, brauchten sie aber nie zu benutzen.

Wir sanken weiter nach unten und hielten in einer Tiefe von 70 Metern an. Ich wählte einen großen Korallenbrocken aus, setzte meine Kamera in Gang und filmte, wie Davso den Felsen mit dem Hammer bearbeitete. Die lauten, dumpfen Schläge brachen in die tiefe Stille der Unterwasserwelt ein, und fast augenblicklich erfaßte meine Kamera zwei große Weißspitzenhaie (Triaenodon obesus), die aus dem blauen Hintergrund auftauchten und geradewegs auf Davsos Rücken zuschwammen. Ich schrie in das Mundstück meiner Maske, aber Davso hörte mich nicht, sondern hämmerte weiter. Philippe sprang daraufhin als Leibwache ein und schwamm direkt auf die Haie zu. Sie änderten langsam ihren Kurs, glitten seitlich an Davso vorüber, kreisten noch eine Weile um uns und verschwanden dann wieder, wie sie gekommen waren. Es war uns keine Zeit geblieben, uns in den Haikäfig zurückzuziehen... die lauten Hammerschläge hatten die Haie angezogen, doch Philippes entschlossene Abwehrhaltung hatte sie abgeschreckt.

Wir stiegen mit den gewünschten Gesteinsproben nach oben, während der schwerbeladene Davso wie ein Bergsteiger an der Korallenwand emporkletterte. An Bord erzählten wir Davso, welches Erlebnis er verpaßt hatte, als er so verbissen in seine Arbeit vertieft war.

Die *Calypso* lag genau südwestlich vor der Insel Socotra im nördlichen Teil des Indischen Ozeans in der Nähe des Golfs von Aden an einer etwa 100 Meter tiefen Stelle vor Anker: Henri Plé, der die Wache hatte, kam und meldete, das Unterseeboot sei startbereit. Ich zog trotz der unerträglichen Hitze einen Wollanzug über, denn unten würde es kalt werden. Das U-Boot lag auf seinem Stapelschlitten am Hinterdeck. Albert Falco und ich wogen uns auf einer Badezimmerwaage und trugen unser jeweiliges Gewicht mit Kreide auf einer Tafel ein. Armand berechnete das Gesamtgewicht und beschloß, zusätzlich zu dem Ballast noch etwas Wasser in das U-Boot ein-

fließen zu lassen. Diese Korrektur sollte das kleine Fahrzeug wenigstens annähernd im Gleichgewicht halten.
Falco und ich zwängten uns in das U-Boot. Während mein Kamerad sorgfältig die Luke schloß und verschraubte, stellte ich die Sauerstoffzufuhr ein, öffnete das Ventil für die Klimaanlage und überprüfte die Batterien, den Öldruck und die Richtung, die unser Kreiselkompaß anzeigte. Wir verglichen unsere Uhren, und Falco stellte das Tonbandgerät an. Dann meldete er Jacques Roux, dem Wartungsingenieur des U-Bootes, daß alle Geräte an Bord ordnungsgemäß arbeiteten. Wir legten uns bäuchlings auf die Schaumgummimatratzen, die es uns ermöglichten, mit dem Kopf ganz nahe an unserer jeweiligen Sichtluke zu liegen. Im Inneren des U-Bootes herrschte gedämpfter Maschinenlärm wie in einer Fabrik. Einige Motoren liefen dauernd, andere wurden automatisch angeworfen und angehalten, während die Verbindungsmechanismen periodisch klickten. Maurice Leandri bediente den hydraulischen Kran, der das U-Boot vom Stapelschlitten auf dem Hinterdeck der *Calypso* abhob, und wir schwebten einige Sekunden lang in der Luft. Dank Maurices meisterhafter Handhabung der Apparaturen tauchte das U-Boot dann leicht und elegant ins Wasser, das uns, sanft wie ein Seidengewand rauschend, umschloß.
Fast augenblicklich bemerkte ich zwei Haie, die anscheinend ganz zufällig in einiger Entfernung durchs Wasser zogen. Der Taucher Christian Bonnici, dessen Aufgabe es war, das U-Boot sicher aus dem Bereich der *Calypso* zu leiten, behielt die Tiere aufmerksam im Auge, während er seine Routinearbeiten erledigte. Er reinigte zunächst die Plexiglasluken und stieg dann auf ein Signal von Falco an die Oberseite des U-Bootes, montierte die Telefonleitung ab und hakte das letzte Nylonseil aus, das uns noch mit der Außenwelt verband. Das U-Boot sank langsam in die Tiefe, und unser Echolot zeigte 100 Meter unter uns deutlich die Kante des Felsabsturzes. Wenige Minuten ließen wir uns genau dort nieder; es war eine graue, schlammige Ebene voller Gesteinsbrocken. Falco warf die 70 Pfund Außenballast ab, die unseren Abstieg erleichtert hatten, und regulierte das Aufsteigen und Absinken des Bootes dadurch, daß er einige Liter Wasser abpumpte. Dann stellte er unseren Hauptantrieb, zwei Düsenmotoren, an. Gewaltige Wasserwirbel hinter uns lassend, schossen wir in südlicher Richtung an der scharfen Felskante entlang.
In 100 Meter Tiefe erreichten wir die klar umrissene Grenzlinie

Zu dem Bild auf den Seiten 176/177: Ein Blauhai bei Nacht.

zwischen Plateau und Felsabbruch. Hier verlief, wie im Roten Meer, ein überhängender Sims an der Felskante entlang, den bis dahin noch kein Meßinstrument und kein noch so empfindliches Echolot entdeckt hatte. Diese »Wächte« hing in einer Breite zwischen 2 und 10 Metern genau waagerecht über der Tiefe und zog sich in 100–110 Meter Tiefe ohne Unterbrechung an den Felseinbuchtungen, all den Riffs, Inseln und versunkenen Vulkangipfeln entlang. Diese Entdeckung, die wir nur mit Hilfe des U-Boots machen konnten, legt die Vermutung nahe, daß der Meeresspiegel in diesem Gebiet während einer der großen Eiszeiten vor Tausenden von Jahren in dieser Höhe gelegen haben muß.
Die beiden Haie waren uns bis an diese Stelle gefolgt, wandten sich jedoch von uns ab, als wir nun langsam an dem Felsabbruch nach unten schwebten. Von dieser kahlen Felswand an zeigte sich immer weniger Leben. Ab und zu waren einige Rinden- oder Fächerkorallen, Moostierchen und kleine Krustentiere zu sehen, jedoch nur sehr wenig Fische.
In etwa 150 Meter Tiefe sank das U-Boot nicht weiter ab, sondern blieb zwischen zwei Wasserschichten liegen, als ruhe es auf einem nicht vorhandenen Meeresgrund. »Dies ist ein thermisches Phänomen«, meinte Falco. Wir hatten die Grenzlinie zwischen dem an der Oberfläche erwärmten Wasser und der Kälte aus der Tiefe erreicht und trieben auf einer infolge ihrer niedrigen Temperatur dichteren Flüssigkeitsschicht. Durch Aufnehmen von Wasser als Ballast hätten wir unsere Fahrt nach unten sofort wieder aufnehmen können, wollten jedoch lieber die natürlichen Kräfte auf unseren Kurs einwirken lassen und warteten, bis die Hülle des U-Bootes entsprechend abgekühlt war. Das Thermometer sank von 32 Grad Celsius auf 25 Grad, und Falco streifte sich einen Pullover über. Wenig später zog uns die Schwerkraft weiter nach unten.
Der kahle, senkrechte Felsen endete in einer Tiefe von etwa 250 Meter und war hier von tiefen Rissen und Spalten durchfurcht, in denen es von dicken roten Fischen und Zackenbarschen wimmelte. Wir ließen uns in 275 Meter Tiefe auf einem 10 Meter breiten Felsvorsprung nieder, um all das Leben um uns zu betrachten. Das Gestein war mit merkwürdigen, etwa 16 Zentimeter langen Krustentieren übersät, deren Zangen fast so lang wie sie selbst waren, und die Felswand verschwand fast in einer Wolke von Garnelen. Aus zahllosen Felsenlöchern kamen Fische hervor, die wir noch nie gesehen hatten und die uns offensichtlich sehr neugierig betrachteten. Einige von ihnen waren leuchtend rot, andere malvenfarben und gelb gescheckt, und wieder andere trugen braune und weiße Quer-

streifen. So weit das Auge reichte, war der schlammige und geröllbedeckte Sandboden mit Tausenden, Millionen von Krebsen übersät.

Wir zündeten unser Triebwerk und schwammen nach Osten am Fuß des Felsens entlang. Wohin wir auch blickten, war der Grund von einer Woge ineinander verknäulter, kriechender, krabbelnder Krebse bedeckt. Diese gewaltige Ansammlung der etwa faustgroßen Tiere ließ sich nur dadurch erklären, daß gerade Paarungszeit war. Falco und ich schwebten fast eine Stunde lang über diesen lebenden Teppich und hielten immer wieder kurz an, um das Verhalten der Krebse zu beobachten.

Plötzlich rief Falco: »Sehen Sie doch, Käpt'n, da drüben links!« Ich preßte das Gesicht an meine Sichtluke und versuchte, so weit wie möglich in die angegebene Richtung zu sehen. Ein noch undeutlicher Schatten stieg langsam aus der Tiefe zu uns empor. Es war ein Hai, ein unglaublich großer Hai. Er schwamm direkt auf das U-Boot zu, als würde er von unseren Scheinwerfern geblendet. Ich wußte zunächst nicht, welcher Art ich ihn zuordnen sollte, und stand eine Zeitlang völlig im Banne der ungeheuren Ausmaße dieses Tieres. Es muß doppelt so lang wie unser U-Boot gewesen sein. Der Hai schlug einen majestätischen Bogen um unser Fahrzeug und unterschätzte offenbar die Entfernung, so daß uns sein gewaltiger Schwanzschlag durcheinanderschüttelte. Wir waren in unserem Stahlgehäuse vor ihm sicher, aber es ist trotzdem ein sehr merkwürdiges Gefühl, wenn man fast dreihundert Meter unter dem Meeresspiegel von einem Geschöpf dieser Größenordnung angerempelt wird.

Das riesige Tier schwamm, von unseren Scheinwerfern geblendet, vor uns hin und her. Seine Kraft und Wendigkeit nötigten mir unwillkürlich Respekt und Bewunderung ab: es waren die Kraft eines Stiers und die geschmeidigen Bewegungen einer Schlange in einem. Er hatte auf jeder Seite sechs Kiemenöffnungen, woran ich ihn schließlich als »Hexanchus griseus« oder Grauhai erkannte. Man trifft sehr selten auf ihn, da er in großen Wassertiefen lebt und nur äußerst selten an die Oberfläche kommt. Angesichts der Verhaltensweisen unseres »sechskiemigen« Freundes verglich ich das Tier unwillkürlich mit zwei anderen Meeresriesen, dem Walhai und dem Riesenhai, die sogar noch größer sind als der Grauhai. Sie alle zeigen sich nur selten oder nur zu bestimmten Zeiten an der Wasseroberfläche und verbringen die übrige Zeit in unerforschten Tiefen, so daß man über ihre dortigen Lebensbedingungen und Verhaltensweisen so gut wie nichts weiß. Diese Tiere sind möglicherweise die Ursache jener geheimnisvollen Schlammhöhlen, die wir auf dem Grund des Mittelmeers in 2600 Meter Tiefe mit automatischen Tiefseekameras wiederholt fotografieren konnten.

Unser Grauhai kreiste lange genug um uns, daß wir ihn filmen konnten, und prallte dann, offenbar versehentlich, nochmals an unser U-Boot. Er geriet dadurch in Panik und verschwand mit einem gewaltigen Schlag seiner Schwanzflosse in der Tiefe, wohin wir ihm nicht folgen konnten. Sein Tiefseereich ist für unser U-Boot noch völlig unzugänglich. Vom Rand des zweiten Felsabbruchs aus leuchteten wir mit unseren Scheinwerfern in den Abgrund hinein, in dem das riesige Tier verschwunden war, und hofften, daß wir es damit noch einmal anlocken konnten. Nachdem wir eine halbe Stunde vergeblich gewartet hatten, warf Falco einen halben Zentner Ballast ab, so daß wir an die Oberfläche zurückkehren konnten. Zwanzig Minuten später hob uns der hydraulische Kran der *Calypso* aus dem Wasser. Falco und ich schwärmten noch viele Wochen lang von diesem ungewöhnlichen Abenteuer unter Wasser und von unserer Begegnung mit dem Grauhai, dem Herrn über Tiefen, die für uns vorläufig unerreichbar sind.

Die Koexistenz zwischen den Haien und den Unterwassersiedlern ist keineswegs immer friedlich, wie die dramatischen Ereignisse am Shab-Arab-Riff im Golf von Aden uns eindringlich demonstrierten. Die *Calypso* lag an der äußersten Nordspitze des Riffs über einem Gebiet voller senkrechter Felsabbrüche vor Anker, die in eine Tiefe von fast 300 Metern abfielen.

Falco und ich hatten beschlossen, bei Nacht mit dem U-Boot entlang diesen Felsen zu tauchen. Sobald unser Tauchfahrzeug das Wasser berührte, sahen wir im Licht unserer Scheinwerfer mehrere große Haie. Ihre Zahl wuchs rasch an, als wir hinabsanken, und in kurzer Zeit schätzten wir mindestens drei Dutzend dieser Tiere in unserer Umgebung. Sie schienen viel unruhiger als gewöhnlich. Wir setzten das U-Boot auf einem kleinen, schlammigen Abhang in etwa 110 Meter Tiefe auf, um die übliche Instrumentenkontrolle vorzunehmen und vor unserer Weiterfahrt den Auftrieb zu regeln. Wenn wir durch die Luken blickten, konnten wir all diese unheilverkündenden Schatten in nächster Nähe um uns kreisen sehen. Wir befanden uns in unserer Metallhülle völlig in Sicherheit und waren Zeugen eines einmaligen, hinreißenden Schauspiels. Unsere U-Boot-Kameras konnten leider nur einen kleinen Ausschnitt aus diesem wilden Tanz filmen. Wir beschlossen daher, aufzutauchen und einen Anti-Hai-Käfig ins Wasser zu bringen, damit unser Kameramann sowohl die Taucher als auch dieses Hairudel filmen konnte.

Ein Blauhai von beträchtlicher Größe beim Fressen.

Eine halbe Stunde später ließen wir den mit starken Scheinwerfern ausgerüsteten und – wie üblich – leeren Käfig auf eine Wassertiefe von knapp 30 Metern hinab. Der Kameramann Pierre Goupil, Kameraassistent Pierre Duhalde und die beiden Taucher Christian Bonnici und Raymond Coll folgten ihm mit Kameras und Haistöcken. Der hellerleuchtete Käfig bot ihnen ein deutlich sichtbares Ziel, und sie schwammen schnell und ohne besondere Furcht darauf zu. Auf halbem Weg funkelten ihnen, von ihren eigenen Taucherlampen angestrahlt, die grünen Augen von mindestens einem Dutzend Haien entgegen. Sie machten sich daran, die Tiere zu filmen, doch das Hairudel begann sofort um die Mannschaft zu kreisen. Je enger sich ihr gieriger Kreis zusammenzog, desto mehr Haie kamen hinzu. In ganz kurzer Zeit schwammen etwa 70 Haie in der nächsten Umgebung des Teams. Den Tauchern wurde plötzlich klar, daß es jetzt nicht mehr um Filmaufnahmen, sondern um die nackte Selbsterhaltung ging.
Goupil sah sich vor einer schwierigen Entscheidung. Der Haikäfig faßte nur drei Personen, so daß der vierte Mann allein im freien Wasser geblieben und damit der riesigen Raubtiermeute ausgeliefert gewesen wäre. Goupil gab mehrmals das Alarmsignal, um den Käfig hochziehen zu lassen. Dann packte er seinen Kameraassistenten, der am wenigsten Taucherfahrung besaß, schob ihn in den Käfig und richtete sich, so gut es ging, mit Bonnici und Coll auf dem Gitterdach ein. Rücken an Rücken sitzend, konnten sie jede Angriffsrichtung im Blick behalten.
Die Haie lösten ihre Kreisformation augenblicklich auf und stürzten wie Wölfe auf die Männer los, als wären sie sich ihrer überwältigenden, zahlenmäßigen Überlegenheit bewußt. Die Taucher wehrten die Tiere mit Haistöcken, Kameras, Lampen und allem ab, was sie gerade in Händen hatten. Kein Mensch an Bord der *Calypso* hatte den Ernst der Lage erfaßt. Auf Goupils Signal hin setzte einer der Taucher die Winde in Gang und ließ den Käfig bewußt langsam nach oben ziehen, um den Tauchern den Druckausgleich zu erleichtern. Je mehr sich der Käfig der Wasseroberfläche näherte, desto massiver wurden die Angriffe der Haie, doch irgendwie gelang es den drei Männern auf dem Käfigdach, die rasenden Tiere abzuwehren. Als sie endlich an Bord gezogen wurden, waren sie alle unverletzt. Die enttäuschten Raubtiere peitschten die Oberfläche wie ein kleiner Sturm.
Goupil hatte sich kaum von dem Schrecken erholt, als er den Vorschlag machte, das Ganze mit zwei Tauchern zu wiederholen – Dieses Mal allerdings von Anfang an im Käfig, bevor er überhaupt

ins Wasser gelassen wurde. Er wollte das U-Boot, das ja nicht gefährdet war, mit dieser Horde von Haien filmen, anstatt das Leben anderer Taucher aufs Spiel zu setzen. Der Vorschlag wurde angenommen und die Scheinwerfer auf dem Käfig ummontiert. Pierre Goupil und Daniel Tomasi nahmen in dem Gittergehäuse Platz, wo sie sich völlig in Sicherheit befanden. Falco und ich steuerten das U-Boot in einer Tiefe von ca. 25 Metern mitten in das Hairudel hinein, was natürlich geraume Zeit dauerte. Als sich unser U-Boot schließlich dem Käfig näherte, wunderten Falco und ich uns über den merkwürdigen Anblick, den unsere Kameraden boten. Goupil und Tomasi hatten ihre Kameras fallen lassen und führten im Käfig eine Art Veitstanz auf. Sie sprangen in jede nur mögliche Richtung und schlugen sich ständig auf die Knöchel. Tausende kleiner weißer Punkte schwirrten um sie her und hoben sich im grellen Licht der Scheinwerfer deutlich vom dunklen Hintergrund ab. Sie erinnerten uns an Moskitos oder Mücken, die in einer Sommernacht um ein Gartenlicht tanzen. Die Männer im Käfig verrenkten sich in jede nur denkbare Lage, als seien sie plötzlich vom Wahnsinn gepackt. Kameras und Haie waren vergessen. Weder Falco noch ich begriffen, was geschehen war, doch wenig später sahen wir, daß der Käfig – zweifellos infolge eines zweiten Notsignals an diesem Abend – nach oben gezogen wurde.
Eine halbe Stunde später lag das U-Boot wieder auf seinem Stapelschlitten an Deck der *Calypso,* und wir kletterten heraus. Das Hinterdeck war verlassen und mit Blutflecken bedeckt. Ich rannte in die Offiziersmesse und fand Goupil und Tomasi dort auf den Tischen ausgestreckt. Ihre Fußknöchel waren dick verbunden und ihre Gesichter noch immer schmerzverzerrt. Fußboden, Tische und sogar die Wände trugen Blutspuren. Der Schiffsarzt wirkte verwirrt und besorgt. Sobald unsere Freunde ins Wasser getaucht waren, hatte sich ein Schwarm von »Seemoskitos« auf sie gestürzt, winzige, planktonartige Krustentierchen, die mit dem bloßen Auge kaum zu sehen, aber – ihrer Größe entsprechend – fast so schrecklich sind wie die berüchtigten Piranhas des Amazonasgebietes. Die Krallen dieser Krustentierchen reißen bei jedem Biß einen kleinen Fleischfetzen aus dem Opfer. Die beiden Taucher hatten je einen guten halben Liter Blut verloren.
Goupil und Tomasi waren in ihren Kunststoffanzügen vollständig gegen diese Blutsauger geschützt – mit Ausnahme der freien Stellen zwischen den Gummiflossen und ihren hautengen Hosenbeinen an den Knöcheln. Während der Käfig nach oben gehievt wurde, hatten sie diese Kleinstungeheuer verzweifelt abgewehrt und die Gegenwart

der um sie kreisenden Haie völlig vergessen. Maurice Leandri, der den Kran bediente, hatte die Winde fünf Minuten angehalten, als der Käfig noch mehrere Meter unter Wasser war. Dies war für den Druckausgleich nötig. Goupil sagte mir: »Die Moskitos peinigten mich während dieses Aufenthaltes so sehr, daß ich nahe daran war, die Käfigtür zu öffnen und trotz der Haie zum Schiff zu schwimmen.«
Als die *Calypso* nach dem Experiment Conshelf II im Roten Meer wieder im Heimathafen anlegte, hatten wir beträchtliche Erfahrungen über Haie und über bemannte Unterwasserstationen gesammelt. Wir begannen, uns über die Zukunft menschlicher Siedlungen auf dem Meeresgrund und über das sich daraus ergebende Verhältnis zwischen Mensch und Hai Gedanken zu machen.
Bald danach begannen wir mit den Vorbereitungen für das Experiment Conshelf III, das zwei Jahre später im Mittelmeer in 100 Meter Tiefe durchgeführt werden und 27 Tage dauern sollte. Wir entwarfen, ohne Zeit zu verlieren, ein langfristiges Programm für die technische Ausführung, physiologischen Bedingungen und praktischen Anwendungsmöglichkeiten dieses Projekts.
In Marseille wurde mit dem Bau von Taucherkapseln begonnen, die bis in eine Tiefe von 1500 Metern gelangen sollten. In solchen Kammern lassen sich die angemessenen Grenzen von Wasserstoff-Sauerstoff-»gesättigten« Tauchunternehmen bestimmen und die hochdifferenzierten Instrumente testen, die man für die künftigen Tiefseeprojekte mit Conshelf-Stationen benötigen wird.
Es wurden Konstruktionspläne für ein 300 Tonnen schweres Unterseeboot entworfen, das 10 Personen Platz bieten und von Versorgung von außen unabhängig sein soll. Dieses Tiefseefahrzeug wird sich außerdem in eine bewegliche »Unterwasserwohnung« für vier Aquanauten umwandeln lassen, damit die Taucher in einer Tiefe bis zu 650 Meter optimal arbeiten können. Diese autonome, bewegliche Unterwasserstation befindet sich unter dem Namen »L'Argyronete« augenblicklich im Bau.
Die Intergovernmental Oceanographic Conference beantragte bei der UNESCO die Einrichtung eines internationalen Ausbildungszentrums für wissenschaftliche Aquanauten.
Es laufen eine Reihe von Forschungsprojekten, die den Unterwassersiedlern neue Aufgabenbereiche erschließen sollen, so etwa die Tier- und Pflanzenzucht unter Wasser und den Abbau von Bodenschätzen und Erdöllagern im Meer. Darüber hinaus werden Vorbereitungen für künftige geologische und biologische Forschungsarbeiten, aber auch für die »Freizeitgestaltung« der Aquanauten getroffen.

Der Kameramann filmt einen Hai. Dazu muß er sehr nahe an das Tier herangehen und sich weit ins offene Wasser vorwagen. Er wird allerdings von einem Taucher »bewacht«, der dicht hinter ihm (aber nicht mehr im Bild) ist. Diese Aufnahme entstand bei Tag, und der Hai war nicht allzu angriffslustig.

Ein weiteres langfristiges Projekt befaßt sich mit der Entwicklung eines »Amphibienmenschen«, des »homo aquaticus«.

Die Zukunft bietet dem Menschen fast unbegrenzte Möglichkeiten, sich auf und unter den Kontinentalsockeln in den Weltmeeren anzusiedeln. Ich halte es allerdings für sehr unwahrscheinlich, daß sich solche menschlichen Niederlassungen auf dem Meeresgrund zu langfristigen Lebensräumen für den Menschen entwickeln werden, dazu sind wir viel zu sehr auf unsere natürliche Umwelt angewiesen.

Es wird jedoch in Wissenschaft und Industrie immer mehr Aufgaben geben, die vorübergehende, aber umfangreiche Ansiedlungen von Menschen im Meer rechtfertigen und sogar notwendig machen. Derartige Tauchergruppen, die häufig monatelang ohne Unterbrechung auf dem Meeresgrund leben sollen, weil das physiologische Problem des Druckunterschieds zwischen den Tiefen und der Wasseroberfläche ein gelegentliches Auftauchen nicht erlaubt, benötigen ärztliche Betreuung und Möglichkeiten für Erholung und Freizeit. Man denke dabei nur an Erdöltechniker, die oft ein halbes Jahr lang mitten in der Wüste leben und entsprechend versorgt werden müssen. Die für ein menschenwürdiges Leben unter derart extremen Bedingungen notwendigen Maßnahmen machen riesige Bauvorhaben und Investitionen erforderlich, und solche Großprojekte lassen sich erst dann sinnvoll durchführen, wenn eine Vielzahl von offenen Fragen gelöst ist. Für die Unterwasserstationen und deren Besatzungen besteht eines der noch ungelösten Probleme im Schutz gegen Haie.

Wir neigen heute zu der Ansicht, daß sich die Haie aus Gewässern zurückziehen, in denen Unterwasserstationen errichtet werden. Wir wissen aber auch, daß die Tiere nicht wirklich abwandern, sondern in der näheren Umgebung dieser Standorte bleiben. Sie lassen sich von Sprengungen und einer Vielzahl anderer Geräusche, die bei der Arbeit entstehen, möglicherweise in die vom Menschen bewohnten Gebiete zurücklocken. So wissen wir nicht, ob die Haie nicht nach einiger Zeit ihre Scheu vor den Eindringlingen überwinden und scharenweise zurückkommen, um einzelne Arbeitstrupps anzufallen. Hier liegt noch eine Vielzahl von wichtigen Forschungsaufgaben. Als Ausgangspunkt für weitere Arbeiten könnte die Theorie dienen, daß die Meerestiere und speziell die Haie ihrem Sensorium nach nicht in einer Welt optischer Eindrücke leben, sondern primär auf Schall- und Druckwellen reagieren. Es ist denkbar, daß Schall- und Druckwellen mit bisher noch kaum bekannten Frequenzen Haie an Unterwassersiedlungen anlocken oder daraus vertreiben können.

Dieses Riff ist für das Rote Meer und den Indischen Ozean typisch. Es fällt von der Oberfläche aus bis in eine Tiefe von 800 Metern ab. Der Taucher benutzt einen Felsvorsprung als Rückendeckung gegen eine Schar von Haien unmittelbar vor ihm. Diese Korallenriffe sind ein ehrfurchtgebietender Anblick.

11 Der gutmütige Riese

Unsere Begegnung mit einem Walhai – Legenden um den Hai

Bericht von Philippe Cousteau

Im Mai 1967 begegneten wir unserm ersten Walhai. Die *Calypso* befand sich auf der Fahrt von Diego-Suarez zum Golf von Tadschura auf einem nordnordwestlichen Kurs im Indischen Ozean. Der Aufenthalt in Diego-Suarez war seit Februar unser erster größerer Landurlaub gewesen, und der Empfang in diesem großen Hafen der Republik Madagaskar war wie immer äußerst herzlich. Die *Calypso* lag im Dock, wo die Spuren von fast vier Monaten ununterbrochener Seefahrt und harter Arbeit beseitigt wurden.

Während der einwöchigen Reparaturarbeiten saßen wir in nächtelangen Gesprächen auf der Hotelterrasse, träumten von unseren Zukunftsplänen und lauschten dem Wispern der Bäume. Dieser Landaufenthalt, bei dem uns das vertraute Schaukeln des Schiffsdecks unter den Füßen und all die gewohnten Geräusche an Bord fehlten, erweckte in uns den Drang nach neuen Aufgaben und Abenteuern auf See. Als wir schließlich wieder an Bord waren und fast ein wenig wehmütig das Land mit dem Horizont verschmelzen sahen, erfüllte uns gleichzeitig die freudige Erregung, die jeden Aufbruch ins Neue begleitet. Während der Woche, in der wir auf Nordkurs durch den Indischen Ozean fuhren, entwarfen und bauten wir alle möglichen Fangvorrichtungen, die wir vorher noch nie verwendet hatten, und planten eine Fülle von Experimenten, die unser Wissen über die Haie vertiefen sollten.

Die großartige Begegnung mit dem Walhai, dem gewiß größten Fisch der Welt, traf uns jedoch völlig unvorbereitet. Diese Tiere werden bis zu 20 Meter lang und messen im Durchschnitt 10 Meter oder darüber. Man trifft nur sehr selten auf diese Riesen, und niemand weiß mit Sicherheit, ob die Tiere irgendwelchen merkwürdigen Wanderungsgesetzen folgen oder seßhaft sind. Sie nähren sich wie die Wale von Plankton und kleinen Fischen und folgen vermutlich ihr Leben lang den Tiefseeströmungen, die ihre Nahrung durch alle

Meere tragen. Mein Vater ist diesen riesigen Tieren in all den Jahren, die er zur See fährt, nur zweimal begegnet.
Der Walhai trägt den zoologischen Namen Rhincodon typus und hat fünf Kiemenöffnungen. Rücken und Seiten sind graubraun und tragen runde, weiße oder gelbe Flecken, die über den ganzen Körper und den Schwanz verteilt sind und am Kopf kleiner und dichter werden. Sein Rücken ist mit schmalen, gewundenen Farblinien gelb oder weiß quergestreift und der Bauch gelb oder weiß gefärbt. Sein Maul steht fast immer offen, ist etwa 180 Zentimeter breit und 50 Zentimeter hoch und von einer harten Panzerung eingefaßt, die wahrscheinlich dazu dient, etwas zu groß geratene Beutestücke zu zerquetschen.
Trotz seiner ungeheuren Größe gilt der Walhai als harmlos. Er schwimmt bei einer Geschwindigkeit von höchstens drei Knoten träge dahin und ist oft von zahlreichen Schiffshaltern bedeckt. Riesige Schwärme von Lotsenfischen jeder Größe, von fingerbreiten bis zu fast armlangen Exemplaren, umgeben ihn ständig. Wir hatten alle schon viel von diesem Meeresriesen erzählen hören, aber niemand an Bord hatte ihn je zuvor aus der Nähe gesehen.
Der Ausguck an Bord war wie immer, wenn sich die *Calypso* in Fahrt befand, ständig mit zwei Mann besetzt, deren Aufgabe es war, jede interessante Bewegung im Meer sofort zu melden. Gleichgültig, ob es sich um die Wasserfontäne eines Wals oder ein gewöhnliches Stück Treibholz handelte, war uns nichts zu klein oder zu unwichtig. Die unstillbare Neugierde meines Vaters für alles, was die See betraf, hatte sich der ganzen Mannschaft mitgeteilt. Die kleinste, ungeklärte Veränderung an der Wasseroberfläche genügte uns für eine Kursänderung.

Bericht von Jacques-Yves Cousteau

Es war Sonntag, der 7. Mai, 11 Uhr 30. Die *Calypso* fuhr mit zehn Knoten in der Stunde zwischen Mombasa und Dschibuti. Um diese Jahreszeit ist der Indische Ozean an der afrikanischen Küste noch ruhig, denn der berühmt-berüchtigte Südwestmonsun ist zwar im Anzug, hat aber noch nicht eingesetzt. Die Wasseroberfläche, auf der sich die beunruhigenden Tropenwolken spiegeln, gab uns seit dem Vortag kein Zeichen, das unser Interesse geweckt hätte. Es war nicht der kleinste Bonitoschwarm zu sehen, kein einziger Fliegender Fisch, und nirgends zeigte sich eine Walfontäne. Die See glich einer Wüste, und doch war die Wasseroberfläche von gewal-

Der Walhai ist gewiß der größte Fisch der Welt. Er gehört zur Familie der Haie, ist aber völlig harmlos. Die Taucher erregen seine Neugierde, so daß er nicht mit der großen Geschwindigkeit, deren er fähig ist, fortschwimmt. Der Walhai schwimmt gewöhnlich langsam in planktonreichen Gebieten umher. Trotz seiner ungeheuren Größe kommt es kaum vor, daß er einen Taucher beißt oder sonstwie verletzt. Ein Schlag mit seinem gewaltigen Schwanz hätte allerdings katastrophale Folgen.

Noch ein Blick auf den Walhai. Der Taucher muß sehr schnell schwimmen, um mit dem Tier Schritt zu halten, das sich für seine Verhältnisse äußerst langsam fortbewegt.

tigen Planktonmassen getrübt, deren Bestandteile so groß waren, daß wir sie, über die Reling gebeugt, unterscheiden konnten. Wir hatten die Bewegung dieses Stromes von winzigen, wandernden Lebewesen an jenem Morgen durch die Luken des Beobachtungsraums im Bug der *Calypso* lange und sorgfältig verfolgt. Diese Mikroorganismen erschienen uns als weiße Punkte, Fäden oder Kristallkelche und bildeten eine Welt von Kleinkrebsen, Quallen und Salpen, in der jedes einzelne Lebewesen nach den gleichen, ebenso simplen wie grausamen Gesetzen, nach denen auch die Fische am Riff oder die Tiere des Urwalds leben, um die Selbsterhaltung kämpfte. Ihr Schicksal hängt jedoch nur zum geringsten Teil von ihnen selbst ab, sondern von den Launen der Meeresströmungen. Zufallsbedingungen wie Temperatur und Salzgehalt bestimmen ihre Vermehrung ins Unermeßliche oder ihr Massensterben. An diesem Morgen glich das tropische Meer mit all diesen lebendigen Materieteilchen einem riesigen Teller mit heißer Suppe, die uns ein unbekannter Riese serviert hatte. Diese verrückte Vorstellung, die wir anfangs als Spaß ausgetauscht hatten, sollte sich bald auf unerwartete Weise bestätigen.

Um 11 Uhr 35 bemerkte Pierre Li vom Steuerbordausguck etwas Auffälliges im Meer und meldete es an die Kommandobrücke, worauf der Kapitän Roger Maritano eine Kursänderung nach links anordnete. Die *Calypso* machte sich daran, die unerwartete Spur auf der Wasseroberfläche auszukundschaften. Zunächst konnten wir nur zwei etwa meterbreit auseinanderliegende Flossen ausmachen, waren uns jedoch klar darüber, daß wir es hier mit einem riesigen Tier zu tun hatten.

Bald stand fest, daß es sich nicht um ein Meeressäugetier handeln konnte. Es mußte ein ungeheurer Hai sein, der da schläfrig an der Oberfläche trieb. Ob Pilgerhai oder Walhai – wir wußten nur sehr wenig von beiden Arten. Pilgerhaie sind ein sehr eindrucksvoller Anblick und werden bis zu 10 Meter lang. Man kann sie im Frühjahr, meist im April, im Mittelmeer antreffen und sieht sie in kleinen Gruppen träge an der Oberfläche treiben. Dann aber verschwinden diese Tiere wieder, und niemand weiß, wo und wie sie den Rest des Jahres über leben. Der Walhai jedoch ist mit Abstand der größte und schwerste Fisch, den es heute gibt, wobei man bedenken muß, daß der Wal selbst ja kein Fisch, sondern ein Säugetier ist. Der Walhai ist ein echter Hai, dessen Name nur durch seine Körpergröße gerechtfertigt wird. Dieser Gigant bevorzugt warme und sehr tiefe Gewässer und kommt nur sehr selten an die Oberfläche. Eine Begegnung mit diesem Tier ist daher ein außerordentlich seltenes Ereignis.

An Bord der *Calypso* entstand eine ungeheure Aufregung. Innerhalb weniger Minuten war die *Zodiac* im Wasser und mit den Kameraleuten Barsky und Deloire und den Tauchern Falco und Coll besetzt. Als sie sich dem dösenden Tier leise genähert hatte, schlüpften die Taucher ins Wasser. Der Schwanz des Haies war außerordentlich hoch und lang und die massige Rückenflosse abgerundet. Es handelte sich tatsächlich um einen Walhai. Die *Zodiac* schien ihn zu interessieren, denn er begann, langsam und bedächtig um das Boot zu kreisen. Deloire schwamm näher an das etwa 10

Meter lange Tier heran und versuchte, es mit einem Weitwinkelobjektiv zu filmen. Der riesige Hai bot sich ihm erst von der Seite und schwamm dann direkt auf die Kamera zu. Sein offenes Maul sah aus wie die Vorderseite des Düsentriebwerkes an einem Flugzeug. Als er bis auf eineinhalb Meter an Deloire herangekommen war, tauchte er plötzlich dicht unter diesem durch. Raymond Coll war mit seiner berühmten Markierungsharpune ausgerüstet, mit der er schon so viele Haie gezeichnet hatte, und schwamm neben dem Meeresriesen her. Jedesmal, wenn der Hai einen Vorsprung gewann, kletterte Coll ins Boot, um das Tier einholen zu können. War das geschehen, so tauchte er wieder ins Wasser. Als er schließlich ganz aus dem Wasser kam, beschrieb er sein Erlebnis in seiner üblichen, trockenen Art etwa so:
»Die Schwanzflosse ist fast zwei Meter hoch und die Rückenflosse am Ansatz über einen Meter lang und einen Meter hoch. Die Augen sind rund, leicht schräg und wirken sehr aufmerksam. Der Hai scheint sehr gut zu sehen. Er kam zweimal zur *Zodiac* zurück, um sich das Boot nochmals genau anzusehen. Jedesmal, wenn wir uns ihm von vorne näherten, senkte er den Kopf ein wenig und schwamm unter uns durch. Wir sahen ihn mehrmals untertauchen. Wenn er sich leicht nach unten neigt und nach Art eines Unterseebootes taucht, dann kommt er wenige Minuten später in geringer Entfernung wieder hoch. Als er jedoch genug mit uns gespielt hatte, drehte er sich in Senkrechtlage und verschwand wie ein Wal senkrecht in die Tiefe. Ich hielt mich mehrmals an seinem Schwanz fest, aber er reagierte überhaupt nicht darauf und verhielt sich weder defensiv noch aggressiv. Seine Haut ist sehr rauh und mit undeutlichen, kreisförmigen Flecken bedeckt. Überall hingen Schiffshalter, vor allem hinter den Kiemenöffnungen. Dort liegt nämlich eine Öffnung, in der sie ein- und ausgehen. Der Hai war nur von einem einzigen, gestreiften Pilotenfisch begleitet. Es war sehr schwierig, die Markierung an der Rückenflosse des Tieres anzubringen, da seine Haut außerordentlich widerstandsfähig ist. Ich habe mir daran sogar die Harpunenspitze verbogen.«
Unser entgegenkommender Walhai gab uns einige Zeit lang fast herablassend die Gelegenheit, ihn gründlich zu betrachten, zu markieren und zu filmen, tauchte dann senkrecht in die Tiefe und verschwand.
Wenige Minuten später erschien ein zweites, noch größeres Exemplar. »Nummer zwei«, wie wir den 13 Meter langen Hai nannten, blieb nicht so lange bei uns wie sein Vorgänger, ließ sich aber von Raymond markieren. Dann hielt sich Raymond an der Rücken-

Der Taucher war eine Strecke weiter hinten aus unserer Barkasse ins Wasser gestiegen. Als der Hai einen erheblichen Vorsprung vor ihm erreicht hatte, nahmen wir den Taucher ins Boot und fuhren dem Hai mit großer Geschwindigkeit nach. Nachdem der Walhai ihm nochmals davongeschwommen war, kletterte der Taucher wieder in die *Zodiac* zurück, mit der wir den Hai noch einmal einholten.

flosse des Tieres fest und begleitete den senkrecht nach unten tauchenden Hai bis in eine Tiefe von 45 Meter. Später berichtete er mir: »Während der ganzen Zeit hat das Tier nicht ein einziges Mal versucht, zu fliehen oder mich abzuschütteln. Nur wenn wir in sein Blickfeld kamen, zeigte er so etwas wie Verwunderung.«
Es war ein einmaliger Glückstreffer, daß wir diesen beiden Walhaien begegneten und sie auch filmen konnten. Warum lassen sie sich wohl so selten beobachten? Sie kommen ganz zweifellos nur sehr selten und unter ganz bestimmten Bedingungen an die Wasseroberfläche, vielleicht nur dann, wenn die Strömung bei besonders schönem Wetter Plankton an die Oberfläche treibt, das die von ihnen bevorzugte Zusammensetzung hat. Tatsächlich konnten wir unter Wasser deutlich sehen, wie unsere beiden Prachtexemplare riesige Planktonmengen in ihren weitgeöffneten Mäulern verschwinden ließen. Auch die Wale nähren sich vorwiegend von

Plankton und anderen kleinen Meerestieren und können sich nachts in einer Tiefe von 25 Meter, tagsüber sogar bis zu 500 Meter tief im Wasser mit dieser Nahrung vollstopfen, obwohl sie gelegentlich zum Luftholen an die Oberfläche steigen müssen. Die Walhaie dagegen, die im Wasser atmen können, kommen weitaus seltener, ja fast nur aus Versehen, nach oben.
Die Tatsache, daß Walhaie (Kaltblüter und Fische) und Wale (Warmblüter und Säugetiere) sich hinsichtlich ihrer Nahrung ähneln, mag der Grund für eine weitere Gemeinsamkeit in ihrem Verhalten sein. Wir hatten gerade Gelegenheit, mit eigenen Augen zu sehen, daß der Walhai nicht in einer schrägen Linie auf den Meeresgrund taucht, sondern senkrecht nach unten schwimmt. Dies ist bei keiner anderen Haiart der Fall.
Auf die Taucher hatte das riesige Maul des Walhais, das ihnen wie der Luftschacht eines Düsenmotors vorkam, besonderen Eindruck gemacht. Die Zähne sind zwar sehr klein, aber unter Umständen gefährlich. Unser amerikanischer Freund Conrad Limbaugh zog sich einmal erhebliche Verletzungen zu, als sein Arm dem Meeresriesen zufällig ins Maul geriet. Obwohl das Tier ihn ganz offensichtlich nicht gebissen hatte, wies Conrads Arm hinterher starke Quetschungen und Hautabschürfungen auf.

Bericht von Philippe Cousteau

Es liegt nahe, daß ein so großartiges Tier wie der Hai die Mythologie und die Gebräuche primitiver Küstenvölker nachhaltig beeinflußt. Die Tatsache, daß der Hai in den meisten dieser Überlieferungen eine den Menschen wohlgesinnte Gottheit verkörpert, scheint dagegen reichlich merkwürdig. Der Hai wird als Kama-Hoa-Lii, die Reinkarnation eines geliebten Ahnen, als Fruchtbarkeitsgott oder gar als Beschützer schiffbrüchiger Fischer dargestellt, und ich habe bei all meinen Besuchen bei Seefahrervölkern wie diesen nie gehört, daß der Hai als ein bösartiges Tier überliefert ist. Diese Einstellung überrascht um so mehr, als vergleichsweise harmlose Tiere wie die Wale bei den Eingeborenen vieler Küstengebiete als gefährliche Untiere gelten. Andere Meereslebewesen, die höchstens zufällig Schaden anrichten können und erwiesenermaßen harmlos sind, haben ungerechterweise einen äußerst schlechten Ruf, wie etwa die Manta, die häufig auch »Teufelsrochen« genannt wird. In seinem Buch »Haijagd bei Nacht« geht François Poli auf die abergläubische Furcht der kubanischen Fischer vor diesem großen

Rochen ein. Einige dieser Männer behaupten sogar, vom Manta hypnotisiert worden zu sein, und erzählen sich Geschichten, nach denen diese Tiere Boote mit Mann und Maus in die Tiefe gezogen haben sollen. Angeblich wurde auch beobachtet, wie Teufelsrochen sich hoch in die Luft schnellen und dann auf Fischerboote fallen lassen, wobei sie mit ihrem ungeheuren Gewicht alles unter sich zerquetschen.

All die »Abenteuerromane« und Seefahrergeschichten des Mittelalters berichten von Meeresungeheuern, die mit ihren Fangarmen Schiffe ergreifen und wie Nußschalen zerbrechen. Dieses Seemannsgarn verhalf den Fahrensleuten der damaligen Zeit zu dem Ruf großer Tapferkeit, der ihnen sicher zu gönnen ist, wenn man an die zerbrechlichen Schiffe denkt, mit denen sie sich aufs Meer wagten. Es ist durchaus möglich, daß die mittelalterlichen Seeleute diese Geschichten absichtlich und aus Geltungsbedürfnis verbreiteten. Der Riesentintenfisch erreicht zwar eine Größe von über 15 Meter, kommt jedoch äußerst selten vor. Die Mitglieder der Kon-Tiki-Expedition sichteten bei der Durchquerung des Humboldtstroms mehrere Nächte hintereinander eine Reihe dieser »Kraken«, die jedoch glücklicherweise keinen Schaden verursachten. Das beste Beispiel für Meerestiere, die völlig zu Unrecht in Verruf geraten sind, ist meiner Ansicht nach die Riesenmuschel. Der Überlieferung zufolge kann dieses gewaltige Weichtier der warmen Meere mit seinen beiden Schalenhälften den Arm oder das Bein eines Tauchers einklemmen und seinen Gefangenen so lange festhalten, bis er ertrunken ist. Dieses Tier wird zwar bis zu 250 Pfund schwer, aber der Spalt zwischen den beiden Schalen ist so schmal, daß man schon die Fähigkeiten eines Schlangenmenschen besitzen muß, um auch nur das Handgelenk in die Öffnung zwängen zu können.

Im Gegensatz zu den eben genannten Tieren bedeutet der Hai wirklich eine konkrete Gefahr für den Menschen und findet sich in allen Gewässern. Trotzdem hat ihn der Mensch in all den Religionen, in denen er vorkommt, zu einer wohlwollenden Gottheit erhoben – vielleicht um sich selbst Mut zu machen.

Kapitän Young und einige andere Schriftsteller schreiben, daß auf Hawaii der Hai als eine der mächtigsten Gottheiten gilt. Der Haikönig Kama-Hoa-Lii, der über alle Haie herrscht, kann menschliche Gestalt annehmen, wann immer er will. Der Legende nach lebt das riesige Tier irgendwo in den Gewässern vor Honolulu in einer großen Höhle. Er soll mit Hilfe des mächtigen Hais Kalahiki Fischer beschützen, die in Not sind. Da er alle Gefahren des Meeres vorhersieht, kann er Schiffen und Seeleuten zu Hilfe kommen, die von Stürmen, widrigen Winden und Flauten bedroht sind. Wenn die eingeborenen Fischer in Not sind, zünden sie auf ihren Schiffen große Feuer an und schütten den Saft einer Pflanze ins Meer, die »Awa« genannt wird. Sobald ihre Bitte Kama-Hoa-Lii erreicht, entsendet er einen der ihm dienenden Haie, der das bedrohte Boot sicher in seinen Heimathafen geleitet. Er selbst läßt sich jedoch niemals sehen.

Wenn man ihm die richtigen Zaubersprüche vorsagt und er die dargebotenen Opfer annimmt, kann der Haikönig auch zum Beschützer der Unterdrückten werden, ihre Leiden rächen und sie von der Willkür der Tyrannen oder einem eifersüchtigen Ehemann befreien.

Die wundersame Fähigkeit der Haigottheiten, menschliche Gestalt anzunehmen, bildet die Grundlage zahlreicher Mythen. Einige dieser allmächtigen Wesen benützten ihre einmaligen Kräfte dazu, die schönsten Jungfrauen des Archipels zu verführen und zu heiraten. Die einer solchen Verbindung entstammenden Knaben waren mit den Kräften ihrer Väter begabt und trugen als einziges Zeichen ihrer göttlichen Herkunft das Kiefermal eines Haies zwischen den Schulterblättern. Der übernatürliche Vater schärfte den Verwandten des Kindes ein, den jungen Gott niemals Fleisch essen zu lassen, da er sonst Geschmack daran finden und entsetzliches Unheil anrichten würde. Es kam aber vor, daß ein Großvater das Kind allzu sehr verwöhnte und das Verbot übertrat. In einem solchen Fall pflegte der Göttersohn den Dorfbewohnern auf ihrem täglichen Gang zum Meeresufer zu folgen, sich im Wasser in einen Hai zu verwandeln und seinen ungeheuren Appetit an seinen Gefährten zu stillen. Wenn man entdeckte, daß er seinen Umhang oder »Kapa« verloren hatte, der das unheimliche Mal auf seinem Rücken bedeckte, dann mußte sich der junge Gott ins Meer stürzen und zu einer Insel schwimmen, wo er unerkannt in neuen Jagdgründen sein Unwesen treiben konnte.

Trotz dieser Sagen und Mythen wurden auf Hawaii die weisesten aller Stammesältesten mit der Prophezeiung geehrt, daß sie in ihrem nächsten Leben als Haie auf die Welt kommen würden. Die so

Dies ist ein Ammenhai (Ginglymostoma cirratum). Die Ammenhaie sind äußerst wendig und schwimmen fast wie Schlangen. Sie scheinen kurzsichtig zu sein und verstecken sich daher über lange Zeiträume hinweg in Felsenspalten. Man kann sie daraus hervorholen, indem man sie am Schwanz zieht – doch das ist eine recht gefährliche Methode. Mit einem Hai der gleichen Art – allerdings einem viel größeren Exemplar – hatten wir es schon einmal am Shab Arab zu tun.

Erwählten genossen in ihrem derzeitigen Leben größtes Ansehen und bekamen das Kiefermal eines Haies auf den Rücken tätowiert. Man brachte diesen designierten Göttern Nahrung und baute ihnen, fern der Siedlung, an der Schwelle zu ihrem künftigen Reich Hütten am Strand.

Der Hai ist nicht nur in der Mythologie dieser Inseln ein sehr bedeutendes Wesen. Die Archäologen sind auf die Spuren alter Bräuche gestoßen, in denen dieses Tier eine ganz reale und konkrete Rolle spielte. Nicht weit von Pearl Harbor stieß man bei Ausgrabungen auf die Reste von Meeresarenen, die aus kreisförmig angeordneten Steinquadern bestanden und nach der See hin offen waren. In dieser Art von Amphitheatern, die an das Römerreich erinnern, fanden Gladiatorenkämpfe zwischen Hai und Mensch statt. Nackt und nur mit einem kurzen Dolch bewaffnet, traten die Männer unter dem kritischen Blick der Könige und des Volkes gegen Tiefsee-Haie an. Ihre eigens zu diesem Zweck geschaffenen Waffen bestanden lediglich aus einem Holzgriff, in dem der Zahn eines Haies steckte. Dies war angesichts der Tatsache, daß damals auf Hawaii der Gebrauch von Metallen noch unbekannt war, geradezu genial, denn der Hai hat eine äußerst zähe Haut, die sich nur mit einem der rasiermesserscharfen Haizähne durchbohren ließ. Die Archäologen können uns leider keine Auskunft darüber geben, wie diese Kämpfe ausgingen, ob der Mensch oder der Hai meistens Sieger blieb oder welche Feierlichkeiten zu Ehren von Kama-Hoa-Lii, des großen Haigottes, als Krönung der Kämpfe veranstaltet wurden.

Wenn die Archäologen unsere Neugierde hinsichtlich des Ausgangs dieser Wasserkämpfe auf Hawaii auch nicht befriedigen können, so sind wir doch in der Lage, an einem anderen Ort der Welt eine Antwort auf unsere Fragen zu finden. Die Bewohner der Westindischen Inseln leben, genau wie die der Pazifikinseln, in ständiger Berührung mit der See und haben zu jeder Zeit eine Reihe hervorragender Seeleute und Fischer hervorgebracht. In diesem Gebiet sind die Haie ebenfalls sehr zahlreich und angriffslustig. Wenn sie hier auch nicht so leidenschaftlich verehrt werden wie auf Hawaii, sind sie doch Gegenstand vieler Geschichten und Erzählungen. Auf der Insel Santo Domingo hörte ich von zwei Negern, die regelmäßig mit Haien kämpften. Es gab dafür keine eigene Arena, sondern nur eine flache Lagune, deren Verbindungskanal zum Meer hin mit Steinen und Ästen abgeriegelt werden konnte. Statt des Dolches mit der Haizahnspitze wurde eine Klinge aus bestem Stahl verwendet. Sobald man einen großen Hai in der Lagune gefangen und die vereinbarte Geldsumme hinterlegt hatte,

Wenn man lange im Wasser war, auch wenn es noch so warm ist, wird der Körper stark ausgekühlt, und man freut sich auf ein Sonnenbad.

stieg der Gladiator, nur mit dem Messer bewaffnet, ins Wasser. Der Kampf auf Leben und Tod begann. Meistens dauerte es nur ein paar Sekunden, bis es dem Mann gelang, dem Hai das Messer in die Seite zu stoßen. Die beiden Gladiatoren verdienten sich mit diesem gefährlichen Sport ihren Lebensunterhalt, so daß sie offensichtlich sehr häufig zum Kampf mit Haien antraten und wohl meistens Sieger blieben. Im schlammigen Wasser einer Lagune mit einem Menschenhai zu kämpfen, scheint mir trotzdem entweder ein Zeichen für ganz außergewöhnlichen Mut oder aber für die eklatante Unfähigkeit, Gefahren zu erkennen.
In Mittelamerika stoßen wir wieder auf den Glauben, der Hai sei

ein dem Menschen wohlgesinntes Wesen, das aus diesem Grunde tabu ist. François Poli schildert in dem schon erwähnten Buch »Haijagd bei Nacht« die irrationale Angst der Eingeborenen am Nicaraguasee, wenn man sie zur Jagd auf Haie auffordert. Die Süßwasserhaie in diesem See sind entfernte Verwandte der Meereshaie, die sich ihrer neuen Umwelt allmählich angepaßt haben. Es gibt Theorien, nach denen bei der Entstehung der Bergkette, die den See umgibt, eine Bucht vom übrigen Meer abgetrennt wurde. Im Lauf der Zeit wurde diese Salzwasserenklave zum Süßwassersee, und die darin lebenden Haie paßten sich an die veränderten Umweltbedingungen an. Dieser Anpassungsvorgang ist nicht weiter verwunderlich, wenn man bedenkt, daß bestimmte Haiarten in Südafrika einen Teil ihres Lebens im brackigen Wasser von Flußmündungen verbringen. Einige dieser Tiere schwimmen sogar mehrere hundert Kilometer den Sambesi hinauf, wo sie sich ganz offensichtlich völlig im Süßwasser befinden. Die Haie vom Nicaraguasee gelten als enge Verwandte dieser »Sambesihaie«.
François Poli berichtet ferner, daß die Indianer dieser Seeregion, einem alten Brauch folgend, ihre Toten mit allen möglichen Edelsteinen schmückten und dann den Haien überließen. Ein holländischer Abenteurer hörte von dieser Begräbnisart und beschloß, aus dem primitiven Kult der Eingeborenen Kapital zu schlagen. Er baute sich nahe der Stelle, an der die Leichenopfer dargebracht wurden, eine Hütte und ging nach jeder dieser Zeremonien auf Haifischjagd. Es hieß, er habe sich ein beträchtliches Vermögen zusammengetragen, bis die Indianer sein Treiben entdeckten, seine Hütte niederbrannten und ihn selbst töteten.
Der einzige Anlaß, bei dem die Indianer mit den Haien im See in Konflikt geraten, ergibt sich, wenn einer der Eingeborenen von einem Hai gebissen wird und einen Arm oder ein Bein verliert. In solchen Fällen wird das betreffende Tier unerbittlich gejagt, bis das abgebissene Körperglied gefunden ist. Es wird dann mit dem Opfer bestattet, damit der Tote ins Paradies gelangen kann.
Im Winter 1967 fuhr mein Bruder Jean-Michel mit der *Calypso* in den Hafen von Tulear an der Südküste von Madagaskar voraus, um einige notwendige Vorbereitungen für unseren dortigen Aufenthalt zu treffen. Während er auf unsere Ankunft wartete, unterhielt er sich oft mit den Bewohnern dieser Gegend. Ein kleines Eingeborenenmädchen erzählte ihm, daß sich ihre Stammesgenossen überhaupt nicht vor Haien fürchteten, da sie die Tiere für Reinkarnationen ihrer Ahnen hielten. »Und Großvater würde mir doch nichts tun, nicht wahr?«, sagte das kleine Mädchen. Diese Einge-

borenen glauben auch daran, daß im Falle eines Schiffsuntergangs ihre Ahnen in Gestalt von Haien auftauchen und sie sicher an Land bringen würden. Selbstverständlich macht in dieser Gegend kein Mensch Jagd auf Haie – mit Ausnahme einiger »Vasas«, weißer Fremder, die sich damit eines Sakrilegs schuldig machen.

Am Sandstrand einer winzigen Insel an der Straße von Moçambique nordwestlich von Madagaskar liegt das einzige Haifischfangunternehmen der Madagassischen Republik. Ein alter Araber, der den Glauben der Einwohner von Madagaskar nicht teilt, wirft hier vom Ufer aus seine Angelschnüre ins Meer und fängt jede Nacht eine ansehnliche Zahl von Haien. Wenige Jahre zuvor sammelte er auch noch Schiffshalter – äußerst kräftige Saugfische, die sich an den Haien festsetzen – und verkaufte sie lebend an die Fischer jenseits der Wasserstraße. Die Käufer befestigten diese Fische an einem stabilen Stück Angelschnur und setzten sie dann in den Riffgewässern aus. Die freigelassenen Schiffshalter saugten sich meist sehr bald an einem großen Fisch oder einer Meeresschildkröte fest, von denen es in diesem Gebiet wimmelt. Das Tier, das sich der Schiffshalter als »Gastgeber« ausgesucht hatte, wurde dann einfach an der Angelschnur aus dem Wasser gezogen und verkauft. Dieser kuriose Fischereibrauch ist heute praktisch ausgestorben, und mit ihm ist für den Haijäger eine schöne Einnahmequelle versiegt. Heute gerbt der Alte die Haut seiner Opfer und verarbeitet deren Lebern zu Tran. Diese Tätigkeit ist vielleicht weniger romantisch, verhilft dem Haifänger jedoch zu einem gesicherten Einkommen. Der alte Araber führt an seinem Sandstrand ein recht zufriedenes und glückliches Leben, obwohl seine Haifischgerberei zum Himmel stinkt und obwohl seine Nachbarn ihm mißtrauen und ihn für eine Art Hexenmeister halten.

Bei den Bewohnern der herrlichen Inseln Polynesiens ist die Einstellung den Haien gegenüber sehr vielschichtig und je nach Insel, ja sogar nach Stammeszugehörigkeit verschieden. Der Hai genießt keineswegs immer göttliche Verehrung, und manchmal wird er überhaupt nicht beachtet. Bei einigen Stämmen beugt man der Gefährdung von Kindern durch diese Tiere dadurch vor, daß die Erwachsenen Haie fangen und in den großen, flachen Lagunen aussetzen, in denen die Kinder jeden Tag spielen. Auf diese Weise lernen die Eingeborenen von Jugend an, mit Haien umzugehen – eine Fähigkeit, die außerordentlich wichtig ist, da sie ihre Nahrung hauptsächlich aus dem Meer beziehen und von der See abhängig sind. Wenn die so früh an Haie gewöhnten jungen Polynesier später beim Fischfang den Tieren in freier Wildbahn begegnen, werden sie sich adäquat verhalten, anstatt in Panik zu geraten. Ich habe oft die Erfahrung gemacht, daß sich der Hai in sehr flachen Gewässern nur mit Mühe fortbewegen kann; da die polynesischen Kinder unglaublich flink und wendig sind, ist die Gefahr für sie in der Lagune sehr gering. Diese Erziehungsmaßnahme ist außerordentlich sinnvoll, da sie die panische Angst und die kopflosen Reaktionen ausschließt, die bei der Begegnung mit Haien so häufig vorkommen. Der junge amerikanische Arzt William Murphy hat eine Untersuchung über die psychologischen Faktoren durchgeführt, die bei einem von Haien angefallenen Menschen auftreten. Sinn und Zweck solcher Studien bestehen darin, durch größeres Wissen um diese Zusammenhänge die Sicherheit von Tauchern und Schwimmern zu erhöhen. Murphy ist der Ansicht – meines Erachtens mit Recht –, daß meistens der von Haien angegriffene Mensch sich durch seine irrationale Furcht vor den Tieren von einem gleichwertigen oder gar überlegenen Gegner zu einer leichten Beute verwandelt. Wenn diese Untersuchungen die psychologischen Vorgänge zwischen Mensch und Hai einmal hinreichend geklärt haben, können sie die Grundlage für wirksame Schutzmaßnahmen abgeben.

Auf den Philippinen bildet eine Mischung aus Animismus und dem Glauben an die Wiedergeburt des Menschen in Tiergestalt die Grundlage für zahlreiche einheimische Religionen. Wilde Tiere – von Vögeln bis zu Flußaalen –, die als Reinkarnationen eigener Vorfahren gelten, werden so zu umhegten Haustieren und Beschützern.

Glücklicherweise bezieht sich dieses Tabu in jeder Familie nur auf eine oder zwei Tierarten. Manche Eingeborene verehren Schlangen, andere Schweine und wieder andere Papageien, aber niemand hat die geringsten Skrupel, Tiere zu töten und zu verspeisen, die einer anderen Familie heilig sind. Man darf die Reinkarnationen der Vorfahren also durchaus zu einem Sonntagsbraten machen – vorausgesetzt natürlich, daß es nicht die der eigenen Ahnen sind!

Ich habe die Stellung, die der Hai-Gott bei den Eingeborenen von Hawaii einnahm (als man dieses Gebiet noch Sandwich-Inseln nannte), bereits erwähnt, möchte dazu aber noch etwas nachtragen. Jede Familie in all den verschiedenen Inseldörfern wählte sich nämlich ein eigenes Totemtier, wobei das des Hais das größte Ansehen genoß. Wenn in einer Familie, die den Hai-Gott verehrte, ein Kind tot auf die Welt kam, so versuchte man, die Seele des armen Kleinen durch besondere kultische Handlungen in einen Hai zu verwandeln. Der Vater wickelte die Leiche des Kindes mit Früchten und heiligen Wurzeln als Opfergaben in eine geweihte Strohmatte und vertraute das kostbare Bündel unter Gebeten und Zau-

bersprüchen der See an. Wenn die Gottheit das Opfer gnädig annahm, schützte sie ihrerseits die übrigen Familienmitglieder vor den Angriffen ihrer Diener, der Haie.
Es gab in den Bergen einen dem Hai-Gott geweihten Tempel, dessen Priester sich die Haut ständig mit einer Salzlösung einrieben, so daß sie bald aussahen, als trügen sie Schuppen. Die Priester weissagten die Stunde, zu der der Gott das Opfer annehmen und die Kinderleiche in einen Hai verwandeln würde. Die Familie nahm die feierliche Verkündigung des großen Augenblicks jubelnd auf und bereitete den Priestern ein Festmahl.
Viele Kulte und Sitten primitiver Völker spiegeln die Angst und Ohnmacht dieser Menschen gegenüber Naturerscheinungen und wilden Tieren. Fast überall auf der Welt werden Vulkanausbrüche, Erdbeben, Tiger oder Schlangen verehrt und gefürchtet – genauer gesagt: sie werden verehrt, weil man sie fürchtet. Diese grausamen Mächte wurden und werden jedoch meist durch böse Dämonen und zürnende Gottheiten verkörpert, während das für den Hai, das gefährlichste aller Tiere, nur in ganz seltenen Fällen zutrifft. Der Hai-Gott ist zwar mächtig und durchaus furchteinflößend, gilt aber im allgemeinen als wohlwollende und hilfsbereite Gottheit. Erst der moderne, zivilisierte Mensch hat den Hai zu einem grauenvollen Untier gemacht, das Ekel und irrationale Angst auslöst.
Keine der beiden Einstellungen gegenüber diesem Tier ist dem Phänomen Hai angemessen. Wenn sie das Leben des Menschen gefährden, sind Gefühle wie Verehrung oder Angst gleichermaßen furchtbar, vor allem dann, wenn sie ein so gefährliches Tier wie den Hai zum Objekt haben. Ich denke dabei voll Respekt an jene Stämme in Polynesien, die ihre Kinder weder in blinder Verehrung noch panischer Angst vor Haien aufwachsen lassen, sondern sie diese Tiere und die Gefahr, die sie für den Menschen darstellen, kennenlernen lassen. Nur so können die jungen Polynesier sich vor dem Hai schützen und ihn sogar überwinden.

Die roten Stellen in diesem Tintenfischschwarm sind Fangarme. Diese färben sich bei der Paarung rot.

12 Die Hai-Forschung

Eine Schule für Haie – Das offene Meer

Bericht von Philippe Cousteau

Dr. Eugenie Clark führte im Meeresforschungsinstitut von Cape Haze in Florida ein Experiment durch, das Auskunft darüber geben sollte, wieweit Haie auf verschiedene konditionierte Reize reagieren. Jahre später führte Dr. Clark an Bord der *Calypso* eine weitere Phase dieses Experiments durch.

Die Versuchstiere von Cape Haze gehörten zwei verschiedenen Arten an. Man verwendete ein Zitronenhai-Pärchen (Negaprion brevirostris) von etwa einem Meter Länge und drei gleich große, männliche Ammenhaie. Die beiden Zitronenhaie waren 5 Monate vor Beginn der Versuchsreihe, im Mai 1958, gefangen worden und hatten sich bei bester Gesundheit bereits gut an das Leben in Gefangenschaft gewöhnt. Dies traf auch für die anderen Tiere zu, obwohl Ammenhaie von Natur aus langsamer und träger sind als der Zitronenhai. Der »Zwinger«, in dem das Experiment stattfand, bestand aus einer mit senkrechten Holzbalken im relativ seichten Uferwasser geschaffenen Umzäunung. Er war etwa 10 Meter lang und 20 Meter breit und enthielt außer den Haien nur einige große Meeresschildkröten. Die Tiere wurden für die Dauer des Experiments wöchentlich fünfmal gefüttert, und zwar montags bis freitags jeweils genau um 15 Uhr 15. Frühere Versuche mit allen möglichen Tieren hatten ergeben, daß regelmäßige Fütterungszeiten äußerst wichtig sind. Während der 6 Wochen, in denen das Experiment durchgeführt wurde, ließ man genau zu der angegebenen Zeit eine Signalscheibe aus Sperrholzlamellen in den Behälter. Diese quadratische Tafel mit einer Seitenlänge von 35 Zentimetern wurde nach jeder Fütterung wieder aus dem Wasser genommen und befand sich zu keiner anderen Zeit im Zwinger. Sie war an einem Stock befestigt, so daß sie, unabhängig vom Stand der Flut, jedesmal an der gewünschten Stelle knapp unter dem Wasserspiegel angebracht werden konnte. Die Versuchsanordnung wurde mit einer Unter-

wasserklingel vervollständigt, die 5 Zentimeter hinter der Signalscheibe befestigt wurde. Solange die Holzplatte nach hinten gedrückt war, läutete diese Glocke und wurde durch Gummibänder wieder in Ruhelage gezogen, wenn die Scheibe sie nicht mehr berührte.
Am 22. und 23. September, den beiden ersten Versuchstagen, gab man in immer geringer werdender Entfernung von der Scheibe Futterstücke ins Wasser, die mit einer kurzen, dünnen Schnur an der Mitte der Platte befestigt waren. Wenn die Haie sich ihr Futter holen wollten, mußten sie daher mit der Nase an die Scheibe drükken. In der ersten Woche war der Glockenton sehr schwach, wurde aber in der zweiten Woche so laut und klar, daß man ihn auch an der Wasseroberfläche deutlich hören konnte. Jedesmal, wenn die Vorrichtung in den Haizwinger gelassen wurde, lag schon ein Stück Fisch bereit, das dann jeweils ersetzt wurde. Dazu ließ man das Futter an einem Stück Draht ins Wasser gleiten, der von der Oberfläche zum Mittelpunkt der Scheibe führte.
Die Fütterung wurde in der zweiten Woche von 40 auf 20 Minuten verkürzt und in dieser Form für die Dauer des Experiments beibehalten, bis der geplante Lern- bzw. Konditionierungsprozeß abgeschlossen war.
Am Anfang der siebten Woche ließ man die Vorrichtung ohne Futter ins Wasser, um das ganze Experiment und seine Ergebnisse prüfen zu können. Sobald einer der Haie fest genug auf die Scheibe drückte und damit das Glockenzeichen auslöste, warf man ein Stück Fisch in die Nähe der Platte und ließ dem Versuchstier 10 Sekunden Zeit, um das Futter zu nehmen. Konnte der Hai die Nahrung innerhalb dieser Zeitspanne nicht von der Schnur losreißen, wurde der Fischbrocken aus dem Wasser genommen. Die dahinterliegende Absicht besteht in dem Versuch, beim Hai eine Assoziation zwischen dem Glockenton und dem dargebotenen Futter herzustellen. In den folgenden Wochen wurde das Futter jeweils ein Stückchen weiter von der Holzscheibe entfernt ins Wasser geworfen.
Das Ergebnis dieses Lernexperiments sah folgendermaßen aus: Die Haie zeigten zu Beginn der Konditionierungsphase jedesmal Furchtreaktionen, wenn die Holzscheibe ins Wasser getaucht wurde, gewöhnten sich dann aber schnell daran. Während dieser 6 Wochen lösten die beiden Zitronenhaie 522mal das Glockensignal aus, wenn sie sich ihr Futter holten; weitere 116 Klingelanschläge erfolgten, ohne daß sie die Nahrung erwischen konnten. Die Zitronenhaie lösten also insgesamt 638 Glockenzeichen aus. Die Ammenhaie drückten beim Futterholen 79mal auf die Klingel und verfehlten ihre

Die Käfige waren im offenen Meer zu Wasser gelassen worden. Ein Tigerhai von beträchtlicher Größe schwimmt daran vorbei. Er gehört einer relativ seltenen Art an, die jedoch als äußerst gefährlich gilt. Obwohl wir bisher nicht viel mit Tigerhaien zu tun gehabt haben, sind wir sicher, daß sie furchtbare Wunden reißen können. Sie haben außerordentlich starke Kiefer, rasiermesserscharfe Zähne und sind wahre Muskelberge, deren riesiges Maul in keinem Verhältnis zu ihrer Körpergröße steht.

Beute 10mal. 75mal nahmen sie sich ihr Futter, ohne den für das Glockenzeichen nötigen Druck auf die Holzscheibe auszuüben, was sich durch ihre größere Fähigkeit, ruhig im Wasser zu stehen, erklärt. Am Ende der Konditionierungsperiode wurde die Scheibe am 3. 11. 1958 ohne Futter ins Wasser gebracht. Nach knapp einer halben Minute schwamm das Zitronenhai-Männchen mit geöffnetem Maul auf die Holzscheibe zu, verlangsamte dicht davor sein Tempo und streifte die Platte dabei mit dem Kopf. Die Berührung war jedoch nicht stark genug, um den Glockenton auszulösen. Nach zehn ähnlichen Versuchen preßte er schließlich fest genug gegen die Scheibe, und das Klingelzeichen ertönte, worauf sofort ein Stück Fisch ins Wasser geworfen wurde. Gegen Ende der ersten Woche waren die beiden Zitronenhaie darauf abgerichtet, durch Druck auf die Scheibe das Glockensignal auszulösen, zu wenden und zu der dargebotenen »Belohnung« zu schwimmen. Die Ammenhaie näherten sich jedesmal, wenn Futter ins Wasser geworfen worden war, mit großer Geschwindigkeit der Holzscheibe, und nach dem zweiten Mal schnappten sie dem Zitronenhai-Männchen die Belohnung weg. Während der ersten, 40 Minuten dauernden Beobachtungsphase verschafften sich die Ammenhaie auf diese Weise drei Futterbrocken und ließen sich nicht einmal durch Schläge auf den Kopf davon abhalten.

Den ganzen November und die beiden ersten Dezemberwochen hindurch kamen die Zitronenhaie jedesmal, wenn die Vorrichtung ins Wasser gebracht wurde, an die Holzscheibe herangeschwommen und stießen mit der Nase daran. Dann aber sank die Wassertemperatur unter 20 Grad Celsius ab, und die Haie nahmen keine Nahrung mehr auf. Diese Phase dauerte 10 Wochen lang.

Man kann aufgrund dieser Beobachtungen sagen, daß die Ammenhaie keine assoziative Verbindung zwischen der Scheibe und der Darbietung von Futter gezogen hatten. Das Zitronenhai-Männchen schwamm immer zuerst auf die Scheibe los, während das Weibchen, selbst wenn es in unmittelbarer Nähe der Scheibe war, häufig erst dann darauf zu schwamm, wenn sich das Männchen schon drei oder vier Fischstücke verschafft hatte. In mehr als 90 Prozent der Fälle wendeten die Haie nach der Berührung der Scheibe im Uhrzeigersinn. Da das Futter aber links von der Holzplatte ins Wasser geworfen wurde, hätten die Tiere es mit einer Linksdrehung viel schneller erreichen können. Die Zeit, die ihnen bei dem Umweg nach rechts verlorenging, ermöglichte es den anderen Haien häufig, ihnen das Futter zu stehlen. Das Zitronenhai-Männchen konnte die ungewohnte Linksdrehung leichter ausführen als das Weibchen.

Am 9. Februar 1959 stieg die Wassertemperatur auf 22 Grad Celsius, und am 18. Februar begannen die Haie, wieder Nahrung aufzunehmen. Die Versuche wurden am 19. und 20. des Monats wiederaufgenommen, und die Haie zeigten sofort wieder ihr vorher erlerntes Verhalten. Innerhalb von zwei Tagen drückte das Zitronenhai-Männchen 12mal, das Weibchen 4mal auf die Scheibe. Nach einer weiteren Kaltwetterperiode, während der die Haie nichts fraßen, wurden die Versuche bis zum Hochsommer fortgesetzt. Als Dr. Clark die Glocke abmontieren ließ, drückten die Haie nach kurzem Zögern weiterhin auf die Scheibe und erhielten ihre gewohnte Belohnung. Dies konnte bedeuten, daß das Fehlen des akustischen Reizes die Reaktionen der Haie nicht beeinflußte und daß die Glocke daher überflüssig war.
Das Experiment hat gezeigt, daß sich Zitronenhaie unter den obengenannten Bedingungen darauf konditionieren lassen, eine Verbindung zwischen dem Druck auf eine Scheibe und der Darbietung von Futter herzustellen. Ein paarmal lockte der erste Glockenton sofort einen der Zitronenhaie, der gerade am anderen Ende des »Zwingers« schwamm, in die Nähe der Scheibe. Gelegentlich kam es vor, daß das Männchen nach einem Druck auf das hölzerne Rechteck, der für das Auslösen des Tons zu schwach gewesen war, eine volle Drehung beschrieb und nochmals auf die Scheibe losschwamm. Diesmal gelang es ihm, das Signal auszulösen, und er schwamm dann auch prompt an die Stelle, an der es Futter für ihn gab.
Die Tatsache, daß das Weibchen wartete, bis das Männchen mehrere Futterbrocken für sich »verdient« hatte, bevor es sich selbst an die Scheibe heranmachte, legt die Vermutung nahe, daß die Tiere sich untereinander auf eine uns noch nicht bekannte Art und Weise verständigen können.
Die Eigenart bestimmter Haie, bei der Futtersuche mit dem Kopf an Gegenständen im Wasser entlangzureiben, läßt sich möglicherweise durch ein Sinnesorgan erklären, das dem Hai durch bloße Berührung einen Geschmackseindruck von dem betreffenden Objekt vermittelt. Diese Eigenschaft könnte der Grund dafür sein, daß die Versuchstiere während der Konditionierungsphase so schnell lernten, die Holzscheibe mit Futter zu assoziieren.
Zum Schluß sei noch eine Beobachtung angeführt, die den wildwuchernden Geschichten über diese Meeresungeheuer widerspricht. Zu bestimmten Zeiten geben sich die Haie sehr gesellig und spielerisch mit ihren Artgenossen. Wenn sie ihren Hunger gestillt hatten, schwammen sie manchmal mehrmals hin und her und drückten dabei jedesmal auf die Scheibe, ohne das ihnen dargebotene Futter

zu beachten. Das Zitronenhai-Männchen betätigte bei verschiedenen Gelegenheiten den Futtermechanismus und überließ die Belohnung dann dem Weibchen. Dies war für mich die wohl überraschendste Entdeckung bei diesem Experiment und verleiht dieser mordenden Bestie einen Hauch von Ritterlichkeit.
Dr. Clark wollte in einer weiteren Versuchsreihe die optische Unterscheidungsfähigkeit des Haies hinsichtlich verschiedener Signalscheiben untersuchen. Dieses Experiment wollten wir von der *Calypso* aus durchführen und als Versuchstiere Haie in freier Wildbahn verwenden.
Am Samstag, dem 23. September 1967, kam Eugenie Clark im Hafen von Dschibuti an Bord der *Calypso.* Wir stachen sofort in See und nahmen Kurs auf die der Sudanküste vorgelagerten Suakin-Inseln. Die Haie in diesem Gebiet waren uns schon recht vertraut.
Wir ankerten die *Calypso* genau in der Mitte zwischen dem Dahl-Ghab-Riff und einem kleinen Riff, das auf keiner Karte zu finden ist und dem wir den Namen Calypso-Riff gaben. Die Entdeckung dieses Riffs war ein purer Zufall und hätte beinahe böse Folgen für uns gehabt, da wir fast darauf aufgelaufen wären, stellte sich jedoch später als Glückstreffer heraus. Das Riff bildete eine natürliche Schutzbarriere gegen die starke Dünung aus südwestlicher Richtung und schuf eine Zone beinahe vollständiger Stille, in der wir Anker werfen, alle unsere kleinen Boote benutzen und mit den empfindlichsten Instrumenten arbeiten konnten. Die geplante Untersuchung sollte das letzte und gewiß auch wichtigste Unternehmen dieser Expedition sein. Die Bedingungen dafür waren beinahe ideal. Während der vorausgehenden Tage waren die Wetterverhältnisse außerordentlich günstig gewesen, und das Wasser war infolge der Windstille und geringen Wellenbewegung klar und durchsichtig wie ein Kristall.
Das Experiment, das wir nun vorbereiteten, sollte zwischen Wasseroberfläche und 10 Meter Tiefe durchgeführt werden. Dank der vorangegangenen Schönwetterperiode verlief das Leben der Rifftiere in seinen gewohnten Bahnen. Die Raubfische waren aus größeren Tiefen an die Oberfläche gestiegen und setzten hier ihre unaufhörliche Nahrungssuche fort. Es waren natürlich auch Haie unter ihnen und warteten darauf, sich auf einen verwundeten Fisch stürzen oder als lachende Dritte ein verfolgtes Tier abfangen zu können, bevor es seinen Schlupfwinkel erreichte.
Dr. Clark traf alle Vorbereitungen für die Durchführung eines Experiments, das bei gefangenen Haien so gut gelungen war. Dieses Mal waren die Tiere jedoch frei und befanden sich ganz in ihrem Element,

Eine Nachtaufnahme von einem Hai, der in der Ferne auftaucht. Der Taucher im Vordergrund beobachtet das Tier aufmerksam und wird es aus Sicherheitsgründen keinen Moment aus dem Auge verlieren. Es sieht so aus, als werde sich der Taucher zum Riff zurückziehen und sich zwischen den Korallenstöcken verbergen.

und ihr Verhalten war nicht durch Gefangennahme, ungewohnte Einzäunungen und künstliche Fastenperioden beeinflußt.
Wir hatten zwei rechteckige Scheiben aus einer Kunststoffplatte zurechtgeschnitten und sie mit jeweils 2,5 Zentimeter breiten, gelben und schwarzen Streifen bemalt. Eine davon sollte so angebracht werden, daß die Linien waagrecht verliefen, während die andere bei gleichem Muster senkrechte Streifen trug. Die beiden harten Kunststoffscheiben wurden an den Enden eines 180 Zentimeter langen Holzstocks befestigt. An der waagrecht gestreiften Platte brachten wir eine kleine Rolle an, die durch eine durchsichtige Nylonschnur mit einer Boje an der Wasseroberfläche verbunden war. Die im Wasser unsichtbare Leine diente dazu, den aus frischen Fisch-

stücken bestehenden Köder an einem Metallring nach unten zu lassen. Wir konnten die Futterbrocken auf diese Weise von der Oberfläche aus direkt ins Zentrum der Scheibe bringen. Der Holzstock mit den beiden Kunststoffplatten wurde in einem Spalt in dem senkrechten Korallenfelsen befestigt, der unter Wasser die Grundlage des Riffs bildet. Diese Felswand, auch Riffsockel genannt, beginnt an der äußersten Kante des Korallenriffs und stürzt von dort aus senkrecht bis in eine Tiefe von 300 Metern ab. Das Gewässer um den Felssockel wird von den Raubfischen der Tiefe beherrscht, die sich von dem nähren, was auf dem Plateau unter dem Meeresspiegel für sie abfällt.
Die Haie in unmittelbarer Nähe des Riffs schienen alle seßhaft zu sein, und dies hob die Erfolgsaussichten für unser Experiment. Wenn wir Tag für Tag mit den gleichen Versuchstieren arbeiten konnten, mußte es möglich sein, die Haie wirklich zu konditionieren und Dr. Clarks Theorien zu bestätigen. Den akustischen Reiz für dieses Lernexperiment lieferten ein großer Stahlbolzen und eine kurze Eisenstange, die ein Taucher jedesmal aneinanderschlug, wenn ein Hai den Köder von der waagrechten Scheibe ins Maul nahm. Das auf diese Weise erzeugte Geräusch sollte sich im Gehirn des Tieres mit der Vorstellung von Futter verbinden.
Das Experiment unterschied sich von den früheren Versuchen Dr. Clarks in Florida dadurch, daß diesmal zwei Scheiben verwendet wurden und wir damit die Unterscheidungsfähigkeit der Haie untersuchen konnten. In dem früheren Experiment mußte der Hai nur lernen, auf eine Scheibe zu drücken, um Futter zu bekommen, und die Ergebnisse hatten gezeigt, daß manche Haiarten dies ohne weiteres lernen können. Nun aber mußten die Tiere nicht nur lernen, auf die waagrecht gestreifte Scheibe zu drücken, sondern auch zwischen den beiden Rechtecken unterscheiden können. Wenn sie nämlich auf die Scheibe mit den senkrechten Streifen drückten, erhielten sie kein Futter.
Während der ersten Versuchsphase war die horizontal gestreifte Scheibe mit Köder bestückt, und ein Taucher schlug die improvisierte Glocke an. Wir hofften, daß die Haie bei dieser Versuchsanordnung das Streifenmuster des Rechtecks und das akustische Signal mit der Vorstellung von Futter assoziieren konnten. Im nächsten Stadium des Experiments trug die waagrecht gestreifte Scheibe keinen Köder, so daß der Hai gelernt haben mußte, sie anzustoßen, um den Glockenton auszulösen und ein Stück Fisch als Belohnung zu erhalten. Wenn er auf das falsche, das heißt auf das senkrecht gestreifte Rechteck drückte, geschah gar nichts. Es handelte sich also um ein

ziemlich komplexes Lernexperiment mit zwei Konditionierungsschritten. Zwei Tage nach unserer Ankunft am Riff waren die notwendigen Vorbereitungen abgeschlossen. Canoë und ich luden die Ausrüstungsgegenstände in eines unserer kleinen Boote und fuhren los, um einen günstigen Standort zu suchen, der alle Voraussetzungen genau erfüllte. Dort mußte nicht nur die Möglichkeit bestehen, unsere Versuchsanordnung stabil aufzubauen und am Riff zu befestigen, sondern auch in nächster Nähe ein geeigneter Felsspalt zu finden sein, in dem wir vor den Haien Schutz suchen konnten. Wir stiegen ohne Taucherausrüstung ins Wasser und begannen, das Gelände zu erkunden, während uns die von José Ruiz gesteuerte *Zodiac* an der Wasseroberfläche begleitete.
Die Unterwasserlandschaft, die sich vor uns auftat, war hinreißend schön und beklemmend zugleich. Ich schwamm am Rande des Plateaus, das zwei Welten voneinander abzugrenzen schien. Zu meiner Linken tat sich eine geheimnisvolle, unheimliche Tiefe auf, die mit allen Farbtönen zwischen Blau und Schwarz erfüllt war. Ich nahm die verschwommenen Umrisse von Fischen wahr, die schnell dahinschossen oder träge in einem Vakuum zu schweben schienen. Es waren gewaltige Thunfische, deren Körper die Narben zahlloser Kämpfe trugen. Wir hatten offensichtlich ihre Neugierde erregt und sahen sie aus der Tiefe auf uns zukommen, eine Weile zögern und dann wieder verschwinden.
Zu meiner Rechten bot sich mir ein ganz anderes Bild, eine lebendige, farbenprächtige, frohe Welt. Das Geräusch, das ungezählte Millionen winziger Lebewesen machten, durchzog das Wasser wie ein Echo, wie das harte Schwirren der Insekten in den Urwäldern des Amazonas. Es war eine Welt des Lichts, und doch sind die Kämpfe, die sich hier abspielen, nicht weniger erbittert und mitleidlos wie die in der Tiefe. Vor mir am Rand des Plateaus war der schwindelerregende Felsabbruch mit vielfach verzweigten Korallenstöcken gesäumt, die wie riesige, erstarrte Blumen über dem Abgrund wuchsen. Um jeden Felsvorsprung sammelten sich Schwärme von scheuen, kleinen Fischen, deren silbrige Leiber das Wasser vor meinen Augen flimmern ließen wie die Luft an einem heißen Sommertag.
Canoë winkte mir, und ich schloß mich ihm schnell wieder an. Er kreiste langsam um einen senkrechten Spalt, der sich in die gleichförmige Oberfläche des Felsens einschnitt. Zu beiden Seiten der zwei bis drei Meter tiefen und weniger als zwei Meter breiten Kerbe sprang die Felswand etwas vor und umrandete den Spalt wie zwei wulstige Lippen. Das von gewundenen Pfaden durchzogene Innere

der Kluft bot zahlreiche Verstecke, die für einen Menschen groß genug waren. Canoë tauchte mit einer eleganten Drehbewegung unter und schwamm senkrecht an dem Felsabbruch entlang bis zu einer Stelle, an der ein Korallenstock einen kleinen Vorsprung bildete. Er gab mir durch Zeichen zu verstehen, daß dies der ideale Standort für unsere Versuche sei, und kehrte gelassen an die Oberfläche zurück.

Die Stelle schien wie für unsere Zwecke geschaffen, und wir machten uns sofort an die Arbeit. In acht Meter Tiefe befestigten wir die beiden gestreiften Scheiben an einem widerstandsfähigen Korallenstock und richteten Canoë, der das Experiment durchführen sollte, schräg darüber ein Versteck ein. Da ich das ganze Unternehmen filmen sollte, war an einen festen Unterschlupf für mich nicht zu denken, und ich mußte mich im Notfall irgendwo in der Umgebung nach Deckung umsehen.

Als unsere Vorrichtungen alle an Ort und Stelle gebracht waren, erlegte Canoë eine allzu vorwitzige Stachelmakrele. Und schon waren die Haie da, schienen plötzlich wie durch einen Zauber aus dem Nichts zu kommen. Erst schoß einer, dann zwei torpedoförmige Körper beängstigend zielsicher durchs Wasser. Ihre blaugraue Färbung verschmolz so vollständig mit den Farben der Tiefe, daß sie uns das phantomhafte, an ein Naturwunder grenzende Auftauchen der Tiere aus dem Nichts wenigstens teilweise erklärte. Die Haie hatten sich wahrscheinlich schon geraume Zeit in unserer Nähe aufgehalten und, außerhalb unseres Blickfeldes kreisend, unser Treiben verfolgt. Sie näherten sich uns erst, als sie die zuckenden Bewegungen der verendenden Stachelmakrele wahrnahmen. Es waren zwei Weißspitzen-Küstenhaie mit weißen Rändern an ihren Flossen. Der größere der beiden Haie war fast drei Meter lang, der andere wenig über einen Meter groß und auffallend erregt. Sie schienen die Stelle, an der wir den Fisch befestigt hatten, ohne Schwierigkeiten aufgespürt zu haben, doch es dauerte drei Stunden, bis sie endlich nach ihm schnappten. Ihre Gier wurde durch instinktive Vorsicht im Zaum gehalten, denn unsere unerwartete Anwesenheit erregte ihr Mißtrauen, das durch die Art, wie der Köder

Dieser Hai hat den Mund zu voll genommen. Ein Tintenfisch hängt ihm noch aus dem Maul und wird sicher in der Mitte durchgeschnitten. Die Spiegelung des Hais an der Wasseroberfläche gleitet in wunderschonen Konturen und sich verändernden Umrissen durch die Spiegelung all der Tintenfische. Rechts sieht man zwei Tintenfischpaare mit verschiedenen Farben. Die Tiere können in kürzester Zeit eine andere Färbung annehmen. Manchmal glitzern ihre Augen wie Sterne in der Nacht.

dargeboten war, noch verstärkt wurde. Die grellfarbigen Scheiben gefielen ihnen offensichtlich gar nicht. Canoë und ich bewegten uns während der langen Wartezeit nicht von der Stelle. Gelegentlich verschwanden die Haie für geraume Zeit aus unserem Blickfeld, kamen dann aber wieder zurück und schwammen weiter vor der Scheibe mit dem Fisch hin und her. Plötzlich tauchte ein dritter Hai auf, der kaum größer war als der kleinere der beiden. Dies gab für den großen Hai den Ausschlag. Er drehte sich hastig um die eigene Achse und schoß geradewegs auf die Scheibe zu. Ich setzte meine Kamera in Bewegung, hatte mich jedoch zu früh gefreut. Etwa einen Meter vor dem Ziel wendete der Hai, schien einen Augenblick lang zu zögern und fiel dann unmittelbar vor uns in seine trägen Schwimmbewegungen zurück. Heute bin ich sicher, daß der Geruch der anderen Fischstücke, die wir versehentlich in einen nicht wasserdichten Behälter gesteckt hatten, die Tiere verwirrte und ihre Unentschlossenheit verstärkte, weil er die Witterung des ausgelegten Köders verwischte. Ich brauchte jedoch nicht mehr lange zu warten. Der große Hai, den man nicht nur an seiner Länge, sondern auch an einer wohl im Kampf gespaltenen Flosse erkennen konnte, wendete nochmals und biß dieses Mal nach kurzem Zögern in den Köder. Der Lärm der Metallstäbe, die Canoë ununterbrochen aneinanderschlug, während der Hai die Stachelmakrele packte und verschlang, schien die Tiere nicht im geringsten zu stören. Die anderen kamen näher an die Scheibe heran, nachdem der große Hai sich auf den Köder gestürzt hatte.

Während der nächsten beiden Stunden holte sich derselbe Hai vier Fischstücke und verfehlte weitere vier Male sein Ziel. Der kleinste Hai erwischte einen einzigen Futterbrocken, der dritte jedoch überhaupt keinen. Nach sechs Stunden Beobachtungs- und Wartezeit stiegen wir müde, aber zufrieden aus dem Wasser. Das Experiment war sehr gut angelaufen.

Am nächsten Morgen wurde der Versuch in der gleichen Form weitergeführt, dieses Mal jedoch mit weit weniger Erfolg. Es gab am Anfang sogar einen höchst dramatischen Zwischenfall. Als Canoë den als Köder vorgesehenen Fisch tötete, tauchte der große Hai mit der beschädigten Flosse wie ein Torpedo auf und schoß direkt auf Canoë zu, der sich schleunigst in seinen schützenden Felsspalt zurückzog. Dann drehte sich das Tier mit einer unheimlichen, schlängelnden Bewegung seines ganzen, mächtigen Körpers um und kam mit weit aufgerissenem Maul auf mich zu. Er war auf der gleichen Höhe wie mein Kopf, und ich konnte weder nach hinten noch nach den Seiten hin ausweichen. Ich machte mich so klein wie möglich und schlug mit der Kamera nach dem Hai. Der Anprall und die dadurch entstehende Druckwelle rissen mir die Maske vom Gesicht und die Kamera aus der Hand. Flach an die Korallenwand gepreßt und meiner Tauchermaske beraubt, die mir Sicht und Atemluft gegeben hatte, versuchte ich, den Hai zu erkennen, den ich ganz in meiner Nähe wußte. Es war mir klar, daß er jeden Augenblick zurückkommen und angreifen würde. Als mich das massige Tier schon fast erreicht hatte, sah ich Canoë, der die Kamera an sich genommen hatte und nun für den Hai zum Angriffsobjekt wurde. Es gelang ihm, dem Tier auszuweichen, meine verlorene Tauchermaske aufzunehmen und sie mir hinzuhalten. Ich streifte die Maske in Sekundenschnelle über und blies das eingedrungene Wasser heraus, so daß ich wieder freie Sicht hatte. Der Hai hatte seine frühere Beobachtungshaltung wieder eingenommen, war aber noch immer ganz in meiner Nähe. Canoë schwamm zu seinem Standplatz hinter den bemalten Scheiben, während ich meine Kamera überprüfte. Außer der Sonnenlichtblende schien nichts daran beschädigt zu sein.

Das Verhalten dieses Hais war sehr merkwürdig und ungewöhnlich. Ich hatte es noch nie erlebt, daß ein Hai eine Beute, die er beim ersten Versuch vollständig verfehlte, sofort ein zweites Mal angriff. Das Tier hatte, als es sich zum erstenmal auf mich stürzte, einen durchaus beachtlichen Schlag mit der Kamera erhalten, der normalerweise völlig ausreicht, um einen Hai zum Rückzug zu zwingen. Ich mußte unwillkürlich an eine Formulierung denken, die in dem Buch meines Vaters (»Die schweigende Welt«) vorkommt: »...je mehr wir mit Haien zu tun haben, desto weniger wissen wir von ihnen. Niemand kann sagen, was ein Hai im nächsten Augenblick tun wird.«

Wir mußten das Experiment trotz seiner ersten, vielversprechenden Ergebnisse nach einigen Tagen unterbrechen. Ein Funkspruch aus Paris kündigte uns die Ankunft eines neuen Schiffsarztes und zweier Seeleute an, so daß wir wieder in See stechen und an der Küste von Eritrea entlang den Rotmeerhafen Massaua ansteuern mußten.

Bis zum Zeitpunkt unserer Abfahrt kamen die Haie ganz regelmäßig zu der quergestreiften Scheibe geschwommen und holten sich ihr Futter. Während des ganzen Experiments berührte keines der Tiere jemals die längsgestreifte Platte. Wenn man diese Ergebnisse mit denen von Dr. Clarks früheren Versuchen vergleicht, hat man den Eindruck, daß die Haie, zumindest die Weißspitzen-Küstenhaie, in Freiheit wesentlich schneller lernen als in Gefangenschaft.

Bernard Chauvellin leuchtet einen Hai rechts vor ihm an, wie man durch die Wasseroberfläche sieht.

13 Schlußfolgerungen aus dem Verhalten der Haie

Haie unter Tintenfischen – Kann man die Haie verstehen? – Ratschläge für Pessimisten und für Optimisten

Bericht von Philippe Cousteau

Wir haben es beim Erkunden der Ozeane bisher nur zu äußerst bescheidenen Vorstößen in lächerlich geringe Meerestiefen gebracht. Der Mensch konnte sich von der einmal überschrittenen magischen Schwelle aus, die ins unermeßliche Reich der See führt, noch nicht sehr weit in dessen Geheimnisse vortasten. Wir sind an den Luftraum der Erdoberfläche gefesselt und können uns nur für kurze Zeit daraus entfernen. Marseille, Messina, Port Said, Massaua, die Malediven, Diego-Suarez, Dar-es-Salam, Dschibuti, das Kap der Guten Hoffnung, Guadeloupe, Nassau, Panama, Callao und Cedros sind nur einige Stationen auf unserer Wanderung. Wie Riesen mit unersättlichem Appetit verschlangen wir die Eindrücke von unseren Entdeckungen, ohne sie wirklich auskosten zu können. Zu viele Bilder und Ereignisse stürmten auf uns ein, blendeten uns die Augen und überreizten unsere Erlebnisfähigkeit. Zurück bleibt nur die Erinnerung, flimmernd und verschwommen wie eine Fata Morgana, wesenlos wie ein Traum. Morgen werde ich, wie jeden Tag und ohne mir dessen bewußt zu sein, all das anwenden, was ich irgendwann einmal gelernt und kennengelernt habe. Was aber habe ich an Wissen über den Hai erworben? Ich habe die Schönheit und Geschmeidigkeit dieses Tieres erfahren, seine immanente Gefährlichkeit erlebt und war trunken vor Freude und Erregung über einen Kampf, dessen Regeln ich nicht kenne – aber genügt das? Ich habe nichts über mich selbst gelernt, denn die Furcht trübt das Urteil, und die Tat ist nur eine Reaktion auf das Gebot der Notwendigkeit.

Mehr als ein Jahr nach meiner letzten Begegnung mit einem Hai hatte ich ein Erlebnis, das mir wieder einmal bewies, wie wichtig und unerläßlich solche Erfahrungen aus der eigenen Vergangenheit sind. Die *Calypso* lag im März 1969 an der Westküste von Baja California im 50 Meter tiefen, ruhigen und kristallklaren Wasser vor Anker. Es war in der Nacht nach einem ereignisreichen, bewegten Tag. Wir hatten Grauwale gefilmt und waren mit unseren schnellen Booten so dicht an die Tiere herangefahren, daß ihre Rücken beim Auftauchen von unserem weißen Gischt bespritzt wurden. Nun aber lag ich in tiefem, bleiernem Schlaf.

Gegen 23 Uhr wurde ich von unserem Zweiten Offizier Bernard Chauvellin, der die Wache hatte, geweckt. Das Schiff schien von Millionen Tintenfischen umgeben zu sein, die wie ein Schneefeld um uns lagen. Im Licht der Scheinwerfer zeigte sich die Wasseroberfläche wie von einem lebenden, weißen Teppich bedeckt. Die unregelmäßigen Bewegungen der Tiere legten ein Netz von kleinen Wellen über das Meer, und die Luft war von einem sanften Raunen erfüllt, als rausche der Wind in einem Laubbaum. Aneinandergeklammert und durch ihre Spiegelung im Meer ins Unendliche vervielfacht, wiegten sich diese Tiere wie eine riesige Hydra hin und her und ließen alle Farben des Regenbogens aufleuchten. Die *Calypso* schien von einer lebenden Treibeisscholle eingeschlossen, in die jedoch einige bewegliche Schatten dunkle und unregelmäßige Furchen zogen, die wie Gletscherspalten wirkten.

Ein gutes Dutzend Blauhaie zog durch diese lebendige Masse seine Todeslinien. Mit weit geöffnetem Rachen schwammen sie langsam durch das Meer von Tintenfischen, bis sie das Maul voll hatten, und hielten gerade lange genug an, um die Gallertmasse mit einer einzigen, krampfhaften Schluckbewegung zu verschlingen. Dann pflügten sie sich weiter durch all das Manna, das sich ihnen hier bot.

Dieses Schauspiel hatte etwas so grausam Schönes an sich, daß uns war, als begingen wir durch unser Zusehen ein Sakrileg. Wir waren Eindringlinge, denen irrtümlich ein Geheimnis zuteil wurde, das ihr Begriffsvermögen überstieg. Schweigend standen wir auf der Kommandobrücke der *Calypso* und überließen uns der Faszination dieses Anblicks.

Dann aber kam wieder Leben in uns. In kurzer Zeit waren die Kameras bereitgestellt und die Unterwasserscheinwerfer angeschlossen. Da die erfahrensten Taucher an Bord wegen einer hartnäckigen Erkältung nicht einsatzfähig waren, nahm ich Bernard Chauvellin und Jacques Delcoutère mit, die die geplanten Filmszenen ausleuchten sollten. Bernard, unser Zweiter Offizier, war zwar während der ganzen Hai-Expedition bei uns gewesen, hatte jedoch wenig Erfahrung als Taucher, und Jacques war erst vor kurzem zu uns gestoßen. Bernard hatte zwar an mehreren Taucheinsätzen im Roten Meer teilgenommen, jedoch niemals bei Nacht. Jacques, mit dem ich seit 15 Jahren befreundet bin, hatte damals gerade seine Taucherausbildung beendet und befand sich in seinem ersten der-

Die Taucher kommen für kurze Zeit an die Wasseroberfläche, um Delcoutère und Chauvellin neue Anweisungen zu geben.

artigen Einsatz. Die vielen Haie in diesem eisigkalten, von Tintenfischen wimmelnden Wasser konnten auf weit erfahrenere Taucher als meine beiden Kameraden beklemmend wirken. Sie legten jedoch ohne jedes Zeichen von Nervosität ihre Taucherausrüstung an. Dann begann das Abenteuer wie jeder andere Taucheinsatz mit einer grotesken Prozession der Taucher über das Deck. Wir waren in diesem Augenblick unbeholfene, watschelnde Enten, denen erst das Wasser wieder eine gewisse Beweglichkeit und Anmut verleihen würde.

Das über mir zusammenschlagende Wasser jagte Kälteschauer über meinen ganzen Körper, ließ meine Haut unter dem Gummianzug erstarren und raubte mir einen Augenblick lang den Atem. Ich bemerkte, daß Bernard und Jacques sich dicht hinter mir hielten. War es richtig gewesen, sie mitzunehmen? Während ich die Haie beobachtete, die in den Tintenfischwolken hin und her jagten, kämpfte ich einen Augenblick lang mit einer Anwandlung von Beklemmung. Dann aber kamen ganz plötzlich Erinnerung und »Instinkt« zurück und mit ihnen ein Gefühl der Sicherheit. Die Haie würden nicht angreifen, zumindest nicht sofort. Genau wie im Vorjahr bei unseren Taucheinsätzen im Roten Meer teilte sich mir die

Atmosphäre dieser Situation im Wasser mit. Es war eher eine Art Körpergefühl als das Ergebnis verstandesmäßiger Analysen. Die Haie um uns machten auf die Tintenfische Jagd und waren mit all ihren Sinnen auf diese Beschäftigung fixiert. Nur was nach Tintenfisch schmeckte, sich wie Tintenfisch anfühlte, würde ihren Biß auslösen. Dies war kein Wolfsrudel auf Futtersuche mehr; sie hatten ihre Beute gefunden, und es war eine leichte und reichliche Jagd. Die Haie würden sich wohl nicht für uns interessieren.
Als wir langsam in den Bereich der Schiffsscheinwerfer schwammen, wurde uns der Grund für diese Massenansammlung von Tintenfischen klar. Es war Paarungszeit. Die langsam miteinander dahintreibenden Paare hielten sich mit ihren Fangarmen in einer vielfachen Umarmung umschlungen, und ihre durchsichtigen, phosphoreszierenden Körper warfen in rhythmischen Bewegungen das Licht zurück. Manchmal klammerten sich zwei oder drei der Tiere an ein anderes wie Schiffbrüchige an ein Floß. Einige Einzelgänger schwammen durch die so entstandenen Gruppen, drängten sich durchs Gewühl und schlangen ihre Fangarme um unsere Gesichter und Hände, um die Kamera und die Scheinwerfer.
Die Tintenfische waren in solchen Massen versammelt, daß man nur einen halben Meter weit sehen konnte und sich häufig Kopf an Kopf mit einem Hai fand. Anfangs beachteten uns die Haie, wie erwartet, überhaupt nicht. Wenn eins der Tiere versehentlich an einen von uns anstieß, drehte es ab und schwamm in einer anderen Richtung weiter, wobei es sich ununterbrochen mit den kleinen Lebewesen vollstopfte, von denen das Meer wimmelte. Wir tauchten in eine Tiefe von etwa 15 Meter, wo das Wasser wieder klar und dunkel wurde. Die weiße Masse der Tintenfischleiber hing wie eine Wolke über uns. Einige der Tiere schwammen, vom Licht entweder geblendet oder ganz einfach neugierig gemacht, auf Bernards Scheinwerfer zu. Die Bauchseite des Blauhais wirkt, von unten gesehen, leuchtend weiß und wie von einer dünnen, zarten Haut bedeckt.
Ich hatte meine Filmrolle abgedreht und beschloß, an Bord zurückzukehren. Während des Aufstiegs an die Wasseroberfläche fühlte ich ganz plötzlich, wie die Atmosphäre um uns umschlug. Die Haie schienen unsere Anwesenheit nach über einer Stunde bemerkt zu haben und reagierten entsprechend. Ihre Kopfbewegungen wurden

Haie ziehen durch diesen Futterberg und fressen sich mit dieser unerwarteten Nahrung voll. Die beiden Haie rechts unten befinden sich auf Kollisionskurs, da sie einander durch die Tintenfischmasse nicht sehen können. Sie sind zu sehr mit Fressen beschäftigt, als daß sie die Taucher bemerkten.

hektischer, und während sie aufmerksam um uns kreisten, kamen sie immer häufiger, um an unseren Taucheranzügen entlangzustreichen, als wollten sie in Erfahrung bringen, wie das Fleisch unter der Gummischicht wirklich schmeckt. Wir schwammen jetzt dicht unter der Wasseroberfläche, wo ich Bernard Delemottes aufmerksam über den Bootsrand gebeugtes Gesicht erkennen konnte. Ein Hai stieß durch die Tintenfischwolke und rannte mit dem Kopf an meine Kamera. Er wendete, schien nochmals angreifen zu wollen, ließ dann aber von mir ab und verschwand. Jetzt war es höchste Zeit, aus dem Wasser zu kommen. Während Chauvellin und Delcoutère sich ihrer Ausrüstung entledigten, flüsterte Delemotte mir zu, daß unsere Lage von diesem Augenblick an wirklich gefährlich geworden wäre.

Nach all den Monaten des Vergessens, fern von der Begegnung mit Haien, hatte ich mir von unseren Abenteuern im Roten Meer doch etwas bewahrt: Erfahrung. Einen Augenblick lang hatte ich das Gefühl, diese Tiere begriffen zu haben und wirkliches Wissen über sie zu besitzen. Doch dann verschwand es wieder. Wir werden ständig von Tauchern, Schwimmern und anderen interessierten und lernbegierigen Menschen über die Haie befragt. Sind sie wirklich so gefährlich? Welche Haiart ist am gefährlichsten? Was kann man gegen dieses Tier tun? Welche Schutzmaßnahmen sind am besten . . . ?

Ich persönlich bin davon überzeugt, daß unser Schutz vor dem Hai bei all unseren Begegnungen mit diesem Tier in erster Linie in unserer äußersten Vorsicht und unserem großen Respekt für dieses Lebewesen und seine Möglichkeiten bestand. Später kamen dann noch unsere wachsende Erfahrung und ein intuitives Erfassen potentiell gefährlicher Situationen beim Tauchen dazu.

Diese Art von Wissen über ein Tier ist so von der persönlichen Erlebnisweise geprägt, daß man es offenbar nicht vermitteln kann. Einige allgemeine Informationen können dem Taucher aber möglicherweise helfen, sich auf die Konfrontation mit einem Hai vorzubereiten, wenn diese unausweichlich scheint.

Die Unzahl dieser Tintenfische wirkt wie eine weiße Gallertmasse, die am Schiff entlangfließt. Die Tiere schwimmen an sich sehr schnell, sind aber um diese Jahreszeit sehr träge und daher leichte Beute. Sie bieten, gegen das von der *Calypso* kommende Licht gesehen, einen hinreißenden Anblick.

Kommentar von Jacques-Yves Cousteau

Die überwiegende Mehrzahl der wissenschaftlichen Experimente mit Haien wurde bisher mit Tieren durchgeführt, die in Gefangenschaft lebten. Sie geben, so interessant sie auch sein mögen, daher wenig Aufschluß über das Verhalten des frei lebenden Hais.
Die Statistiken über Unglücksfälle mit Haien sind äußerst unzuverlässig. Sie beziehen sich hauptsächlich auf Schwimmer und beruhen meist auf den sehr fragwürdigen Zeugenaussagen von Fischern und anderen Personen, die den Vorfall nur aus zweiter Hand kennen.
Die von Tauchern gemachten Beobachtungen sind zwar interessanter, jedoch oft fragmentarisch und widersprüchlich, und die Verfasser solcher Berichte sind oft von einer Art »Heldenkomplex« beeinflußt.
Experimente, Statistiken und Beobachtungen, die den Hai betreffen, sind daher mit Vorsicht zu genießen. Wir sind fest davon überzeugt, daß man aus den Gefahren, denen man durch die Begegnung mit einem Hai beim Tauchen ausgesetzt war, keine allgemeinen Schlüsse ziehen kann.
Wenn dieses Buch aus den genannten Gründen auch keine wirkliche *Schlußfolgerung,* keine konkreten Antworten enthalten kann, so können die Verfasser doch ihre *persönlichen Ansichten* darlegen.

Für Pessimisten:

Auch der harmloseste Hai ist schon von seiner Anatomie her eine potentielle Gefahrenquelle, die man nicht unterschätzen darf. Theoretisch ist von allen Haiarten der Weiß- oder Menschenhai (Carcharodon carcharias) mit seinem riesigen Maul und seinen langen, dreieckigen Zähnen der gefährlichste, man begegnet ihm aber praktisch sehr selten. Viel beunruhigender als der Menschenhai ist der Carcharhinus longimanus, auch Weißspitzen-Menschenhai genannt, dessen große, abgerundete Flossen an den Enden weiß gefärbt sind. Dieser »Häuptling Lange Hand«, den man nur auf hoher See und in warmen Breiten antrifft, ist der einzige Hai, der sich niemals vor einem Taucher fürchtet, und gewiß der gefährlichste von allen.
Je jünger und daher kleiner ein Hai ist, desto dreister, verwegener und unberechenbarer ist er. Schon sehr kleine Haie von einem halben Meter Länge können fürchterliche Wunden reißen.
Haie können über große Entfernungen hinweg die zuckenden Bewegungen verletzter Fische wahrnehmen, da sich der charakte-

ristische Rhythmus solcher Druckwellen sehr weit fortpflanzt, und die Tiere sind in kürzester Zeit an Ort und Stelle. Sie haben darüber hinaus über kurze Strecken hinweg einen hervorragenden Geruchssinn, vor allem aber für Blut. Unterwasserjäger sollten ihren Fang aus diesen beiden Gründen daher nicht am Gürtel mit sich führen.

Haie stürzen sich gewöhnlich ohne jede Furcht auf alles, was an der Wasseroberfläche treibt. So kommt es zum Beispiel vor, daß sie die Antriebsschrauben von Außenbordmotoren attackieren. Dieser Verhaltensmechanismus macht sie für den im Meer badenden Menschen äußerst gefährlich, vor allem dann, wenn der Schwimmer besonders geräuschvoll im Wasser herumplanscht. Für den Taucher sind daher die Augenblicke, an denen er ins Wasser oder aus dem Wasser steigt, besonders kritisch.

Auch der kleinste Biß eines Haies ist eine sehr ernste Angelegenheit und zieht oft den Tod des Opfers nach sich, da es sich immer um beträchtliche Fleischquanten handelt, wobei der zugleich auftretende Schock in seiner Wirkung der Größe der Wunde proportional ist. Selbst wenn der Biß an sich nicht tödlich ist, kann das Opfer eines Haies an dem erlittenen Schock sterben.

Es gibt noch immer kein wirksames Mittel, seien es chemische Stoffe, Schallwellen oder Stromfelder, die den Umkreis eines Tauchers frei von Haien halten könnten.

Ohne eine solide Schutzvorrichtung wie etwa einen Anti-Hai-Käfig ist das Tauchen bei Nacht oder in unruhigen Gewässern äußerst bedenklich, vor allem, wenn Haie in der Nähe sind.

Angst vor dem Hai ist gefährlich, da der Hai sie instinktiv spürt und sich zunutze macht.

Man bringt sich in große Gefahr, wenn man einen Hai zu Abwehrreaktionen provoziert, indem man ihn mit einem Speer, einer Harpune, Explosionskörpern oder Elektroschockgeräten angreift oder ihm Angst einjagt, indem man ihn beispielsweise verfolgt und in die Enge treibt.

Wenn sich mehrere Haie angesammelt haben, ist das Verhalten dieses Rudels völlig unberechenbar, denn jeden Augenblick kann aus uns noch unbekannten Gründen einer jener Anfälle rasender Gier unter ihnen ausbrechen.

Für Optimisten:

Die wirklichen »Menschenfresser« unter den Haien sind immer gerade »woanders«. In Europa gelten die Gewässer des Senegal in Westafrika als gefährlich. In Dakar jedoch wird man vor dem Roten Meer und vor Dschibuti gewarnt. Die Bewohner von Dschibuti sind ihrerseits stolz darauf, daß es bei ihnen noch keinen Unglücksfall mit Haien gegeben hat, beeilen sich aber, zu erklären, daß es in Madagaskar von blutrünstigen Haien nur so wimmle. An der Westküste von Madagaskar aber heißt es, die wirklich bösartigen Haie lebten an der Ostküste, und umgekehrt!
Wie durch Zufall kommt die Haiart, die als die gefährlichste gilt, auch am seltensten vor. Dies ist jedoch nicht sehr einleuchtend, denn wäre der Weiß- oder Menschenhai wirklich so mörderisch, gäbe es vermutlich auch mehr von diesen Tieren, und wir würden ihnen häufiger begegnen. Die Weißhaie, mit denen wir es bisher zu tun hatten, ergriffen vor uns ausnahmslos die Flucht und schienen bei unserem Anblick in Panik zu geraten.
Haie greifen den Taucher unter Wasser niemals sofort an. Sie kreisen geraume Zeit, verschwinden wieder, kommen vorsichtig zurück. Man hat dabei hinreichend Zeit, um in Ruhe zu entscheiden, ob man im Wasser bleiben oder an die Oberfläche zurückkehren sollte.
Die Begegnung mit einem Hai bedeutet bei Tageslicht und klarem Wasser keine unmittelbare Gefahr. Ein Team von zwei Tauchern kann sich ohne Schwierigkeit gegen zwei Haie verteidigen. Trotzdem ist es angebracht, für irgendeinen Unterschlupf zu sorgen, sobald man es mit drei oder mehr Haien zu tun hat – gleichgültig, wie groß das Taucherteam ist.
Ein fester Gegenstand von einem halben oder einem Meter Länge (wie etwa eine Filmkamera oder – noch besser – eine »Haigabel«) ist ein wirksames Mittel, mit dem man sich vor einem oder zwei Haien schützen kann. Das Ende des Haistocks sollte zugespitzt oder mit Nägeln versehen sein, damit es nicht an der Haut des Tieres abrutscht. Diese Waffe soll den Hai zwar abwehren und den Abstand des Tauchers von ihm vergrößern, dem Tier aber auf keinen Fall Schlag- oder Stichverletzungen beibringen, weil man den Gegner sonst in Abwehrreaktionen hineintreibt.

Die Dichte dieser Ansammlung von Tintenfischen ist unglaublich. Alle die in Zweiergruppen angeordneten, schwarzen Punkte sind Augenpaare. Die Körper der Tiere sind fast ganz durchsichtig. Sie haben außer dem sogenannten Schulp kein Körpergerüst; der Schulp ist ein elastisches, festes, manchmal auch kalkiges Organ, das eine Art Rückgrat darstellt.

Es steht ganz außer Frage, daß eine große Zahl von Schwimmern und Schiffbrüchigen von Haien gebissen oder gar getötet worden sind. Der Beweis ist jedoch noch nicht erbracht, daß Taucher ohne einen konkreten Anlaß von Haien angefallen werden. Sie selbst provozieren sie durch »unangemessenes Verhalten«. Man schützt sich am besten dadurch, daß man leicht und geschmeidig taucht, in langen, ruhigen Zügen schwimmt und jede plötzliche Bewegung vermeidet. Es ist ratsam, sich häufig umzusehen und die außerhalb des Blickfeldes liegende Richtung der eigenen Beine im Auge zu behalten. Ein Taucher, auf den ein Hai zusteuert, sollte unter gar keinen Umständen fliehen, sondern sich dem Tier mit vorgehaltenem Haistock voll zuwenden. Der Hai wird dann abdrehen und um den Taucher kreisen, bevor er sich ihm wieder nähert.
Wenn man Fische ausgenommen oder abgeschuppt hat, empfiehlt es sich, Hände und Körper gründlich zu waschen, bevor man ins Wasser steigt.
Heute können sich auch Schiffbrüchige in von Haien verseuchten Gewässern bis zu einem gewissen Grad schützen, wenn sie mit »Haischirmen« ausgerüstet sind. Wir haben eine Variante davon im Roten Meer mit Erfolg ausprobiert.
Alles in allem betrachtet ist das Tauchen in tropischen Gewässern weniger gefährlich als das Motorradfahren auf unseren Straßen.

Nach diesem Überblick über das, was wir in über zwanzig Jahren Tauchen in den Weltmeeren über den Hai in Erfahrung gebracht haben, mag es an der Zeit sein, mein persönliches Verhältnis zu diesen Tieren darzulegen. Die Haie sind aus der Unterwasserlandschaft der Meere nicht wegzudenken. Sie gehören zu den schönsten und vollkommensten Geschöpfen, die die Natur hervorgebracht hat, und wir freuen uns jedesmal darauf, ihnen bei den Korallenriffs oder auf hoher See zu begegnen – auch wenn diese Freude mit ein wenig Furcht vermischt ist. Als Taucher ist man enttäuscht, wenn die Haie fehlen, und beunruhigt, wenn sie auftauchen. Wenn ihre respektgebietenden Silhouetten durch die belebten Korallenriffs ziehen, geraten die anderen Fische nicht in Panik, sie geben dem Herrn der Meere leise den Weg frei. So wollen auch wir es halten.

Anhang A

Erläuterungen zu den Aufnahmen und zu unserer Film-, Foto- und Tonausrüstung

Unsere gesamte Filmausrüstung für Unterwasseraufnahmen wurde vom CEMA (Centre d'Études Marines Avancées) in Marseille hergestellt. Armand Davso baute nach Entwürfen von Jacques-Yves Cousteau die Filmkameras und verwendete dafür Bestandteile von verschiedenen Markenfabrikaten. Man steckte dabei nicht einfach normale Geräte in wasserdichte Behälter, sondern machte den letzteren zum eigentlichen Gehäuse der Kamera. Das Innere enthält nur Filmrollen, Bildfenster, Greifersystem und Sektorenblende.
Diese Kameras wurden vor einigen Jahren gebaut und seither laufend verbessert und auf den neuesten Stand gebracht. Wir haben jetzt 16-mm-Kameras, deren Objektive vom Super-Weitwinkel über 25 mm bis zu 35 mm Brennweite reichen. Bei 35 mm haben wir ebenfalls Super-Weitwinkel- und Weitwinkelobjektive. Sehr viel Verwendung finden 9-mm- und 18-mm-Objektive, ferner eines mit 35 mm für Nahaufnahmen.
Für die Standaufnahmen haben wir eine Nikon-Kamera, bei der wir meist Objektive mit 21 mm Brennweite verwenden, mit einem wasserdichten Gehäuse versehen, in das unsere Experten je nach Art des Objektivs verschiedene Einstellhebelsysteme einbauten.
Wir verwendeten hauptsächlich 16-mm-Filmmaterial Ektachrome 7255, gelegentlich aber auch den höher empfindlichen Film 7242 oder 7241, obwohl er wegen des geringeren Belichtungsspielraums und seines höheren Hell-Dunkel-Kontrasts schwieriger zu handhaben ist.
Bei Objektiven mit 35 mm Brennweite nehmen wir meist Eastman Color 5254 und 5251, für die Standfotos Ektachrome X oder Ektachrome High Speed bei 22 DIN. Außerdem verwenden wir – wenn auch sehr selten – Kodachrome 2.
Unsere Unterwasserbeleuchtung bestand aus Jodquarzlampen von 1000 Watt mit einer Farbtemperatur von 3200 Grad Kelvin, die wir auch für Standfotos benützten, soweit es möglich war; ansonsten verwendeten wir Blitzlichtgeräte mit Sylvania-Birnen.

Für Filmaufnahmen über Wasser verwendeten wir mehrere Arriflex 16, Arriflex 35 und Eclair-Kameras sowie einige kleine Handkameras (Bell & Howell) für 16 und 35 mm. Die letzteren setzten wir in kritischen Situationen ein, wenn die Gefahr bestand, daß die Kamera ins Wasser fiel oder sonstwie beschädigt wurde. Dabei war es natürlich unwichtig, was mit der Kamera geschah, solange nur der Kameramann in Sicherheit war.
Für Tonaufnahmen hatten wir eine Perfectone-Ausrüstung und extreme Richtmikrophone. Die Synchronisation erfolgte durch eine Quarzsteuerung, die die Aufnahmeeinheiten voneinander unabhängig machte. Kamera und Tonbandgerät brauchten daher nicht mit einem Kabel gekoppelt zu werden. Die Anwendung dieser Ausrüstung wurde noch zusätzlich durch drahtlose Mikrophone erleichtert; die Kabel vom Aufnahmeobjekt zur Kamera bzw. zum Tonbandgerät und von diesem zur Kamera fielen dadurch weg. Wir hatten also drei voneinander unabhängige Geräteeinheiten.

Anhang B

Skizzen vom Schiff, von Haien und von Seefahrerausrüstung

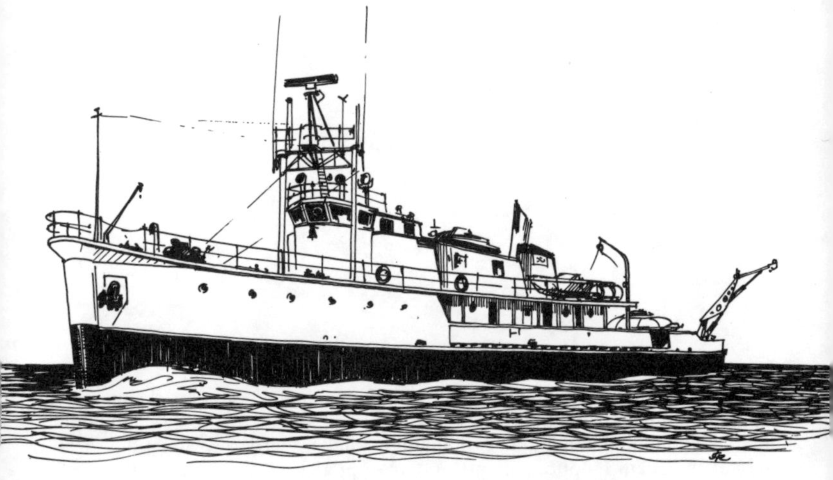

1 Die *Calypso*

2 So sieht die *Calypso* von innen aus. All die Veränderungen, die an dem Schiff vorgenommen wurden, bevor es für diese Haiexpedition auslief, sind hier abgebildet. Dach und Kommandobrücke wurden vollständig umgebaut; auf dem Hauptdeck entstanden zusätzliche Kojen; Vorbauten und Räume für das Filmmaterial gaben mehr Raum für die Dreharbeiten, für die Kameraleute und deren Ausrüstung. Im hinteren Laderaum ruht die »schwimmende Untertasse« auf ihrer Rampe. Alle Geräte und Instrumente in diesem Laderaum sind Zubehör und Wartungsmaterial für die »Untertasse« und die beiden Ein-Mann-Unterseeboote, die *Seeflöhe*.

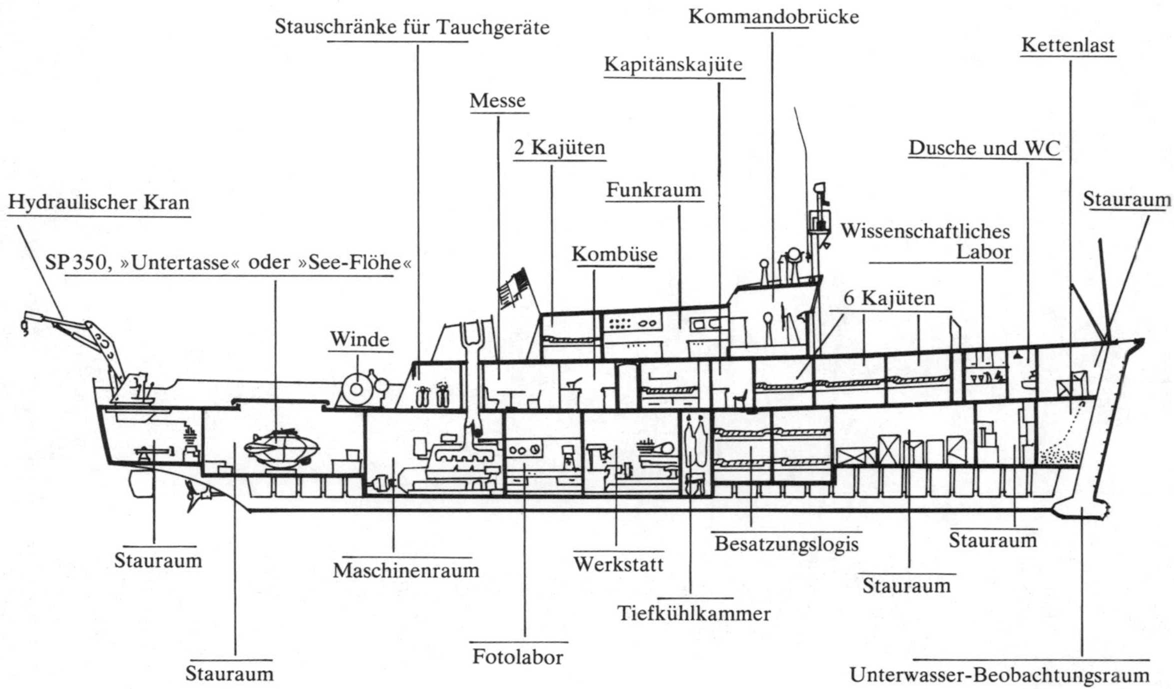
Stauschränke für Tauchgeräte
Kommandobrücke
Kettenlast
Kapitänskajüte
Messe
2 Kajüten
Dusche und WC
Funkraum
Hydraulischer Kran
Stauraum
Wissenschaftliches Labor
SP 350, »Untertasse« oder »See-Flöhe«
Kombüse
6 Kajüten
Winde
Stauraum
Besatzungslogis
Stauraum
Maschinenraum
Werkstatt
Stauraum
Tiefkühlkammer
Stauraum
Fotolabor
Unterwasser-Beobachtungsraum

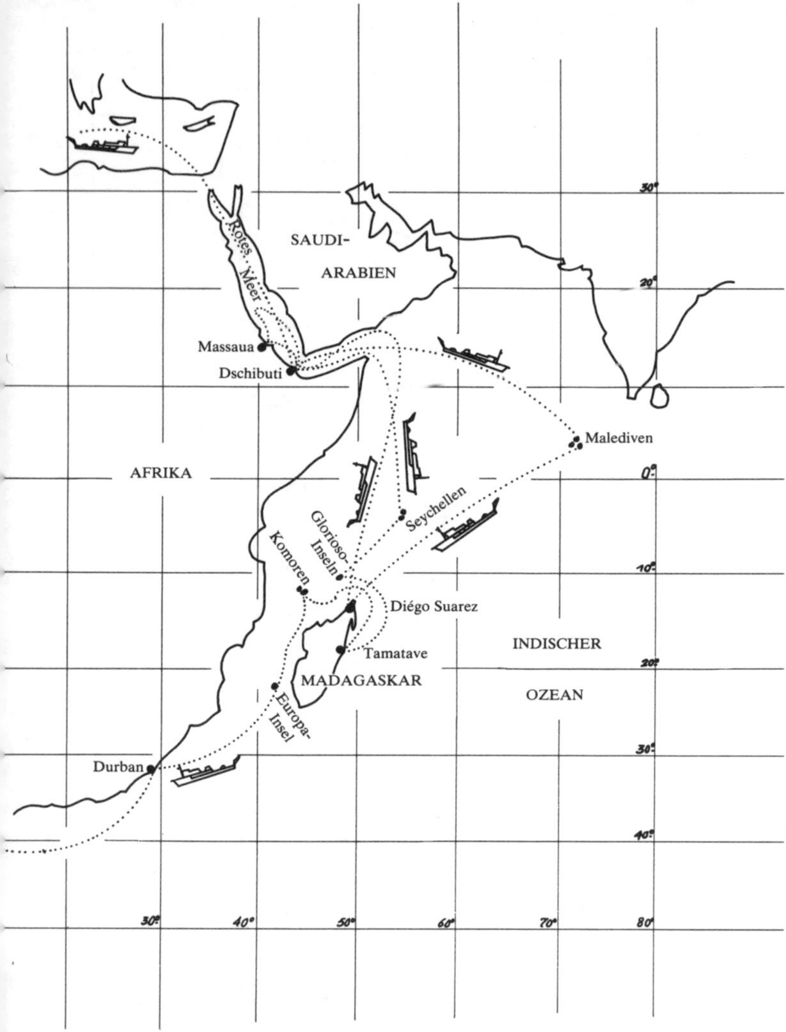

3 Eine Übersichtskarte von unserer Haiexpedition im Roten Meer und im Indischen Ozean, die die von uns am häufigsten besuchten Gebiete zeigt. Die *Calypso* verließ den Mittelmeerhafen Marseille im Februar 1967, fuhr durch das Rote Meer und den Indischen Ozean und verließ Durban im Sommer 1968. Die Reise dauerte mehr als ein Jahr.

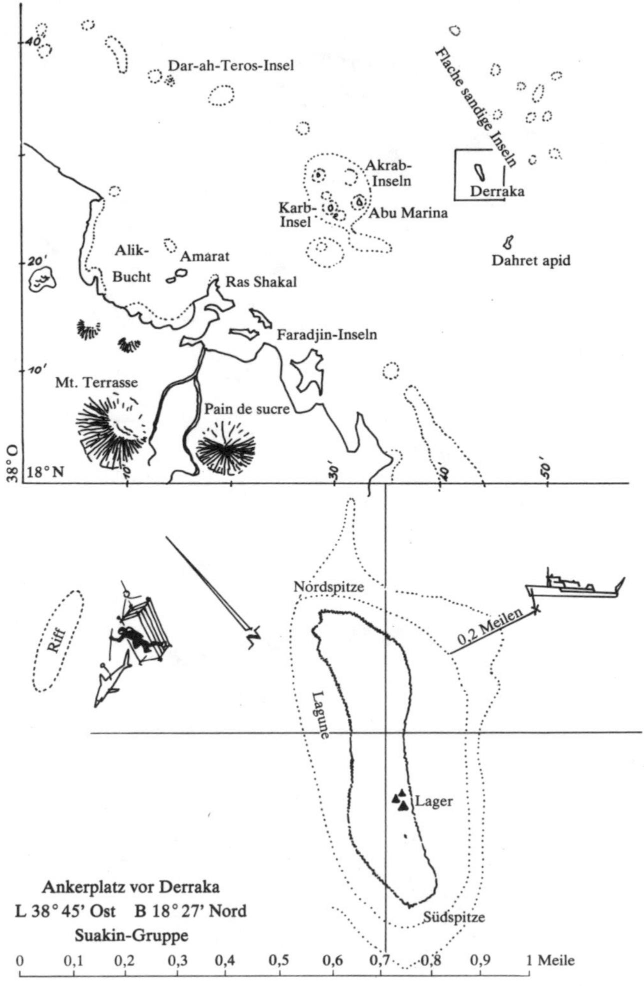

4 Eine Karte der Suakin-Riffs, die der Südküste des Sudan im Roten Meer vorgelagert sind. Die untere Abbildung zeigt die Insel Derraka, auf der wir die meisten Experimente durchführten. Man sieht unseren Lagerplatz und die Stelle, an der die *Calypso* bei schlechtem Wetter ankerte. Auf der anderen Seite ist ein kleines Riff, das keinen Namen hat und das wir deshalb »Calypso-Riff« tauften. Im Umkreis dieses Riffs führten wir die meisten unserer Markierungen im Derraka-Gebiet durch. An der Nordspitze der Insel trafen wir die längsten Haie und größten Fischschwärme.

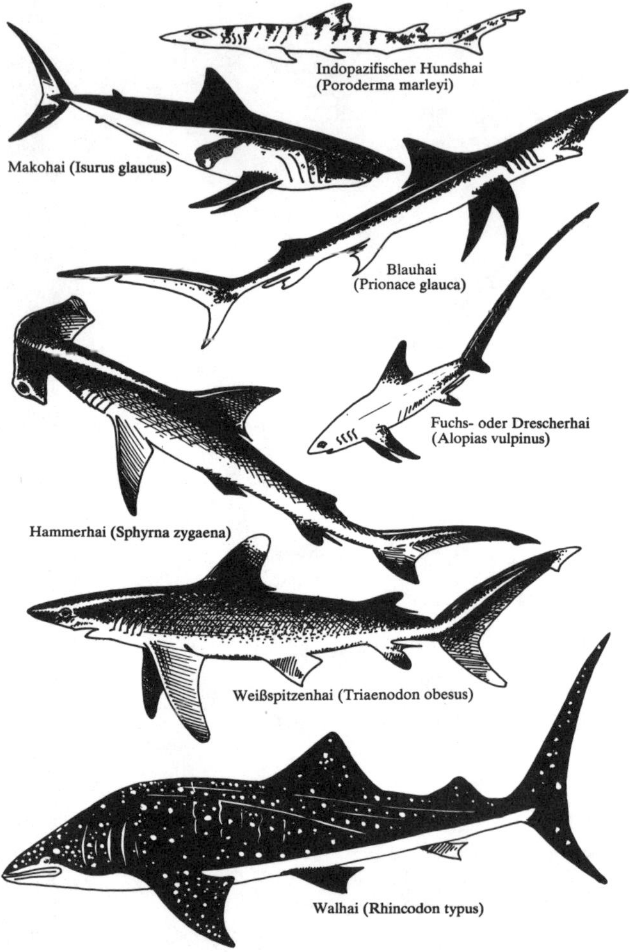

5 Dies sind einige der am häufigsten vorkommenden Haiarten. Für den Größenvergleich siehe Abb. 11. Der Indopazifische Hundshai gilt als harmlos, kann einem aber empfindliche Hautabschürfungen beibringen. Der Makohai dagegen gehört wie der Blauhai, der Hammerhai und der Weißspitzenhai zu den gefährlichen Haiarten. Weder der Fuchs- oder Drescherhai noch der Walhai gelten als gefährlich, obwohl der Fuchshai schwere Verletzungen verursachen kann.

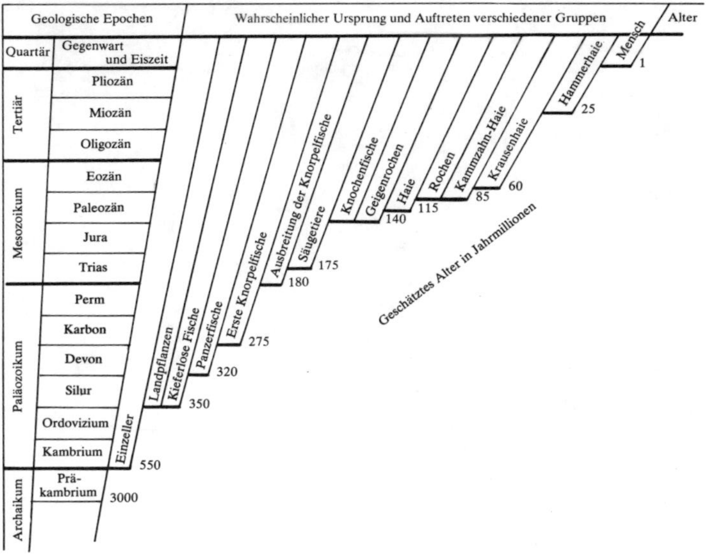

6 Ein Vergleich, der für sich selbst spricht: das vermutliche Alter einiger Meerestierarten (in Jahrmillionen).

7 Die Abbildungen zeigen den Bau und die inneren Organe beim Hai. Oben sind die Seitenlinie und die Sinnesorgane angegeben, unten sieht man den kurzen Darmtrakt des Tieres, seinen großen Magen und seine riesige Leber. Die inneren Organe sind in der Bauchhöhle nicht durch Bindegewebe befestigt. Dies stellt eine der schwächsten Stellen beim Hai dar.

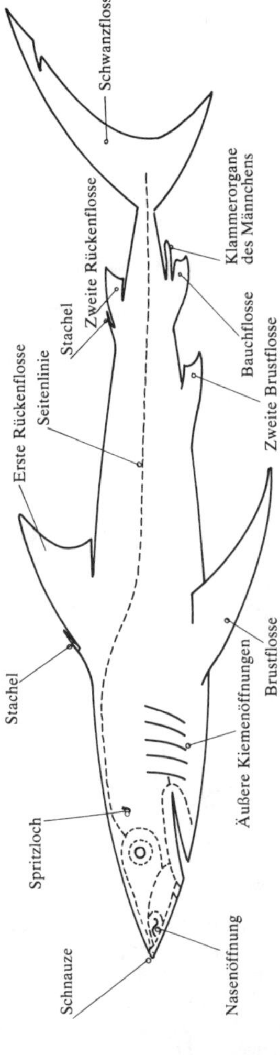

Schwanzflosse
Zweite Rückenflosse
Klammerorgane des Männchens
Stachel
Bauchflosse
Erste Rückenflosse
Seitenlinie
Zweite Brustflosse
Stachel
Brustflosse
Äußere Kiemenöffnungen
Spritzloch
Schnauze
Nasenöffnung

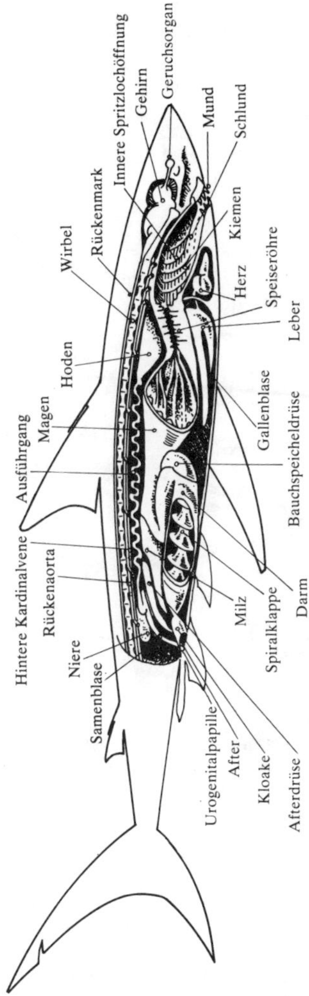

Innere Spritzlochöffnung
Gehirn
Geruchsorgan
Mund
Schlund
Rückenmark
Wirbel
Kiemen
Speiseröhre
Herz
Leber
Hoden
Magen
Ausführgang
Gallenblase
Bauchspeicheldrüse
Hintere Kardinalvene
Rückenaorta
Darm
Milz
Spiralklappe
Niere
Samenblase
Urogenitalpapille
After
Kloake
Afterdrüse

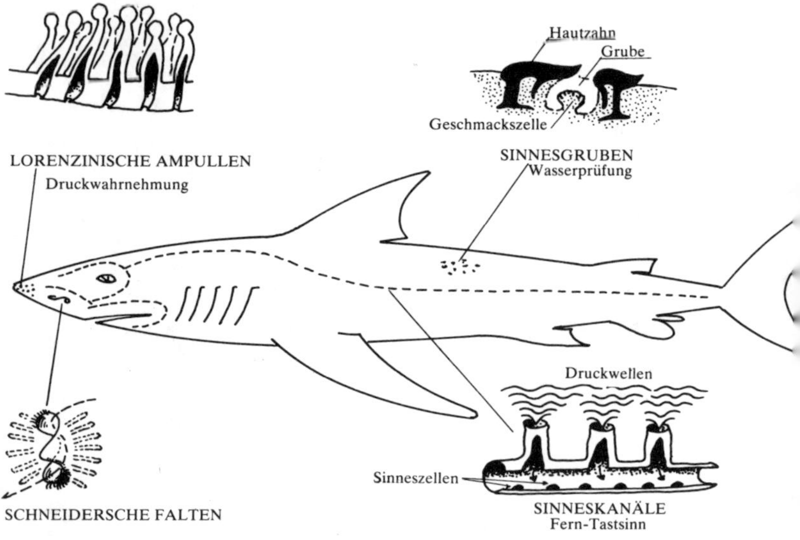

8 Die Sinnesorgane des Hais. Die Sinneskanäle entlang der Seitenlinie sind für Erschütterungen und Druckwellen empfänglich. Die Lorenzinischen Ampullen ermöglichen es dem Hai, Druckunterschiede wahrzunehmen. Die Nase des Tieres ist mit Schneiderschen Falten bedeckt, durch die das Wasser wie durch einen Kanal fließt. Die Sinnesknospen in der Haut des Hais dienen dazu, Wasserproben zu analysieren und den Geschmack von Treibgut oder möglicher Beute festzustellen. Das Zusammenwirken all dieser Sinnesorgane ist der Schlüssel zu der vollkommenen Anpassung des Hais an seine Umwelt.

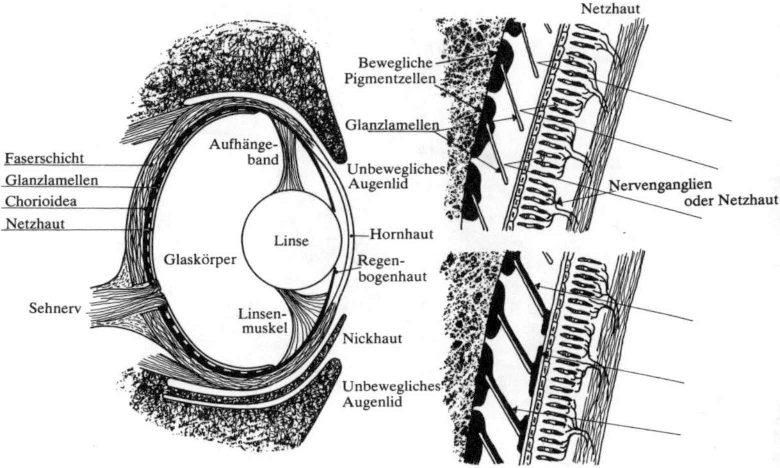

9 Das Auge des Hais. Links ist die runde Linse abgebildet. Das Auge stellt sich durch Akkommodation auf die Entfernung ein. Ein scharfes Bild entsteht beim Hai nicht dadurch, daß sich die Form der Linse verändert, sondern daß sich die Linse vor- bzw. zurückschiebt. Auf dem Bild oben rechts sieht man, wie das Tapetum (oder Glanzlamellen) das Licht durch die Netzhaut zurückwirft. Die Netzhaut wird auf diese Weise zweimal von demselben Lichtstrahl gereizt. Am Ende dieser Lamellen liegt eine Pigmentzellenmembran, die sich bei grellem Licht über das Tapetum schiebt (Bild rechts unten) und dessen Wirkung aufhebt. Dieses System verleiht dem Hai eine außerordentlich hohe Anpassungsfähigkeit sowohl für sehr grelles als auch sehr schwaches Licht.

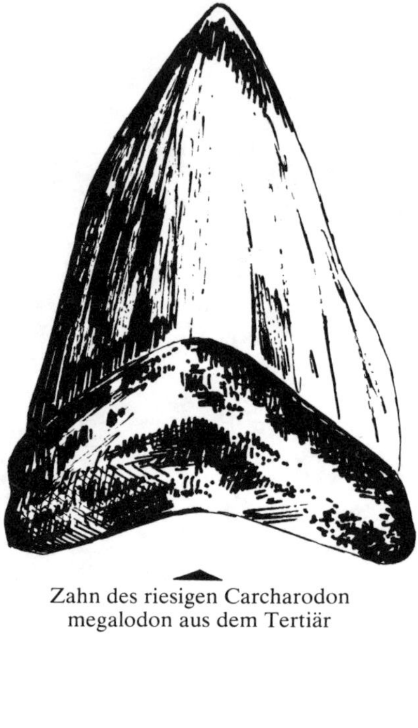

Zahn des riesigen Carcharodon megalodon aus dem Tertiär

10 Die Versteinerung des Zahns eines Carcharodon megalodon, die sich jetzt im Meereskundemuseum von Monaco befindet. Der Hai, dem dieser Zahn gehört haben muß, hatte eine ungeheure Größe, wie man aus der Skizze mit der maßstabsgetreuen Gegenüberstellung von Mensch und Hai ersehen kann. Der rechts abgebildete Zahn stammt von einem Weiß-

Zahn des Weiß- oder Menschenhais

oder Menschenhai (Carcharodon carcharias). Dieses Tier gilt als eine der gefährlichsten Haiarten und als der größte Raubfisch. Der Größenunterschied zeigt, welch ein Ungetüm der Carcharodon megalodon gewesen sein muß. Die Vorstellung, einem solchen Geschöpf zu begegnen, ist für den Taucher wohl der schlimmste Alptraum.

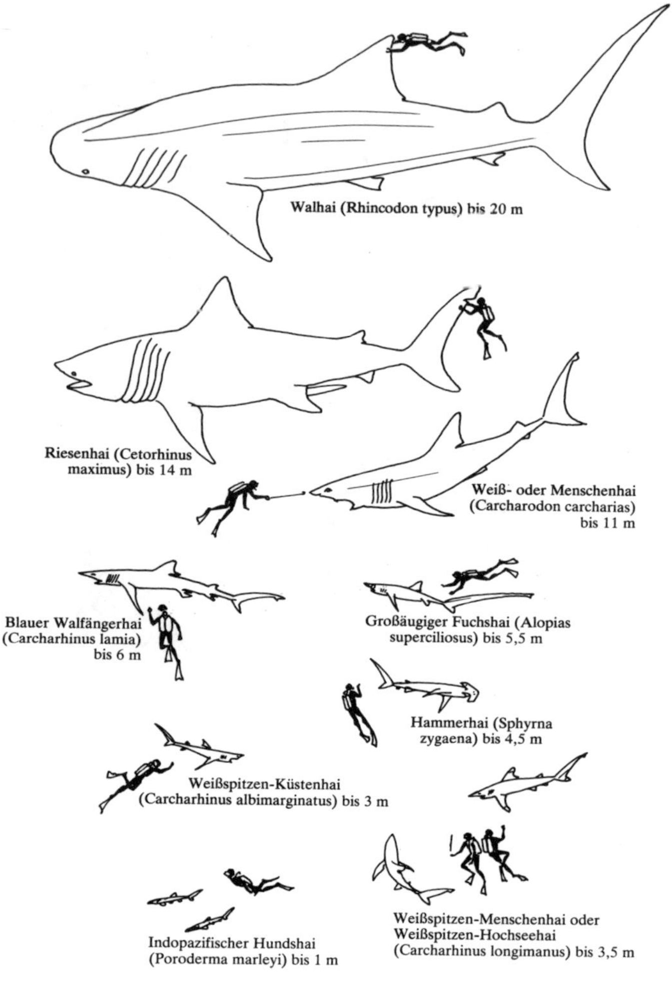

11 Die Tafel zeigt die Größe, die verschiedene Haiarten erreichen können, im Vergleich zu der des Menschen.

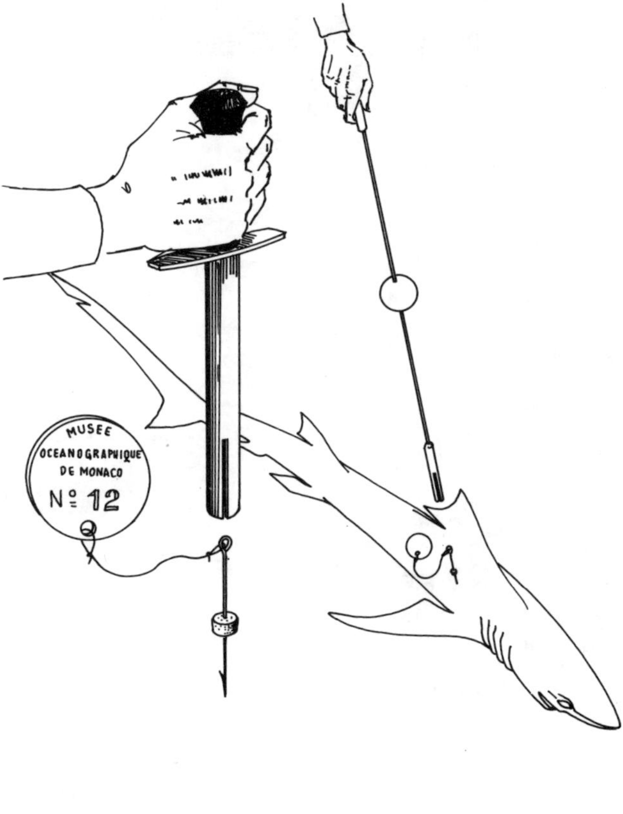

12 Unsere Markierungsinstrumente. Wenn die Haie sich im Zustand rasender Gier befanden, verwendeten wir den kurzen Dolch, da der längere nicht so handlich war. Auf hoher See, wo wir es meist nur mit einem oder höchstens zwei Tieren zu tun hatten, benützten wir den langen Dolch, da man sich den Hochseehaien nicht so leicht nähern kann. Die abgebildete Plakette zeigt die entsprechende Kennzeichnung. Diese Markierungsweise ist nicht sehr dauerhaft, da die Haut des Hais die Stahlhalterung nach 4–5 Monaten abstößt.

13 Ein Haikäfig, wie er beim Experimentieren mit Haien vom Taucher verwendet wird, und der Käfig für den Kameramann. Die ganze Anlage steht über Fernsehkameras mit der Wasseroberfläche in Verbindung, von wo aus Jacques-Yves Cousteau, weitere Mitglieder des Teams und ein Wissenschaftler den Einsatz überwachen und dem Kameramann sowie dem Taucher Anregungen, Ratschläge und Anweisungen geben können. Dieses System gewährleistet das Einbringen aller Beobachtungen und Meßwerte für den Wissenschaftler an Bord (damals Dr. Eugenie Clark) und ist außerdem eine hervorragende Sicherheitsmaßnahme, da der Beobachter Gefahrensituationen sofort erkennen und die Käfige augenblicklich an Bord ziehen lassen kann.

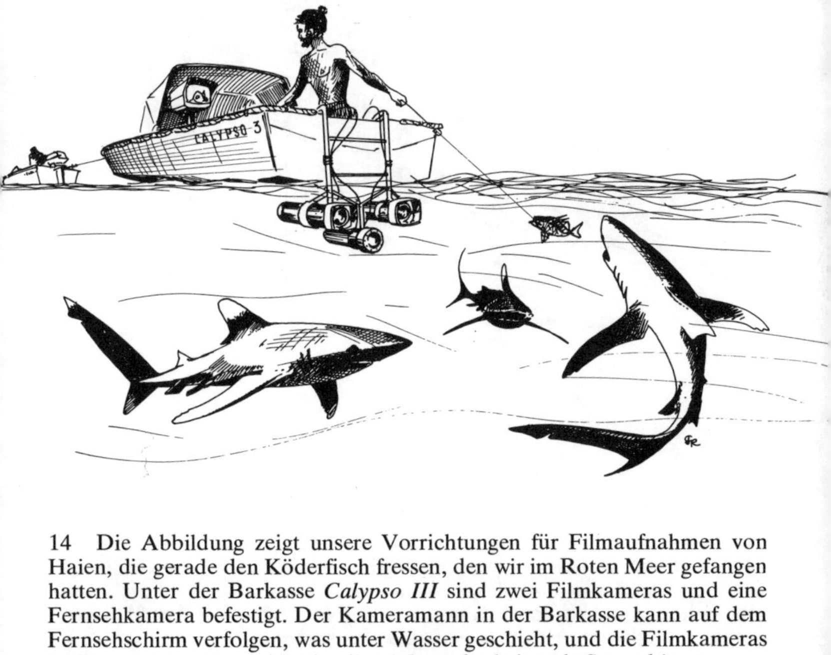

14 Die Abbildung zeigt unsere Vorrichtungen für Filmaufnahmen von Haien, die gerade den Köderfisch fressen, den wir im Roten Meer gefangen hatten. Unter der Barkasse *Calypso III* sind zwei Filmkameras und eine Fernsehkamera befestigt. Der Kameramann in der Barkasse kann auf dem Fernsehschirm verfolgen, was unter Wasser geschieht, und die Filmkameras in Gang setzen, wenn sich eine ihm lohnend scheinende Szene bietet.

15 Dr. Eugenie Clarks Versuchsanordnung für das in Florida durchgeführte Experiment über das Verhalten von Haien. Man sieht die Signalscheibe mit der elektrischen Klingel, die im Wasser ertönt, sobald der Hai gegen die Scheibe drückt. Unmittelbar darauf erhält der Hai ein Stück Fisch als Belohnung.

16 Das Lernexperiment, das Dr. Eugenie Clark für uns im Roten Meer ausgerichtet hat, um uns bei unseren Untersuchungen über das Verhalten von Haien zu helfen. Der Taucher über der Scheibe hält einen Eisenbolzen. Das Geräusch, das beim Anschlagen des Metalls entsteht, trägt zur Konditionierung der Tiere bei. Der Taucher unter ihm hält den Verlauf des Experiments mit der Filmkamera fest. Der Mann an der Oberfläche wirft auf ein Signal des Tauchers hin Fischstücke über der senkrechten Scheibe ins Wasser.

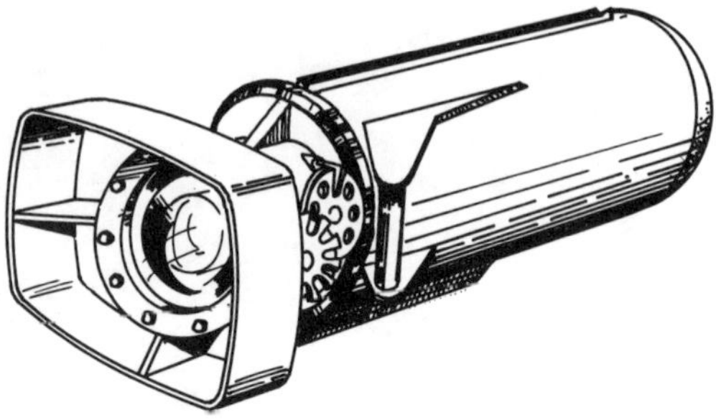

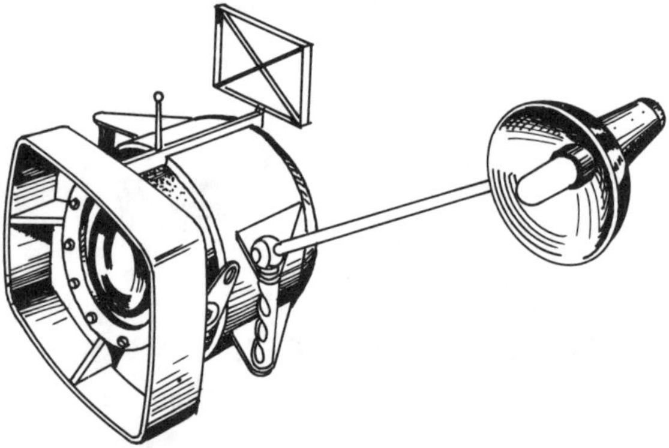

17 Eine der bei dieser Expedition verwendeten Kameras, von oben gesehen. Die Einstellhebel sind links dicht am Griff der Kamera, so daß man sie während des Drehens bedienen kann. Auf der anderen Seite befindet sich ein weiterer Griff mit dem Auslöser. Alle diese Kameras wurden aus Bell & Howell-Kamerateilen in unserer Werkstätte hergestellt. Für jedes unserer Objektive wurde ein eigenes Einstellhebelsystem angebracht. Die Abbildung unten zeigt das Gehäuse der Nikon-Bildkamera mit 21 mm Brennweite sowie ein Blitzlichtgerät.

18 Ein Hai wird von Tümmlern angegriffen. Die Tümmler schießen mit größter Geschwindigkeit auf den Hai zu und stoßen ihm in den Unterleib, wobei sie die empfindlichen inneren Organe quetschen. Sie zerstören außerdem die Atmungsorgane des Hais, indem sie mit voller Wucht gegen die Kiemen prallen.

19 Die Feinde des Hais.
Der gefährlichste Feind des Hais ist der Mensch. Er jagt den Raubfisch häufig nicht aus Gründen der Selbstverteidigung, sondern zu seinem Vergnügen. Der Mensch tötet den Hai, wo immer er auf ihn trifft.
In den tropischen Gewässern kommen viele Haie durch Schiffsschrauben um. Wir haben es oft erlebt, daß sich Haie an den Schrauben unserer Barkassen oder den Außenbordmotoren unserer Kleinboote schwere Verletzungen zuzogen.
Der Igelfisch, eigentlich ein Beutetier für den Hai, entpuppt sich als gefährlicher Feind, wenn er sich im Maul des Hais, beim Verschlucktwerden, aufbläst, den Wasserstrom zwischen Maul und Kiemen blockiert und den Hai auf diese Weise ersticken läßt.
In Gewässern wie etwa dem Humboldtstrom gibt es Riesentintenfische, die dem Hai ebenfalls gefährlich werden können, genau wie die in den Flußmündungen afrikanischer Flüsse lebenden Alligatoren oder Salzwasserkrokodile, die auf ihn Jagd machen.
Der Schwert- oder Mordwal kann einen ganzen Hai von beträchtlicher Größe verschlingen. Professor Ted Walker konnte einen solchen Vorfall in der Nähe von San Diego beobachten. Es wurde schon erwähnt, daß auch der Delphin zu den »Haitötern« gehört.

20 In vielen Teilen der Welt werden Versuche unternommen, den Hai wirtschaftlich zu nutzen und zahlreiche Nebenprodukte aus seinem Körper zu gewinnen. Vor allem an den Küsten Südafrikas und Floridas entstanden zahlreiche Unternehmen, die sich auf den Fang von Haien spezialisierten. Das Hauptprodukt, das der Hai liefert, ist Lebertran. Wie man auf Abb. 7 sehen kann, hat der Hai eine außerordentlich große Leber, deren Fett beim Pressen riesige Ölmengen ergibt. Dieses vitaminreiche Öl wurde meist als Lebertran verkauft.
Die äußerst zähe und widerstandsfähige Haut des Hais findet bei der Herstellung von Schuhen, Handtaschen und anderen Lederwaren Verwendung.
Seine Zähne werden gelegentlich in der Schmuckindustrie zu Halsketten, Armbändern, Messer- und Schwertgriffen verarbeitet. Das Rückgrat dieser Tiere wird oft mit Schmiedeeisen verstärkt, zurechtgeschliffen, mit einem Handgriff aus der im Roten Meer häufig vorkommenden schwarzen Koralle versehen und so als Spazierstock verkauft.
Das Gerben von Haileder ist ein sehr komplizierter Prozeß, da die Haut im Gegensatz zu normalem Leder nicht elastisch ist, sondern sich verhärtet. Dies ist jedoch für manche Produkte von Vorteil; Schuhe, Handtaschen und andere Lederwaren aus der Haut von Haien sind sehr widerstandsfähig und haben daher eine hohe Lebensdauer.
Die Flossen des Hais dienen den Orientalen als Nahrungsmittel. Im Nicaraguasee in Mittelamerika wurde der Fang von Süßwasserhaien vor Jahren ganz systematisch betrieben. Der Süßwasserhai ist das Ergebnis eines jahrhundertelangen Anpassungsprozesses an die Lebensbedingungen in einem Binnensee und mit dem Makohai verwandt. Die dortigen Fischereien belieferten vorwiegend chinesische Kolonien mit ihren Produkten aus Haifischflossen. Heute gibt es nur noch wenige dieser Unternehmen. Man stellt Lebertran heute synthetisch her, und das Haileder hat sich nicht durchsetzen können.
Der Fang von Haien hat heute eigentlich nur noch für die Touristenindustrie in Ländern Bedeutung, deren Gewässer von diesen Tieren wimmeln.

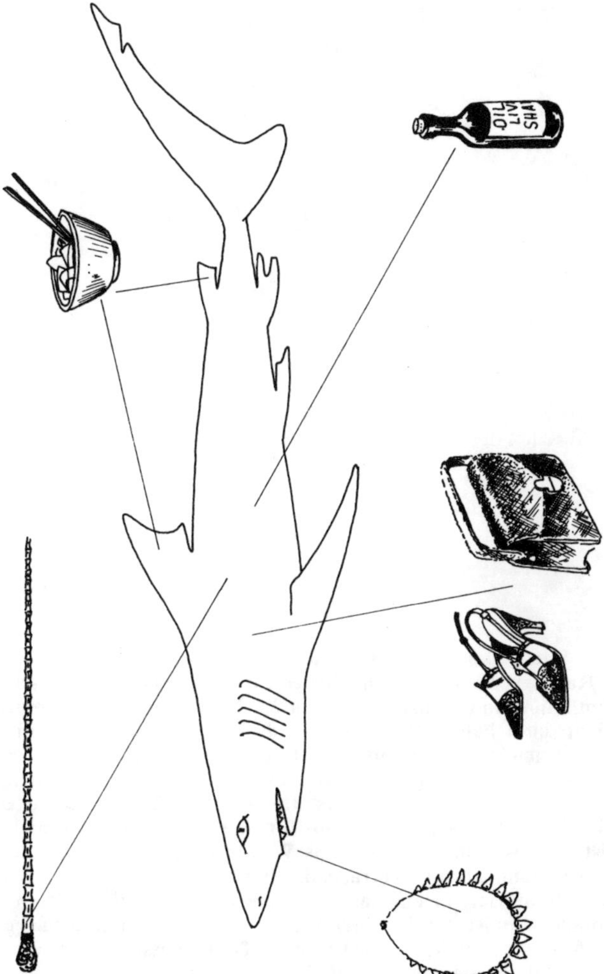

21 Das Squaloskop, das man für die Untersuchung von Haien auf engem Raum verwendet. Jean-Michel Cousteau hat diese Vorrichtung aus Aluminium und Kunststoff entworfen. Man konnte die Tiere nur für kurze Zeit darin halten, da dieses Squaloskop zu klein ist und die Haie daher nicht genügend Bewegungsspielraum hatten, um den Wasserstrom über ihre Kiemen in Gang zu halten. Die im Squaloskop gefangenen Tiere gingen nach einiger Zeit an Sauerstoffmangel ein. Wir verwendeten das Gerät hauptsächlich am Shab-Arab-Riff. Da das Squaloskop nicht sehr stabil ist, bot es beim Transport ins Wasser einige Schwierigkeiten, bewährte sich dann aber hervorragend, als wir den Haien alle möglichen Chemikalien injizierten, um das Verhalten der Tiere zu studieren. Über dem Squaloskop ist ein Ein-Mann-Käfig abgebildet, mit dem sich ein Taucher fortbewegt, indem er die Beine zur Tür hinausstreckt und so durchs Wasser paddelt. Man kann sich auf diese Weise in völliger Sicherheit selbst mitten unter Haien bewegen, die sich gerade im Zustand rasender Gier befinden.
Beide Käfige wurden in unserem technischen Zentrum in Südfrankreich, dem CENTRE D'ÉTUDES MARINES AVANCÉES, unter der Leitung von Kapitän Brenot hergestellt.

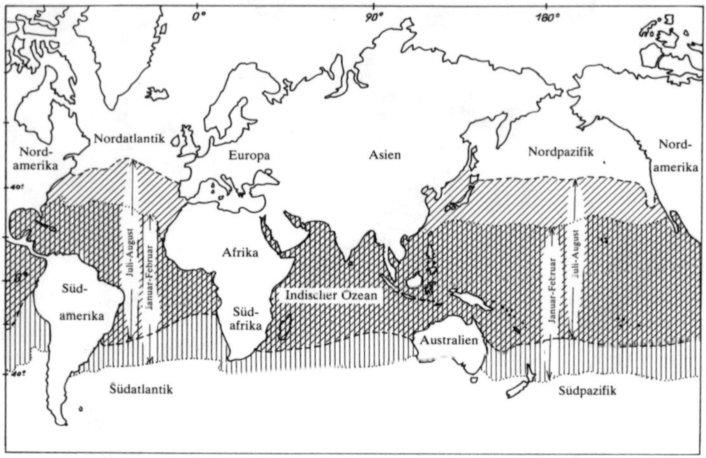

22 Diese Karte mit den entsprechenden Temperaturangaben zeigt den Warmwassergürtel der Erde im Sommer und im Winter und dessen Verschiebungen nach Süden bzw. nach Norden. Die häufigsten Unglücksfälle mit Haien dürften in diesen Bereich fallen, da die meisten Haie Warmwassertiere sind, mit Ausnahme einiger weniger Haiarten, die in nördlichen Gewässern leben. Da Taucher und Schwimmer vorzugsweise in diesem Warmwassergürtel operieren, erhöht sich auch die Wahrscheinlichkeit von Zusammenstößen zwischen Hai und Mensch. Die abgebildete Karte wurde nach Angaben des Smithsonian-Institutes und anderer Forschungseinrichtungen angefertigt.

Bildnachweis

Die in diesem Buch veröffentlichten Fotos stammen von
Philippe Cousteau
Michel Deloire
Raymond Deloire
André Laban
Yves Omer
Ludwig Sillner

Einige Aufnahmen von Bord wurden aus dem persönlichen Besitz von Besatzungsmitgliedern beigesteuert.

Zeichnungen in Anhang B von Jean-Charles Roux
Recherchen: Miriam Perry
Kameraassistenz: Joan Lavine

Stichwortregister

Die mit * gekennzeichneten Seitenzahlen verweisen auf Abbildungen im Text.
Die mit ** gekennzeichneten Ziffern verweisen auf Abbildungen im Anhang.

Jacques-Yves Cousteau wurde 1910 in Saint André de Cubzac (Frankreich) geboren. Als Absolvent der Marineakademie widmete er sich seit 1936 ganz der Erforschung des Meeres. 1943 entwickelte er mit Émile Gagnan die »Aqualunge«, die es dem Menschen zum erstenmal ermöglichte, freischwimmend in größere Tiefen zu tauchen. 1957 zum Direktor des Ozeanographischen Museums von Monaco berufen, verließ er die Marine mit dem Rang eines Korvettenkapitäns. Gemeinsam mit dem Ingenieur Jean Mollard entwarf er 1959 ein Zwei-Mann-Unterwasserfahrzeug für eine Tauchtiefe von 350 Metern. Jacques-Yves Cousteau ist Autor der farbenprächtigen und erfolgreichen Reihe »Knaurs Geheimnisse und Rätsel des Meeres« mit den Titeln »Delphine«, »Robben, Seehunde, Walrosse«, »Calypso«, »Haie«, »Korallen«, »Silberschiffe«, »Wale« und »Kalmare«. Er drehte zahlreiche Unterwasserfilme und zwölf Fernsehfilme, die weltberühmt geworden sind. Seine Filme wurden unter anderem mit zwei Oscars, der Goldenen Palme von Cannes und dem Grand Prix du Cinéma française pour la jeunesse ausgezeichnet.

Philippe Cousteau wurde 1940 in Toulon geboren. Er hat in den Vereinigten Staaten studiert, wo er auch seinen Pilotenschein für Verkehrsflugzeuge erwarb. An den meisten Unterwasser-Expeditionen seines Vaters nahm er als Kameramann teil, so auch an den Dreharbeiten zu den zwölf Fernsehfilmen. Er verunglückte 1979 bei einer Forschungsreise tödlich.